"十三五"国家重点出版物出版规划项目
现代机械工程系列精品教材

机器人技术及其应用

第 2 版

主　编　张宪民
副主编　谢存禧　黄沿江
参　编　张　铁　李　琳　翟敬梅　杨丽新
主　审　王国利

U0379310

机械工业出版社

本书详细地介绍了机器人技术的基本原理及其应用。全书共分 10 章，内容涉及机器人的研究现状和发展趋势、机器人的机构分类与设计、机器人运动学、机器人的动力学初步、机器人的控制基础、机器人的感觉、机器人视觉及其应用、机器人的智能化与智能控制、机器人示教与操作以及工业机器人系统集成与典型应用等。

本书对第 1 版进行了全面的修订与补充，更新了机器人的研究现状和发展趋势，修改了机器人的机构分类与设计，增加了机器人传感器的选择、机器人路径规划和机器人操作等内容。

本书适合机械工程、自动化专业本科生、大专生的教学之用，也适合从事机器人研究、开发和应用的有关科技人员学习参考。

图书在版编目（CIP）数据

机器人技术及其应用/张宪民主编. —2 版. —北京：机械工业出版社，2017.2（2024.2 重印）

"十三五"国家重点出版物出版规划项目　现代机械工程系列精品教材
ISBN 978-7-111-55715-9

Ⅰ.①机…　Ⅱ.①张…　Ⅲ.①机器人技术-高等学校-教材　Ⅳ.①TP24

中国版本图书馆 CIP 数据核字（2016）第 306572 号

机械工业出版社（北京市百万庄大街 22 号　邮政编码 100037）
策划编辑：刘小慧　责任编辑：刘小慧　徐鲁融　安桂芳　王小东
责任校对：张　征　封面设计：张　静
责任印制：单爱军
北京虎彩文化传播有限公司印刷
2024 年 2 月第 2 版第 11 次印刷
184mm×260mm·16.5 印张·379 千字
标准书号：ISBN 978-7-111-55715-9
定价：39.00 元

电话服务　　　　　　　　　　网络服务
客服电话：010-88361066　　　机　工　官　网：www.cmpbook.com
　　　　　010-88379833　　　机　工　官　博：weibo.com/cmp1952
　　　　　010-68326294　　　金　书　网：www.golden-book.com
封底无防伪标均为盗版　　机工教育服务网：www.cmpedu.com

第2版前言

机器人是"制造业皇冠顶端的明珠",其研发、制造和应用是衡量一个国家科技创新和高端制造业水平的重要标志。"机器人革命"有望成为"第三次工业革命"的一个切入点和重要增长点,将影响全球制造业的格局。因此,机器人技术和机器人学得到了各国政府和学者的广泛关注。

机器人是多学科交叉和集成的光机电一体化产品,它涉及机械学、电子学、计算机科学、传感技术、人工智能等多个学科。自从第一台机器人问世以来的50多年间,机器人技术已经取得了飞速的发展。各类机器人已经广泛应用于国民经济的各个领域。在现代工业生产中,机器人已经成为人类不可或缺的好帮手;在航空航天、深海探测、核电站救灾等危险环境中,机器人更是能胜任人类难以完成的工作。

随着机器人在生产和生活中的不断普及,作为机械工程专业和自动化专业的学生,很有必要学习机器人学方面的知识。在我们从事机器人教学的过程中,深深感到需要有一本适合当前使用的教材。鉴于此,我们修订了这本《机器人技术及其应用》教材。在内容的编排方面,我们充分考虑到初学者的困难,努力做到理论与实际有机结合,同时也充分考虑当今机器人领域的研究和发展情况,力求反映国内外机器人开发研究领域的最新进展。

全书共分10章,涉及机器人的发展概况、机械结构、运动学、动力学、控制技术、传感技术、视觉技术、智能化和机器人示教等多方面的原理及研究成果。第1章概要介绍了机器人的研究和应用现状;第2章主要讲述了机器人的机械结构原理和设计;第3章至第9章分别讲述了机器人运动学的初步知识、机器人动力学的初步知识、机器人控制的基础知识、机器人传感技术的原理和应用、机器人视觉技术的原理和应用、机器人的智能化与智能控制、机器人的示教方法及机器人语言的分类;第10章介绍了机器人在不同领域的应用实例。

本书是在《机器人技术及其应用》第1版的基础上经过全面改编和补充而成的,特别适合机械工程、自动化专业本科生、大专生的教学之用。作为研究生的教材时,教师可补充一些反映最新研究进展的学术论文和专题研究资料。本书也适合作为从事机器人研发和应用的科技人员的参考书。

全书由张宪民教授任主编并统稿,由谢存禧、黄沿江任副主编。王国利教授任主审。张铁、李琳、翟敬梅、杨丽新参与各章的编写。同时，本书第 1 版的主编谢存禧老师对本书的编写提出了宝贵的意见。郑养龙、崔超宇等对本书的排版和图片编辑付出了辛勤的劳动。

在编写过程中，我们参考了大量有关机器人方面的论著和资料，限于篇幅，不能在文中一一列举，在此一并对其作者致以衷心的感谢。

本书虽然已对第 1 版做了较大修改，但由于作者水平有限和编写时间仓促，书中内容难免存在不足，恳请广大读者给予批评指正。最后我们对支持本书编写和出版的所有人员表示衷心的感谢。

本书以二维码的形式引入"科普之窗""精神的追寻"模块，将党的二十大精神融入其中，树立学生的科技自立自强意识，助力培养德才兼备的高素质人才。

编　者

第1版前言

本教材是高等学校机械电子工程规划教材之一。

机器人是现代一种典型的光机电一体化产品，机器人学也是当今世界极为活跃的研究领域之一，它涉及计算机科学、机械学、电子学、自动控制、人工智能等多个学科。

机器人从出现到现在的短短几十年中，已经广泛应用于国民经济的各个领域，在现代工业生产中，机器人已成为人类不可或缺的好帮手；在航空航天、海底探险中，机器人更是能完成人类难以完成的工作。随着计算机、人工智能和光机电一体化技术的迅速发展，机器人已经不仅仅局限于在工业领域的应用，它还将发展成具有人类智能的智能型机器人，具有一定的感觉思维能力和自主决策能力。

作为机械工程专业和自动化专业的学生，有必要学习一点机器人学方面的知识。在我们从事机器人教学的过程中，深深感到需要有一本适合使用的教材。鉴于此，我们编写了这本《机器人技术及其应用》教材。在内容的编排方面，我们充分考虑到初学者的困难，努力做到理论和实际有机结合，同时也充分考虑到当今机器人领域的研究和发展情况，力求反映当今国内外机器人开发研究领域的新进展。

本书介绍机器人的机械结构、驱动方法、运动学分析、控制及感觉系统、机器人语言等多个方面的原理及研究成果。全书共分10章，第一章概要介绍了机器人的研究和应用现状、第二章主要讲述机器人的机械结构原理和特点，第三章讲述机器人运动学的初步知识，第四章讲述机器人动力学的初步知识，第五章讲述机器人控制基础，第六章讲述机器人的感觉，第七章讲述机器人的视觉技术，第八章讲述智能机器人与智能控制，第九章讲述机器人语言的一些基本特点，第十章讲述机器人在不同领域的应用实例。

本书适合机械工程、自动化专业本科生、大专生的教学之用。作为研究生用书时，部分章节内容应适当加深。

全书由谢存禧、张铁主编，邵明主审。第一章、第二章、第十章由翟敬梅编写，第三章、第四章和第七章由李琳编写，第五章、第六章、第八章和第九章由张铁编写。

在编写过程中，我们参考了大量有关机器人方面的论著、资料，限于篇幅，不能在文中一一列举，在此一并对其作者致以衷心的谢意。

由于作者水平有限，书中内容难免存在不足和错误之处，恳请读者给予批评指正。最后我们对支持本书编写和出版的所有人员表示衷心的感谢。

编　者

目　　录

第 2 版前言

第 1 版前言

第 1 章　概论 ……………………… 1
1.1　概述 ……………………………… 1
1.2　机器人的发展史 ………………… 1
1.3　机器人研究内容与发展趋势 …… 4
1.4　小结 ……………………………… 6
习题 ………………………………… 6

第 2 章　机器人的机构分类与设计 …… 7
2.1　机器人的组成和分类 …………… 7
2.2　机器人的主要技术参数 ………… 14
2.3　机器人设计和选用准则 ………… 17
2.4　机器人的机械结构 ……………… 20
2.5　机器人的驱动机构 ……………… 42
2.6　小结 ……………………………… 47
习题 ………………………………… 48

第 3 章　机器人运动学 …………………… 49
3.1　概述 ……………………………… 49
3.2　机器人运动学的基本问题 ……… 50
3.3　机器人的雅可比矩阵 …………… 64
3.4　小结 ……………………………… 68
习题 ………………………………… 69

第 4 章　机器人的动力学初步 ……… 70
4.1　概述 ……………………………… 70
4.2　机器人的静力学 ………………… 71
4.3　机器人动力学方程式 …………… 74
4.4　小结 ……………………………… 78
习题 ………………………………… 78

第 5 章　机器人的控制基础 ………… 79
5.1　概述 ……………………………… 79

5.2　伺服电动机的原理与特性 ……… 83
5.3　伺服电动机调速的基本原理 …… 88
5.4　电动机驱动及其传递函数 ……… 90
5.5　单关节机器人的伺服系统建模与
　　 控制 ……………………………… 94
5.6　交流伺服电动机的调速 ………… 103
5.7　机器人控制系统的硬件结构及
　　 接口 ……………………………… 107
5.8　机器人控制系统举例 …………… 121
5.9　小结 ……………………………… 123
习题 ………………………………… 123

第 6 章　机器人的感觉 ……………… 124
6.1　机器人传感技术 ………………… 124
6.2　机器人内部传感器 ……………… 127
6.3　机器人外部传感器 ……………… 132
6.4　多传感器的信息融合 …………… 140
6.5　机器人传感器的选择要求 ……… 143
6.6　小结 ……………………………… 148
习题 ………………………………… 149

第 7 章　机器人视觉及其应用 ……… 150
7.1　概述 ……………………………… 150
7.2　机器人视觉系统的组成及其原理 …… 151
7.3　视觉信息的处理 ………………… 155
7.4　数字图像的编码 ………………… 169
7.5　双目视觉和多目视觉 …………… 170
7.6　手眼视觉系统 …………………… 172
7.7　机器人视觉伺服系统 …………… 179
7.8　机器人视觉系统应用举例 ……… 181
7.9　小结 ……………………………… 186
习题 ………………………………… 187

第 8 章　机器人的智能化与智能
　　　　 控制 ……………………… 188
8.1　概述 ……………………………… 188

8.2 机器人运动规划 …………… 190

8.3 机器人智能控制基础 ……… 193

8.4 机器人智能控制方法 ……… 196

8.5 机器人智能控制系统举例 … 211

8.6 机器人学习 …………………… 216

8.7 小结 …………………………… 217

习题 ………………………………… 217

第9章　机器人示教与操作 ……… 218

9.1 概述 …………………………… 218

9.2 机器人示教类别与基本特征 … 218

9.3 机器人编程语言的类别和基本
　　 特性 ………………………… 220

9.4 动作级语言和对象级语言 … 222

9.5 机器人遥操作 ……………… 231

9.6 典型示教与操作案例 ……… 233

9.7 小结 …………………………… 235

习题 ………………………………… 236

第10章　工业机器人系统集成与典型
　　　　 应用 …………………… 237

10.1 工业机器人工作站的构成及设计
　　　 原则 ……………………… 237

10.2 工业机器人生产线的构成及设计
　　　 原则 ……………………… 242

10.3 工业机器人的典型应用 …… 245

10.4 小结 ………………………… 251

习题 ……………………………… 252

参考文献 ………………………… 253

第1章

概论

1.1　概述

机器人是"制造业皇冠顶端的明珠"，其研发、制造和应用是衡量一个国家科技创新和高端制造业水平的重要标志。进入 21 世纪 10 年代以来，人们谈论最多的一个话题就是"机器人"。"机器人革命"有望成为"第四次工业革命"的切入点和增长点。本书将着重讨论工业机器人的结构、控制和应用等问题，希望读者通过对本书的学习，能够对工业机器人的基本知识有一个较全面的了解和掌握。

1.2　机器人的发展史

1.2.1　机器人概述

"机器人（robot）"作为专有名词进入人们的视野已经将近 100 年。1920 年捷克作家 Karel Capek 编写了一部科幻剧《Rossums Universal Robots》。该剧中描述了一家公司发明并制造了一大批能听命于人，能劳动且形状像人的机器。这些机器在初期阶段能按照其主人的指令工作，没有感觉和感情，只能以呆板的方式从事繁重的、不公正的劳动。后来的研究使这些机器有了感情，进而导致它们发动了反对主人的暴乱。剧中的人造机器取名为 robota（捷克语，意为农奴、苦力），robot 是由其衍生而来的。

随着科技的发展，20 世纪 60 年代出现了可实用的机器人，机器人逐渐从科幻世界走进现实世界，进入到人们的生产与生活当中。但是，现实生活中的机器人并不像科幻世界中的机器人那样具有完全自主性、智能性和自我繁殖能力。那么，现实中是怎么定义机器人的呢？到目前为止，国际上还没有对机器人做出明确统一的定义。根据各个国家对机器人的定义，总结各种说法的共同之处，机器人应该具有以下特性：

1）一种机械电子装置。

2）动作具有类似于人或其他生物体的功能。

3）可通过编程执行多种工作，具有一定的通用性和灵活性。

4）具有一定程度的智能，能够自主地完成一些操作。

1940年，一位名叫Jsaac Asimov的科幻作家首次使用了Robotics（机器人学）来描述与机器人相关的科学，并提出了"机器人学三原则"。这三条原则如下：

1）机器人不得伤害人或由于故障而使人遭受不幸。

2）机器人必须服从于人的指令，除非这些指令与第一原则相矛盾。

3）机器人必须能保护自己的生存，只要这种保护行为不与第一或第二原则相矛盾。

这三条原则给机器人社会赋予了新的伦理性，并使机器人概念通俗化，更易于为人类社会所接受。至今，它仍为机器人研究人员、设计制造厂商和用户，提供了十分有意义的指导方针。

机器人的大量应用是从工业生产的搬运、喷涂、焊接等方面开始的，目的是希望能够将人类从繁重的、重复单调的、危险的生产作业中解放出来。随着机器人技术的不断发展，机器人应用领域也在不断扩展。如今机器人已经逐渐进入人们生产与生活的方方面面。除了工业机器人得到广泛应用外，医疗机器人、家政服务机器人、救援机器人、娱乐机器人等也得到了长足发展。另外，除了在民用领域，军事领域也在广泛使用机器人。各发达国家研发了许多海、陆、空战用机器人，以显示军事现代化的实力。进入21世纪以来，机器人的应用已经随处可见，它正在影响和改变着人们的生产与生活。（扫描下方二维码观看相关视频）

科普之窗
中国创造：外骨骼机器人

科普之窗
中国创造：蛟龙号

科普之窗
中国创造：鲲龙AG600

1.2.2 机器人的发展历程

世界上第一台机器人于20世纪50年代诞生于美国，虽然它是一台试验的样机，但是它体现了现代工业广泛应用的机器人的主要特征。因此，它的诞生标志着机器人从科幻世界进入到现实生活。20世纪60年代初，工业机器人产品问世。然而，在工业机器人问世后的最初十年，机器人技术的发展较为缓慢，主要停留在大学和研究所的实验室里。虽然在这一阶段也取得了一些研究成果，但是没有形成生产力，且应用较少。代表性的机器人有美国Unimation公司的Unimate机器人和美国AMF公司的Versatran机器人等。

20世纪70年代，随着人工智能、自动控制理论、电子计算机等技术的发展，机器人技术进入了一个新的发展阶段，机器人进入工业生产的实用化时代。最具代表性的机器人是美国 Unimation 公司的 PUMA 系列工业机器人和日本山梨大学牧野洋研制的 SCARA 机器人。到了 20 世纪 80 年代，机器人开始大量在汽车、电子等行业中使用，从而推动了机器人产业的发展。机器人的研究开发，无论水平和规模都得到迅速发展，工业机器人进入普及时代。然而，到了 20 世纪 80 年代后期，由于工业机器人的应用没有得到充分的挖掘，不少机器人厂家倒闭，机器人的研究跌入低谷。

20 世纪 90 年代中后期，机器人产业出现复苏。世界机器人数量以较快增长率逐年增加，并以较好的发展势头进入 21 世纪。近年来，机器人产业发展迅猛。据国际机器人联合会（IFR）数据，2014 年全球新装机器人 10 万台，比 2013 年增加了 43%，世界工业机器人的市场前景看好。

目前，世界上机器人无论是从技术水平上，还是从已装备的数量上来看，优势都集中在以欧美日为代表的国家和地区。但是，随着中国等新兴国家的发展，世界机器人的发展和需求格局正在发生变化。

美国是最早研发机器人的国家，也是机器人应用最广泛的国家之一。近年来，美国为了强化其产业在全球的市场份额以及保护美国国内制造业持续增长的趋势，一方面鼓励工业界发展和应用机器人，另一方面制订计划，增加机器人科研经费，把机器人看成美国再次工业化的象征，迅速发展机器人产业。美国的机器人发展道路虽然有些曲折，但是其在性能可靠性、机器人语言、智能技术等方面一直都处于领先水平。

日本的机器人产业虽然发展晚于美国，但是日本善于引进与消化国外的先进技术。自 1967 年日本川崎重工业公司率先从美国引进工业机器人技术后，日本政府在技术、政策和经济上都采取措施加以扶持。日本的工业机器人迅速走出了试验应用阶段，并进入到成熟产品大量应用的阶段，20 世纪 80 年代就在汽车与电子等行业大量使用工业机器人，实现工业机器人的普及。

德国引进机器人的时间比较晚，但是由于战争导致劳动力短缺以及国民的技术水平比较高等因素，促进了其工业机器人的快速发展。20 世纪 70 年代德国就开始了"机器换人"的过程。同时，德国政府通过长期资助和产学研结合扶植了一批机器人产业和人才梯队，如德系机器人厂商 KUKA 机器人公司。随着德国工业迈向以智能生产为代表的"工业 4.0"时代，德国企业对工业机器人的需求将继续增加。

我国工业机器人的起步比较晚，开始于 20 世纪 70 年代，大体可以分为四个阶段，即理论研究阶段、样机研发阶段、示范应用阶段和产业化阶段。理论研究阶段开始于 20 世纪 70 年代至 80 年代初期。这一阶段主要由高校对机器人基础理论进行研究，在机器人机构学、运动学、动力学、控制理论等方面均取得了可喜进展。样机研发阶段开始于 20 世纪 80 年代中期。随着工业机器人在发达国家的大量使用和普及，我国工业机器人的研究得到政府的重视与支持，机器人步入了跨越式发展时期。1986 年，我国开展了"七五"机器人攻关计划。1987 年，"863"高技术发展计划将机器人方面的研究开发列入其中，进行了工业机器人基础技术、基础元器件、几类工业机器人整机及应用工程的开发研究。在完成了示教再现式工业机器人及其成套技术的开发后，又研制出了喷涂、弧焊、点焊和搬运等作业机器人整机，几类专用和通用控制系统及关键元器件，其性能指标达到了

20世纪80年代初国外同类产品的水平。20世纪90年代是工业机器人示范应用阶段。为了促进高技术发展与国民经济发展的密切衔接，国家确定了特种机器人与工业机器人及其应用工程并重、以应用带动关键技术和基础研究的发展方针。这一阶段共研制出7种工业机器人系列产品，并实施了100余项机器人应用工程。同时，为了促进国产机器人的产业化，到20世纪90年代末期建立了9个机器人产业化基地和7个科研基地。进入21世纪，我国工业机器人进入了产业化阶段。在这一阶段先后涌现出以新松机器人为代表的多家从事工业机器人生产的企业，自主研制了多种工业机器人系列，并成功应用于汽车点焊、货物搬运等任务。经过40多年的发展，我国在工业机器人基础技术和工程应用上取得了快速的发展，基本奠定了独立自主发展机器人产业的基础。同时，在载入航天精神和探月精神的指导下，我国在空间机器人基础技术和工程应用上也取得了快速的发展，自主设计了火星车、月球车、空间机械臂等（扫描右侧二维码观看相关视频）。

精神的追寻
载人航天精神

精神的追寻
探月精神

　　机器人技术的发展，一方面表现在机器人应用领域的扩大和机器人种类的增多，另一方面表现在机器人的智能化趋势。进入21世纪以来，各个国家在机器人的智能化和拟人智能机器人上投入了大量的人力和财力。从近几年国际上知名企业推出和正在研制的产品来看，新一代工业机器人正在向智能化、柔性化、网络化、人性化和编程图形化方向发展。

1.3　机器人研究内容与发展趋势

1.3.1　机器人研究内容

　　机器人系统的基本组成如图1-1所示。

　　一般来说，一个机器人系统由机械结构、控制器、传感器、驱动系统和作业信息等几部分组成。机械结构包括机器人本体、传动机构和执行机构，主要实现机器人运动和力的传递；控制器主要是对机器人模型、环境模型、工作任务和控制算法的分析与实现，以及实现人机的交互；传感器包括内部传感器和外部传感器，主要实现对机器人内部状态和外部环境的监控；驱动系统包括驱动器和伺服系统，驱动器是机器人的动力源，可以是气动的、液压的或电动的；作业信息主要实现对作业对象、作

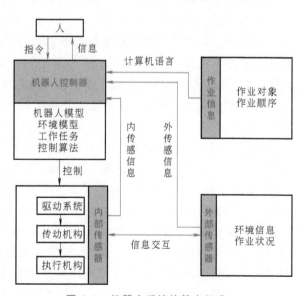

图1-1　机器人系统的基本组成

业顺序等信息的分析与处理。由图1-1可知，机器人技术是集机械工程学、计算机科学、控制工程、电子技术、传感器技术、人工智能、仿生学等学科为一体的综合技术，它是多学科交叉与多学科科技革命的必然结果。每一台机器人，都是一个知识密集和技术密集的高科技机电产品。工业机器人研究涉及的主要研究内容包括：

1）机器人机构学、运动学与动力学：机器人构型综合、尺度综合、运动学与动力学分析等。

2）驱动与传动：驱动方式、驱动器性能和减速器等驱动、传动系统。

3）传感器与感知系统：传感器技术、多传感器系统和传感器信息融合；传感数据采集、传输与处理以及机器视觉技术等。

4）机器人建模与控制：控制理论（包括经典控制、现代控制和智能控制）；控制系统结构、模型和算法；多机器人协同控制；控制接口设计等。

5）机器人规划与调度：环境建模、任务规划、路径规划、机器人导航、机器人调度和协作等。

6）人工智能计算机科学：机器人中的人工智能技术，人机接口、人机交互、机器人语言、计算机网络、并行处理、大数据处理与云计算等。

1.3.2　机器人技术的发展趋势

随着科学技术的发展，未来机器人技术的发展趋势主要表现在以下几个方面。

1. 机器人操作机构设计

通过对机器人机构的创新，进一步提高机器人的负载-自重比。同时，机构向模块化、可重构方向发展，包括伺服电动机、减速器和检测系统三位一体化，以及机器人和数控技术一体化等。

2. 机器人控制技术

开放式、模块化控制系统，机器人驱控一体化技术等。基于PC网络式控制器以及CAD/CAM/机器人编程一体化技术已经成为研究的热点。

3. 多传感融合技术

机器人感觉是把相关特性或相关物体特性转换为执行某一机器人功能所需要的信息。这些信息由传感器获得，是机器人顺利完成某一任务的关键。多种传感器的使用和信息的融合已成为进一步提高机器人智能性和适应性的关键。

4. 人机共融技术

人与机器人能在同一自然空间里紧密地进行协调工作，人与机器人可以相互理解、相互帮助。人机共融技术已成为机器人研究的热点。

5. 机器人网络通信技术

机器人网络通信技术是机器人由独立应用到网络化应用、由专用设备到标准化设备发展的关键。以机器人技术和物联网技术为主体的工业4.0被认为是第四次工业革命，而网络实体系统及物联网则是实现工业4.0的技术基础。因此，机器人网络通信与大数据、云计算以及物联网技术的结合成为机器人领域发展的主要方向之一。

6. 机器人遥操作和监控技术

随着机器人在太空、深水、核电站等高危险环境中应用的推广，机器人遥操作和监控技术已成为机器人在这些危险环境中正常工作的保障。

7. 机器人虚拟现实技术

基于多传感器、多媒体、虚拟现实以及临场感应技术，实现机器人的虚拟遥操作和人机交互。目前虚拟现实技术在机器人中的作用已从仿真、预演发展到过程控制，能够使操作者产生置身于远端作业环境中的感觉来操作机器人。

8. 微纳机器人和微操作技术

微纳机器人和微操作技术被认为是21世纪的尖端技术之一，已成为机器人技术重点发展的领域和方向。微纳机器人具有移动灵活方便、速度快、精度高等特点，可以进入微小环境以及人体器官，进行各种检测和诊断。该领域的发展将对社会进步和人类活动的各方面产生巨大影响。

9. 多智能体协调控制技术

多智能体系统是由一系列相互作用的智能体构成的，内部的各个智能体之间通过相互通信、合作、竞争等方式，完成单个智能体不能完成的、大量而又复杂的工作。机器人作为智能体已经广泛出现在多智能体系统中，多智能体的协调控制已经成为机器人领域研究的重要方向之一。

10. 软体机器人技术

软体机器人是一种新型柔性机器人，其设计灵感主要是模仿植物或动物的构造，在医疗、救援等领域有广阔的应用前景，引起了机器人学者的广泛兴趣。

1.4 小结

作为本书的开篇，本章首先讨论了机器人的概念。虽然国际上对机器人尚未有明确统一的定义，但是大部分学者还是对机器人有较统一的认识。本章对机器人的发展历程、研究领域与研究内容进行了介绍，最后对机器人未来发展趋势进行讨论。

 习题

1. 什么是工业机器人？什么是智能机器人？它们各有什么特点？
2. 机器人系统主要由哪些部分组成？
3. 论述国内外机器人发展的现状和发展动态。
4. 机器人学主要包含哪些研究内容？
5. 机器人学与哪些学科有密切关系？机器人学的发展对这些学科的发展有什么影响？
6. 未来，机器人技术将向哪些方向发展？

第2章
机器人的机构分类与设计

2.1 机器人的组成和分类

2.1.1 机器人的组成

虽然机器人的机械、电气和控制结构千差万别，但机器人一般都由四个主要部分组成：①机械系统；②传感系统；③驱动系统；④控制系统。

机械系统包括传动机构和由连杆集合形成的开环或闭环运动链两部分。连杆类似于人类的大臂、小臂等，关节通常为移动关节和转动关节。移动关节允许连杆做直线移动，转动关节允许构件之间产生旋转运动。由关节-连杆所构成的机械结构一般有三个主要部件，即臂、腕和手，它们可根据要求在相应的方向运动，这些运动就是机器人在"做工"。

使各种机械构件产生运动的装置为驱动器，驱动方式可以是气动的、液压的或电动的。驱动器可以直接与臂、腕或手上的连杆或关节连接在一起，也可以通过齿轮等传动系统与运动构件相连。传感系统的作用是将机器人运动学、动力学、外部环境等信息传递给机器人的控制器，控制器通过这些信息确定机械系统各部分的运行轨迹、速度、加速度和外部环境，使机械系统的各部分按预定程序在规定的时间开始和结束动作。

2.1.2 机器人的分类

机器人有多种分类方法，本节分别按机器人的控制方式、结构坐标系特点、机器人组成结构进行分类。

1. 按机器人的控制方式分类

按照控制方式可把机器人分为非伺服控制机器人和伺服控制机器人两种。

（1）非伺服控制机器人　非伺服控制机器人工作能力比较有限，机器人按照预先编好的程序顺序进行工作，使用限位开关、制动器、插销板和定序器来控制机器人的运动。插销板是用来预先规定机器人的工作顺序，而且往往是可调的。定序器是一种定序开关或步进装置，它能够按照预定的正确顺序接通驱动装置的能源。驱动装置接通能源后，就带动机器人的手臂、腕部和手部等装置运动。当它们移动到由限位开关所规定的位置时，限位开关切换工作状态，给定序器送去一个工作任务已完成的信号，并使终端制动器动作，切断驱动能源，使机器人停止运动。

（2）伺服控制机器人　伺服控制机器人比非伺服控制机器人有更强的工作能力。伺服系统的被控制量可为机器人手部执行装置的位置、速度、加速度和力等。通过传感器取得的反馈信号与来自给定装置的综合信号，用比较器加以比较后，得到误差信号，经过放大后用以激发机器人的驱动装置，进而带动末端执行器以一定规律运动，到达规定的位置或速度等，这是一个反馈控制系统。

伺服控制机器人可分为点位伺服控制机器人和连续轨迹伺服控制机器人两种。

点位伺服控制机器人的受控运动方式为由一个点位目标移向另一个点位目标，只在目标点上完成操作。机器人可以以最快的和最直接的路径从一个目标点移到另一个目标点。通常，点位伺服控制机器人能用于只有终端位置是重要的而对目标点之间的路径和速度不做主要考虑的场合。点位控制主要用于点焊、搬运机器人。

连续轨迹伺服控制机器人能够平滑地跟随某个规定的路径，其轨迹往往是某条不在预编程端点停留的曲线路径。连续轨迹伺服控制机器人具有良好的控制和运行特性。由于数据是依时间采样，而不是依预先规定的空间点采样的，因此机器人的运行速度较快，功率较小，负载能力也较小。连续轨迹伺服控制机器人主要用于弧焊、喷涂、打飞边、去毛刺和检测。

2. 按机器人结构坐标系特点分类

（1）直角坐标型机器人　直角坐标型机器人的结构如图 2-1a 所示，它在 x、y、z 轴上的运动是独立的。

（2）圆柱坐标型机器人　圆柱坐标型机器人的结构如图 2-1b 所示，R、θ 和 z 为坐标系的三个坐标，其中 R 是手臂的径向长度，θ 是手臂的角位置，z 是垂直方向上手臂的位置。如果机器人手臂的径向坐标 R 保持不变，机器人手臂的运动将形成一个圆柱表面。

（3）极坐标型机器人　极坐标型机器人又称为球坐标型机器人，其结构如图 2-1c 所示，R、θ 和 β 为坐标系的三个坐标。其中 θ 是绕手臂支承底座垂直轴的转动角，β 是手臂在铅垂面内的摆动角。这种机器人运动所形成的轨迹表面是半球面。

（4）多关节坐标型机器人　多关节坐标型机器人的结构如图 2-1d 所示，它是以其各相邻运动构件之间的相对角位移作为坐标系的。θ、α 和 ϕ 为坐标系的三个坐标，其中 θ 是绕底座铅垂轴的转角，ϕ 是过底座的水平线与第一臂之间的夹角，α 是第二臂相对于第一臂的转角。这种机器人手臂可以达到球形体积内绝大部分位置，所能到达区域的形状取决于两个臂的长度比例。

表 2-1 总结了不同坐标结构机器人的特点。

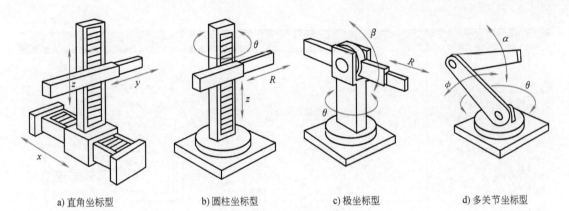

a) 直角坐标型　　　　b) 圆柱坐标型　　　　c) 极坐标型　　　　d) 多关节坐标型

图 2-1　不同坐标结构机器人

表 2-1　不同坐标结构机器人的对比

特　　点	工　作　范　围
直角坐标型 1. 在三个直线方向上移动，运动容易想象 2. 计算比较方便 3. 由于可以两端支承，对于给定的结构长度，其刚度最大 4. 要求保留较大的移动空间，占用空间较大 5. 要求有较大的平面安装区域 6. 滑动部件表面的密封较困难，容易被污染	
圆柱坐标型 1. 容易想象和计算 2. 直线驱动部分若采用液压驱动，则可输出较大的动力 3. 能够伸入型腔式机器人内部 4. 手臂端部可以达到的空间受限制，不能到达靠近立柱或地面的空间 5. 直线驱动部分难以密封、防尘及防御腐蚀性物质 6. 后缩手臂工作时，手臂后端会碰到工作范围内的其他物体	

（续）

特 点	工 作 范 围
极坐标型 1. 在中心支架附近的工作范围较大 2. 两个转动驱动装置容易密封 3. 覆盖工作空间较大 4. 坐标系较复杂，较难想象和控制 5. 直线驱动装置仍存在密封问题 6. 存在工作死区	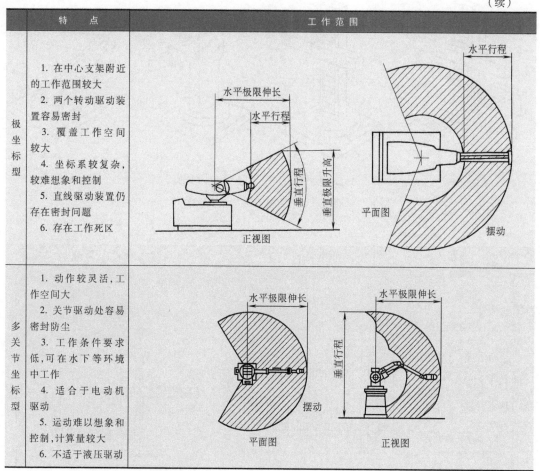
多关节坐标型 1. 动作较灵活，工作空间大 2. 关节驱动处容易密封防尘 3. 工作条件要求低，可在水下等环境中工作 4. 适合于电动机驱动 5. 运动难以想象和控制，计算量较大 6. 不适于液压驱动	

3. 按机器人组成结构分类

（1）串联机器人 串联机器人是一个开式运动链机构，它是由一系列的连杆通过转动关节或移动关节串联而成的，即机械结构使用串联机构实现的机器人称为串联机器人。按构件之间运动副的不同，串联机器人可分为直角坐标型机器人、圆柱坐标型机器人、极坐标型机器人和多关节坐标型机器人。

串联机器人因其结构简单、易操作、灵活性强、工作空间大等特点而得到了广泛的应用。串联机器人的不足之处是运动链较长，系统的刚度和运动精度相对较低。另外，由于串联机器人需在各关节上设置驱动装置，各动臂的运动惯量相对较大，因而，也不宜实现高速或超高速操作。

（2）并联机器人 并联机器人是一个闭环机构，包含有运动平台（末端执行器）和固定平台（机架），运动平台通过至少两个独立的运动链与固定平台相连接，机构具有两个或两个以上的自由度，且以并联方式驱动。

并联机器人机构按照自由度划分，有二自由度、三自由度、四自由度、五自由度和六自由度并联机构。其中2~5个自由度机构被称为少自由度并联机构。

1）二自由度并联机构。二自由度并联机构中，5-R、3-RPP（R表示转动副，P表示移动副）是最典型的两种结构形式。这类机构一般具有两个移动运动。图 2-2 为一个二自由度并联机构。

2）三自由度并联机构。三自由度并联机构种类较多，一般有以下形式：平面三自由度并联机构，如 3-RPR 机构、3-PRR 机构；球面三自由度并联机构，如 3-RPS 机构（S 表示球副）、3-RRR 球面机构、3-UPS-1-S 球面机构（U 表示虎克铰）；三维纯移动机构，如 StarLike 并联机构、Tsai 并联机构和 DELTA 机构。图 2-3a 为典型的 3-RPS 型三自由度并联机器人，图 2-3b 为三自由度 DELTA 机器人。

图 2-2　3-RPP 型二自由度并联机器人

a) 3-RPS型三自由度并联机器人

b) 三自由度DELTA机器人

图 2-3　三自由度并联机器人

3）四自由度并联机构。四自由度并联机构有 4-RPUR（图 2-4a 所示 3 转动 1 移动）和 4-RRRU（图 2-4b 所示 3 移动 1 转动）等结构形式。4-RPUR 机构有四个分支，每个分支运动链自下平台起依次为一个转动副、一个移动副、一个万向铰链和一个转动副。4-RRRU机构包括一个带四个虎克铰链的运动平台、一个带四个运动副铰链的固定平台、转动副与固定平台相连接的四根连杆（下）、转动副与上下连杆相连接的四根连杆（中）、转动副与虎克铰相连接的四根连杆（上）。

4）五自由度并联机构。现有的五自由度并联机构结构复杂，4-UPS-UPU 型五自由度并联机器人如图 2-5 所示。定平台通过 4 个结构完全相同的驱动分支 UPS 以及另一个驱动分支 UPU 与动平台相连接。

5）六自由度并联机构。六自由度并联机构是并联机器人机构中的一大类，从完全并联的角度出发，这类机构必须具有 6 条运动链。但现有的并联机构中，也有拥有 3 条运动链的六自由度并联机构，如 3-PRPS 和 3-URS 等机构，还有在 3 个分支的每个分支上附加 1 个五杆机构做驱动机构的六自由度并联机构等。

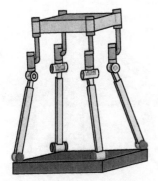

a) 4-RPUR 型四自由度并联机器人

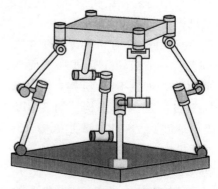

b) 4-RRRU型四自由度并联机器人

图 2-4 四自由度并联机器人

图 2-6 是典型的六自由度 Stewart 并联机构。从结构上看，它由 6 根支杆将上下两平台连接而成，6 根支杆都可以独立的自由伸缩，分别用球铰和虎克铰与上下平台连接，这样上下平台就可以进行 6 个独立运动。

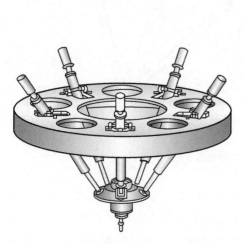

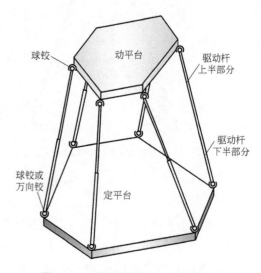

图 2-5　4-UPS-UPU 型五自由度并联机器人

图 2-6　六自由度 Stewart 并联机构

与传统串联机构相比，并联机构的零部件数目较串联机构大幅减少，主要由滚珠丝杠、伸缩杆件、滑块构件、虎克铰、球铰、伺服电动机等通用组件组成，这些通用组件由专门厂家生产，因而其制造和库存备件成本比相同功能的传统机构低很多，容易组装和模块化。

并联机构的主要特点如下：

1）采用并联闭环结构，机构具有较大的承载能力。

2）动态性能优越，适合高速、高加速场合。

3）并联机构各个关节的误差可以相互抵消、相互弥补，运动精度高。

4）运动空间相对较小。

（3）混联机器人　混联机器人把串联机器人和并联机器人结合起来，集合了串联机器人和并联机器人的优点，既有串联机器人工作空间大、运动灵活的特点，又有并联机器人刚度大、承载能力强的特点。

具有至少一个并联机构和一个或多个串联机构按照一定的方式组合在一起的机构称为混合机构。含有混合机构的机器人称为混联机器人。混联机器人通常有以下三种形式：第一种是并联机构通过其他机构串联而成；第二种是并联机构直接串联在一起；第三种是在并联机构的支链中采用不同的结构。

图 2-7 所示为混联机器人，其通过一个移动关节把并联机构和串联机构结合在一起，通过前面的串联机构来拓展它的工作空间，此时机器人的末端就是一个并联机构，它具有较大刚度和高承载能力。从而有效地规避了并联机构工作空间小和串联机构刚度小、承载能力低的缺点，可以完成较大范围内的物体快速抓取等任务。

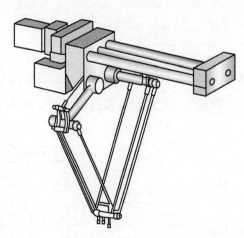

图 2-7　混联机器人

混联机器人可以在大范围工作空间中高速、高效率地完成大型物体的抓取和搬运工作，因此在物流、装配生产线上应用广泛，如码垛机器人。在物料分拣上，由于其精度高的特点，可以高精度、高响应地实现物料的高速分拣，大大提高了效率和准确度。

4. 机器人常见的图形符号

机器人的结构与传统的机械相比，所用的零件和材料以及装配方法等，与现有的各种机械完全相同。机器人常用的关节有移动副、旋转运动副，常用的图形符号见表 2-2。

表 2-2　运动功能图形符号

编号	名　称	图形符号	参考运动方向	备　注
1	移动（1）			
2	移动（2）			
3	回转机构			
4	旋转	（1）　　（2）		（1）一般常用的图形符号 （2）表示（1）的侧向的图形符号

（续）

编号	名　称	图形符号	参考运动方向	备　注
5	差动齿轮			
6	球关节			
7	握持			
8	保持			手指包括已成为工具的装置。工业机器人的工具此处未做规定
9	机座			

四种坐标型机器人的机构简图如图2-8所示。

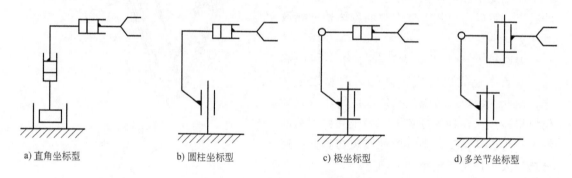

a) 直角坐标型　　　　b) 圆柱坐标型　　　　c) 极坐标型　　　　d) 多关节坐标型

图 2-8　典型机器人机构简图

2·2　机器人的主要技术参数

设计机器人，首先要确定机器人的主要技术参数，然后由机器人的技术参数来选择机器人的机械结构、坐标形式和传动装置等。

1. 自由度

自由度是指描述物体运动所需要的独立坐标数。机器人的自由度表示机器人动作灵活的尺度，一般以轴的直线移动、摆动或旋转动作的数目来表示，手部的动作不包括在内。

图2-9所示的机器人，臂部在 XO_1Y 面内有三个独立运动——升降（L_1）、伸

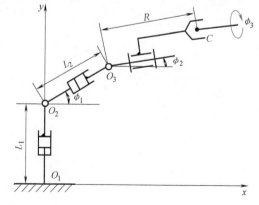

图 2-9　五自由度机器人简图

缩（L_2）和转动（ϕ_1），腕部在 XO_1Z 面内有一个独立运动——转动（ϕ_2）。机器人手部轴线在 XO_1Y 面内，确定手部位置需一个独立变量——手部绕自身轴线（O_3C）的旋转 ϕ_3。

上述这种用来确定手部相对于机身（或其他参照系）的位置独立变化的参数（L_1，L_2，ϕ_1，ϕ_2，ϕ_3）即为机器人的自由度。

2. 工作空间

机器人的工作空间是指机器人末端执行器所能达到的所有空间区域，其大小主要取决于机器人的几何形状和关节的运动形式。机器人的几何形状和关节运动形式不同，则其运动空间不同；而关节运动的变化量（即直线运动的距离和回转运动的角度）则决定着运动空间的大小。表 2-1 列出了四种典型坐标型机器人的工作空间。

3. 工作速度

工作速度是指机器人在工作载荷条件下、匀速运动过程中，末端执行器中心或工具中心点在单位时间内所移动的距离或转动的角度。

确定机器人手臂的最大行程后，根据循环时间安排每个动作的时间，并确定各动作是同时进行或是顺序进行，就可确定各动作的运动速度。分配动作时间除考虑工艺动作要求外，还要考虑惯性和行程大小、驱动和控制方式、定位和精度要求。

为了提高生产率，要求缩短整个运动循环时间。运动循环包括加速起动、等速运行和减速制动三个过程。过大的加减速度会导致惯性力加大，影响动作的平稳和精度。为了保证定位精度，加减速过程往往占去较长时间。

4. 工作载荷

机器人在规定的性能范围内，末端执行器能承受的最大负载量（包括手部），用质量、力矩或惯性矩来表示。

负载大小主要考虑机器人各运动轴上的受力和力矩，包括手部的质量、抓取工件的质量，以及由运动速度变化而产生的惯性力和惯性力矩。一般低速运行时，机器人的承载能力大，但是为了安全考虑，规定在高速运行时所能抓取的工件质量作为承载能力指标。

5. 控制方式

机器人用于控制轴的方式，可分为伺服控制和非伺服控制。伺服控制又可分为连续轨迹运动控制和点到点运动控制。

6. 驱动方式

驱动方式是指指关节运动装置的动力源形式，常见的有电动、气动和液压。

7. 精度、重复精度和分辨率

精度、重复精度和分辨率用来定义机器人手部的定位能力。

精度是一个位置量相对于其参照系的绝对度量，指机器人手部实际到达位置与所需要到达的理想位置之间的差距。机器人的精度取决于机械精度与电气精度。

重复精度指对同一指令位置从同一方向重复响应 n 次后实到位置的一致程度。如果机器人重复执行某给定位置指令，它每次走过的距离并不相同，而是在一平均值附近变化，该平均值代表精度，而变化的幅度代表重复精度。

分辨率是指机器人每根轴能够实现的最小移动距离或最小转动角度。精度和分辨率不一定相关。一台设备的运动精度是指命令设定的运动位置与该设备执行此命令后能够达到的运动位置之间的差距，分辨率则反映了实际需要的运动位置和命令所能够设定的位置之间的差距。

图2-10给出了精度、重复精度和分辨率的关系。

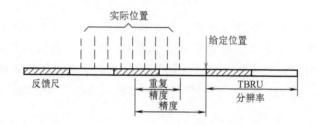

图2-10　精度、重复精度和分辨率的关系

工业机器人的精度、重复精度和分辨率要求是根据其使用要求确定的。机器人本身所能达到的精度取决于机器人结构的刚度、运动速度控制、驱动方式、定位和缓冲等因素。

由于机器人有转动关节，不同回转半径时其直线分辨率是变化的，因此造成了机器人的精度难以确定。由于精度一般较难测定，通常工业机器人只给出重复精度。

表2-3为不同作业机器人要求的重复精度。

表2-3　不同作业机器人要求的重复精度　　　　　　　（单位：mm）

任务	机床上下料	压力机上下料	点焊	模锻	喷涂	装配	测量	弧焊
重复精度	±（0.05～1）	±1	±1	±（0.1～2）	±3	±（0.01～0.5）	±（0.01～0.5）	±（0.2～0.5）

图2-11为一台工作载荷为30kg，供搬运、检测、装配用的圆柱坐标型工业机器人，这台机器人的主要技术指标如下：

自由度：如图2-11a所示，共有三个基本关节1、2、3和两个选用关节4、5。

工作范围：如图2-11b所示。

关节移动范围及速度：

A_1　　300°　　2.10rad/s

A_2　　500mm　600mm/s

A_3　　500mm　1200mm/s

A_4　　360°　　2.10rad/s

A_5　　190°　　1.05rad/s

重复定位精度：±0.05mm。

控制方式：五轴同时可控，点位控制。

工作载荷（最大伸长、最高速度下）：30kg。

驱动方式：三个基本关节由交流伺服电动机驱动，并采用增量式角位移检测装置。

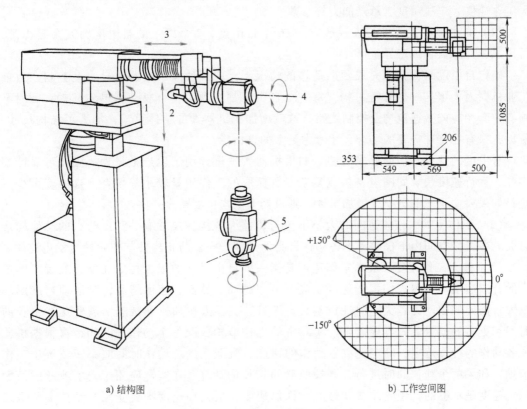

a) 结构图　　　　　　　　　　b) 工作空间图

图 2-11　圆柱坐标型工业机器人

1、2、3—基本关节　4、5—选用关节

2.3　机器人设计和选用准则

　　机器人是一个包括机械结构、控制系统、传感器等的整体，机器人设计是一个综合性、系统性的工作。在设计过程中，总的原则为整体性原则和控制系统设计优先于机械结构设计原则。

　　设计机器人时，应当首先设计机器人的整体功能，据此设计各个局部的细节。如果设计后期再增加一个小功能，往往会导致机器人的机械结构、控制系统需要修改甚至重新设计，功能设计在整个设计中有着至关重要的作用，也体现了机器人设计的整体性原则。

　　根据功能要求，制订机器人的各项性能参数，围绕性能参数选择控制方案，设计并选购控制硬件。控制硬件都镶嵌在机械结构上，当完全确定了控制硬件的尺寸和重量等信息后，再进行机械结构设计，控制系统设计应当优先于机械结构设计。

2.3.1　性能参数确定

在系统分析基础上，结合现有技术条件，具体确定机器人的自由度、工作空间、最大工作速度、定位精度、承载能力等参数。

（1）自由度 工业机器人一般有 4~6 个自由度，7 个以上的自由度为冗余自由度，可用来避开障碍物或奇异位形。

确定自由度时，在能完成预期动作的情况下，应尽量减少机器人自由度数目。目前工业机器人大多是一个开链机构，每一个自由度都必须由一个驱动器单独驱动，同时必须有一套相应的减速机构及控制线路，这就增加了机器人的整体重量，加大了结构尺寸。所以，只有在特殊需要的场合，才考虑更多的自由度。

自由度的选择与功能要求有关。如果机器人被设计用于生产批量大、操作可靠性要求高、运行速度快、周围设备构成复杂、所抓取的工件质量较小等场合，自由度可少一些；如果要便于产品更换、增加柔性，则机器人的自由度要多一些。

（2）工作空间 作业范围的大小不仅与机器人各构件尺寸有关，还与它的总体构形有关。在工作空间内不仅要考虑各构件自身的干涉，还要防止构件与作业环境发生碰撞。

（3）最大工作速度 最大工作速度是指主要自由度上的最大稳定速度，或者末端最大的合成速度。机器人的工作速度越高，效率越高。然而，速度越高，对运动精度影响越大，需要的驱动力越大，惯性也越大，而且，机器人在加速和减速上需要花费更长的时间和更多的能量。一般根据生产实际中的工作节拍分配每个动作的时间，再根据机器人各动作的行程范围，确定完成各动作的速度。机器人的总动作时间应小于或等于工作节拍，如果两个动作同时进行，则按照时间较长的计算。在实际应用中，单纯考虑最大稳定速度是不够的，还应注意其最大允许加速度。最大加速度则要受到驱动功率和系统刚度的限制。

（4）定位精度 机器人的定位精度是根据使用要求确定的，而机器人本身所能达到的定位精度，则取决于机器人的定位方式、驱动方式、控制方式、缓冲方式、运动速度、臂部刚度等因素。

（5）承载能力 承载能力是指机器人在工作范围内任意位姿所能承受的最大重量，其不仅取决于负载的质量，还与机器人在运行时的速度与加速度有关。对专用机械手来说，其承载能力主要根据被抓取物体的质量来定，其安全系数一般可在 1.5~3.0 之间选取。

2.3.2 控制方案选择

随着信息技术和控制技术的发展，以及机器人应用范围的扩大，机器人控制技术正朝着智能化的方向发展，出现了离线编程、任务级语言、多传感器信息融合、智能行为控制等新技术；机器人控制系统将向着基于 PC 的开放型控制器方向发展，以便于标准化、网络化和伺服驱动技术的数字化、分散化。

机器人控制系统，应当具备三大功能：

（1）伺服控制功能 即机器人的运动控制，实现机器人各关节的位置、速度、加速度等的控制。

（2）运算功能 机器人运动学的正运算和逆运算是其中最基本的部分。对于具有连续轨迹控制功能的机器人来说，还需要有直角坐标轨迹插补功能和一些必要的函数运算功能。在一些高速度、高精度的机器人控制系统中，系统往往还要完成机器人动力学模型和复杂控制算法等运算功能。

（3）系统管理功能　包括方便的人机交互、对外部环境（包括作业条件）的检测和感知、系统的监控与故障诊断等。

机器人控制系统大致可以分为三种类型：

（1）集中控制方式　它是一种用一台计算机实现全部控制功能的方法，其结构简单且成本低，但是实时性较差，比较难以扩展。

（2）主从控制方式　主要是用主、从两级处理器来实现系统的全部控制功能，主CPU用来实现管理、坐标变换、轨迹生成以及系统的自我诊断等，处于从属地位的CPU用来实现所有关节的动作控制。这种控制方式的优点在于系统的实时性较好，比较适用于高精度、高速度控制，但是系统的扩展性较差，而且维护比较困难。

（3）分散控制方式　它是一种按照系统的性质和功能将系统控制分为几个模块，每一个模块有不同的控制任务和控制策略，并且各个模块之间既处于主从关系又处于同等地位。这种控制方式综合了以上两种，实时性能好而且易于实现高速、高精度控制，并且易于扩展，可以实现智能化控制。

机器人设计者应当从总体功能要求、现有技术状况和经济实用性等方面考虑，选择最合适的控制类型。目前，市场上的机器人控制系统基本是由计算机和运动控制单元组成的，计算机部分通常是工控主板或者是嵌入式主板和PLC，而运动控制部分多数是直接用运动控制卡或者运动控制器来实现，基于PC的控制系统是工业机器人开放式控制系统开发的主要方向。

2.3.3　机械结构设计

机器人的机械结构，可以是由一系列连杆通过旋转关节和移动关节连接起来的开式空间运动链，也可以是并联机器人的闭式或混联空间运动链。复杂的空间运动链机构使得机器人的运动学和力学分析复杂化，在结构设计过程中应当重点把握以下一些原则：

（1）刚度设计原则　一般机械设计主要是强度设计，机器人由于链结构引起了机械误差和弹性变形的累积，使得其末端刚度和精度大受影响。因此，机器人设计除了满足强度要求外，更要考虑刚度设计。要使刚度最大，必须选择适当的构件剖面形状和尺寸，以提高支承刚度和接触刚度，合理安排加载在构件上的力和力矩，以尽可能减少弯曲变形。

（2）最小运动惯量原则　由于工作时机器人的运动部件多，运动状态经常改变，必然产生冲击和振动，所以设计时在满足强度和刚度的前提下，尽量减小运动部件的质量，并注意运动部件对转轴的质心配置，以提高机器人运动时的平稳性以及动力学特性。

（3）高强度轻型材料选用原则　在机器人的设计中，选用高强度材料不仅能够减小零部件的质量，减小运动惯量，还能够减小各部件的变形量，提高工作时的定位精度。

（4）尺寸最优原则　当设计要求满足一定工作空间要求时，通过尺度优化以选定最小的构件尺寸，这将有利于机器人构件刚度的提高，使运动惯量进一步降低。

（5）可靠性原则　机器人因机构复杂、部件较多，运动方式复杂，所以可靠性问题显得尤为重要。一般来说，元器件的可靠性应高于部件的可靠性，而部件的可靠性应高于整机的可靠性。

（6）模块化设计原则　机器人跟人一样，有胳膊（机械手臂）、腿（移动机器人的行走机构），如果某一模块坏了，可以直接更换，甚至可以不影响其他模块功能的发挥。模块化设计还能采取并行设计的方法，大大缩短研制周期，也为机器人的调试、维护和检修带来便利。

（7）工艺性原则　机器人在本质上是一种高精度、高集成的机械电子系统，各零部件的良好加工性和装配性也是设计时要注意的重要原则，而且机器人要便于维修和调整。如果仅仅有合理的结构，而忽略了工艺性，必然导致整体性能的下降和成本的提高。

2.4 机器人的机械结构

2.4.1 机器人机械结构的组成

由于应用场合的不同，机器人结构形式有多种多样，各组成部分的驱动方式、传动原理和机械结构也有各种不同的类型。通常根据机器人各部分的功能，其机械部分主要由下列各部分组成（见图2-12）。

1. 手部结构

机器人为了进行作业，在手腕上配置的操作机构，有时也称为手爪或末端操作器。

2. 手腕结构

连接手部和手臂的部分，主要作用是改变手部的空间方向和将作业载荷传递到手臂。

3. 臂部结构

连接机座和手腕的部分，主要作用是改变手部的空间位置，并将各种载荷传递到机座。

4. 机身结构

机器人的基础部分，起支承作用。对固定式机器人，直接连接在地面基础上；对移动式机器人，则安装在移动机构上。

2.4.2 机器人机构的运动

1. 手臂和本体的运动

（1）垂直移动　指机器人手臂的上下运动。这种运动通常采用液压缸机构或其他垂直升降机

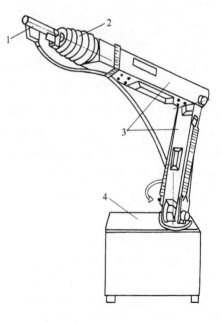

图 2-12　机器人的机械结构

1—手部　2—手腕　3—臂部　4—机身

构来完成，也可以通过调整整个机器人机身在垂直方向上的安装位置来实现。

（2）径向移动　指手臂的伸缩运动。机器人手臂的伸缩使其手臂的工作长度发生变化。在圆柱坐标式结构中，手臂的最大工作长度决定其末端所能达到的圆柱表面半径。

（3）回转运动　指机器人绕铅垂轴的转动。这种运动决定了机器人手臂所能到达的角位置。

2. 手腕的运动

（1）手腕旋转　手腕绕小臂轴线的转动。有些机器人限制其手腕转动角度小于 360°。另一些机器人则仅仅受到控制电缆缠绕圈数的限制，手腕可以转几圈。

（2）手腕弯曲　指手腕的上下摆动，这种运动也称为俯仰。

（3）手腕侧摆　指机器人手腕的水平摆动。手腕的旋转和俯仰两种运动结合起来可以构成侧摆运动，通常机器人的侧摆运动由一个单独的关节提供。

2.4.3　机身和臂部结构

1. 机身结构

机身是直接连接、支承和传动手臂及行走机构的部件。它由臂部运动（升降、平移、回转和俯仰）机构及有关的导向装置、支承件等组成。由于机器人的运动形式、使用条件、负载能力各不相同，所采用的驱动装置、传动机构、导向装置也不同，致使机身结构有很大差异。

一般情况下，实现臂部的升降、回转或俯仰等运动的驱动装置或传动件都安装在机身上。臂部的运动越多，机身的结构和受力越复杂。机身既可以是固定式的，也可以是行走式的，即在它的下部装有能行走的机构，可沿地面或架空轨道运行。

常用的机身结构有：①升降回转型机身结构；②俯仰型机身结构；③直移型机身结构；④类人机器人机身结构。

升降回转型机器人的机身主要由实现臂部的回转和升降运动的机构组成。机身的回转运动可采用回转轴液压（气）缸驱动、直线液压（气）缸驱动的传动链和蜗轮蜗杆机械传动等。机身的升降运动可以采用直线缸驱动、丝杆-螺母机构驱动和直线缸驱动的连杆式升降台。

俯仰型机器人的机身主要由实现手臂左右回转和上下俯仰运动的部件组成，它用手臂的俯仰运动部件代替手臂的升降运动部件。俯仰运动大多采用摆式直线缸驱动。

直移型机器人多为悬挂式的，其机身实际上就是悬挂手臂的横梁。为使手臂能沿横梁平移，除了要有驱动和传动机构外，导轨是一个重要的构件。

类人机器人的机身上除装有驱动臂部的运动装置外，还应装有驱动腿部运动的装置和腰部关节。靠腿部和腰部的屈伸运动来实现升降，腰部关节实现左右、前后的俯仰和人身轴线方向的回转运动。

2. 臂部结构

手臂部件是机器人的主要执行部件，它的作用是支承腕部和手部，并带动它们在空间运动。机器人的臂部主要包括臂杆以及与其伸缩、屈伸或自转等运动有关的构件，如传动机构、驱动装置、导向定位装置、支承连接和位置检测元件等。此外，还有与腕部或手臂的运动和连接支承等有关的构件、配管配线等。

根据臂部的运动和布局、驱动方式、传动和导向装置的不同，臂部结构可分为：①伸缩型臂部结构；②转动伸缩型臂部结构；③屈伸型臂部结构；④其他专用的机械传动臂部结构。

伸缩型臂部结构可由液压（气）缸驱动或直线电动机驱动；转动伸缩型臂部结构除了臂部做伸缩运动外，还绕自身轴线转动，以使手部获得旋转运动。转动可用液压（气）缸驱动或电动机驱动。

3. 机身和臂部的配置形式

机身和臂部的配置形式基本上反映了机器人的总体布局。由于机器人的运动要求、工作对象、作业环境和场地等因素的不同，出现了各种不同的配置形式。目前常用的有如下几种形式：

（1）横梁式　机身设计成横梁式，用于悬挂手臂部件，这类机器人的运动形式大多为移动式。它具有占地面积小，能有效地利用空间，直观等优点。横梁可设计成固定的或行走的，一般横梁安装在厂房原有建筑的柱梁或有关设备上，也可从地面架设。

图2-13显示了臂部与横梁的配置形式。图2-13a所示为一种单臂悬挂式，机器人只有一个铅垂配置的悬挂手臂。臂部除做伸缩运动外，还可以沿横梁移动。有的横梁装有滚轮，可沿轨道行走。图2-13b所示为一种双臂对称交叉悬挂式。双臂悬挂式结构大多用于为某一机床（如卧式车床、外圆磨床等）上、下料服务，一个臂用于上料，另一个臂用于下料，这种形式可以减少辅助时间，缩短动作循环周期，有利于提高生产率。双臂在横梁上的配置有双臂平行配置、双臂对称交叉配置和双臂一侧交叉配置等。具体配置形式，视工件的类型、工件在机床上的位置和夹紧方式、料道与机床间相对位置及运动形式等不同而各异。

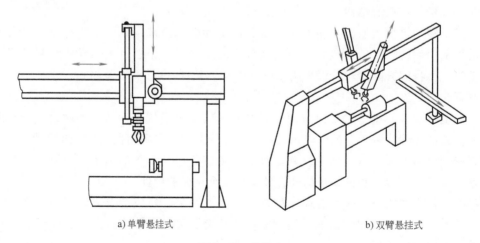

a) 单臂悬挂式　　　　　　　　　　b) 双臂悬挂式

图2-13　横梁式

横梁上配置多个悬伸臂为多臂悬挂式，适用于刚性连接的自动生产线，用于工位间传送工件。

（2）立柱式　立柱式机器人多采用回转型、俯仰型或屈伸型的运动形式，是一种常见的配置形式。一般臂部都可在水平面内回转，具有占地面积小而工作范围大的特点。立柱可固定安装在空地上，也可以固定在床身上。立柱式结构简单，服务于某种主机，承担上、下料或转运等工作。臂的配置形式如图 2-14 所示，可分为单臂配置和双臂配置。

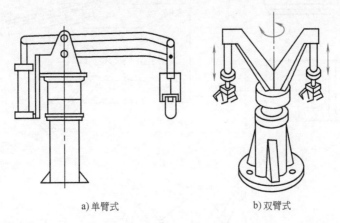

a)单臂式　　　　　　　　b)双臂式

图 2-14　立柱式

单臂配置是在固定的立柱上配置单个臂，一般臂部可水平、垂直或倾斜安装于立柱顶端。图 2-14a 为一立柱式浇注机器人，以平行四边形铰接的四连杆机构作为臂部，以此实现俯仰运动。浇包提升时始终保持铅垂状态。臂部回转运动后，可把从熔炉中取出的金属液送至压铸机的型腔。

立柱式双臂配置的机器人多用于一只手实现上料，另一只手实现下料。图 2-14b 为一双臂同步回转机器人。双臂对称布置，较平稳。两个悬挂臂的伸缩运动采用分别驱动的方式，用来完成较大行程的提升与转位工作。

（3）机座式　机身设计成机座式，这种机器人可以是独立的、自成系统的完整装置，可随意安放和搬动。也可以具有行走机构，如沿地面上的专用轨道移动，以扩大其活动范围。各种运动形式均可设计成机座式。手臂有单臂（见图 2-15a）、双臂（见图 2-15b）和多臂（见图 2-15c）的形式，手臂可配置在机座顶端，也可置于机座立柱中间。

（4）屈伸式　屈伸型机器人的臂部由大小臂组成，大小臂间有相对运动，称为屈伸臂。屈伸臂与机身间的配置形式关系到机器人的运动轨迹，可以实现平面运动，也可以做空间运动。

图 2-16a 为平面屈伸型机器人，其大小臂是在垂直于机床轴线的平面上运动的，借助腕部旋转 90°，把垂直放置的工件送到机床两顶尖间。

图 2-16b 为空间屈伸型机器人。小臂相对大臂运动的平面与大臂相对机身运动的平面互相垂直，手臂夹持中心的运动轨迹为空间曲线。它能将垂直放置的圆柱工件送到机床两顶尖间，而不需要腕部旋转运动。腕部只做小距离的横移，即可将工件送进机床夹头内。该机构占地面积小，能有效地利用空间，可绕过障碍进入目的地，较好地显示了屈伸型机器人的优越性。

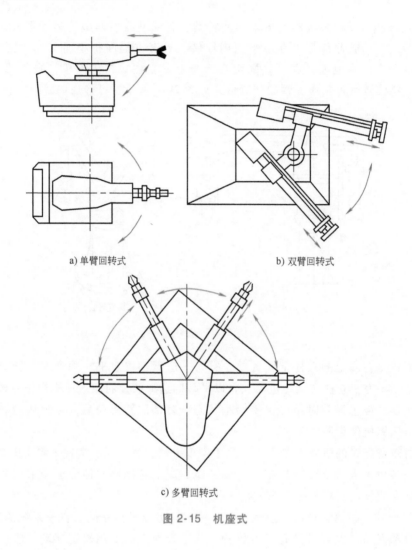

a) 单臂回转式　　　　　　　　　　　b) 双臂回转式

c) 多臂回转式

图 2-15　机座式

2.4.4　手腕结构

手腕是连接手臂和手部的结构部件，它的主要作用是确定手部的作业方向。因此它具有独立的自由度，以满足机器人手部完成复杂的姿态。

要确定手部的作业方向，一般需要三个自由度，这三个回转方向为：

（1）臂转　绕小臂轴线方向的旋转。

（2）手转　使手部绕自身的轴线方向旋转。

（3）腕摆　使手部相对于臂部进行摆动。

手腕结构多为上述三个回转方式的组合，组合的方式可以有多种形式，常用的如图 2-17 所示。图 2-17a 所示的腕部关节配置为臂转、腕摆、手转结构；图 2-17b 所示的为双腕摆、手转结构。

腕部结构的设计要满足传动灵活、结构紧凑轻巧、避免干涉。机器人多数将腕部结构的驱动部分安装在小臂上。首先设法使几个电动机的运动传递到同轴旋转的心轴和多

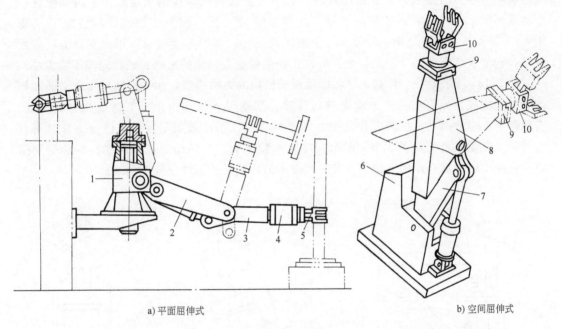

a) 平面屈伸式　　　　　　　　　　　　　　b) 空间屈伸式

图 2-16　屈伸式

1—立柱　2、7—大臂　3、8—小臂　4、9—腕部　5、10—手部　6—机身

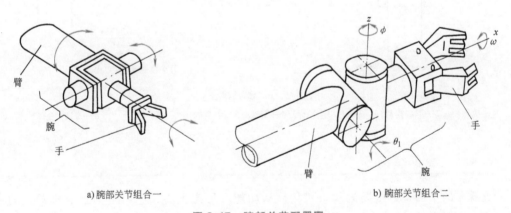

a) 腕部关节组合一　　　　　　　　　　　b) 腕部关节组合二

图 2-17　腕部关节配置图

层套筒上去。运动传入腕部后再分别实现各个动作。机器人手腕具体结构可参考一些文献和设计手册。本节主要介绍一下柔顺手腕。

一般来说，在用机器人进行精密装配作业时，当被装配零件不一致，工件的定位夹具、机器人的定位精度无法满足装配要求时，会导致装配困难。这就提出了装配动作的柔顺性要求。

柔顺装配技术有两种，一种是从检测、控制的角度，采取各种不同的搜索方法，实现边校正边装配。如在手爪上装有如视觉传感器、力传感器等检测元件，这种柔顺装配称为主动柔顺装配。主动柔顺手腕需装配一定功能的传感器，价格较贵；另外，由于反馈控制响应能力的限制，装配速度较慢。另一种是从机械结构的角度，在手腕部配置一个柔顺环节，以满足柔顺装配的需要。这种柔顺装配技术称为"被动柔顺装配"（即RCC）。被动柔顺手腕结构比较简单，价格比较便宜，装配速度较快。相比主动柔顺装配技术，它要求装配件要有倾角，允许的校正补偿量受到倾角的限制，轴孔间隙不能太小。

图 2-18a 所示为一个具有水平和摆动浮动机构的柔顺手腕。水平浮动机构由平面、钢球和弹簧构成，实现在两个方向上进行浮动；摆动浮动机构由上、下球面和弹簧构成，实现两个方向的摆动。在装配作业中，如遇夹具定位不准或机器人手爪定位不准时可自行校正。其动作过程如图 2-18b 所示，在插入装配中，工件局部被卡住时，将会受到阻力，促使柔顺手腕起作用，使手爪有一个微小的修正量，工件便能顺利地插入。

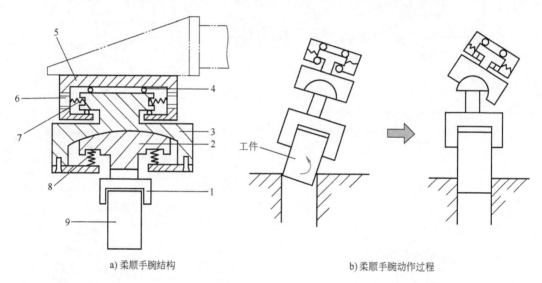

a) 柔顺手腕结构　　　　　　　　　　　　b) 柔顺手腕动作过程

图 2-18　柔顺手腕

1—机械手　2—下部浮动件　3—上部浮动件　4—钢珠　5—中空固定件　6—螺钉　7、8—弹簧　9—工件

2.4.5　手部结构

机器人的手部是最重要的执行机构，从功能和形态上看，它可分为工业机器人的手部和仿人机器人的手部。目前，前者应用较多，也比较成熟。

工业机器人的手部是用来握持工件或工具的部件。由于被握持工件的形状、尺寸、重量、材质及表面状态的不同，手部结构是多种多样的。大部分的手部结构都是根据特定的工件要求而专门设计的。各种手部的工作原理不同，故其结构形态各异。常用的手部按其握持原理可以分为夹持类和吸附类两大类。

1. 夹持类

夹持类手部除常用的夹钳式外，还有钩托式和弹簧式。此类手部按其手指夹持工件时的运动方式不同，又可分为手指回转型和指面平移型。

（1）夹钳式手部　夹钳式是工业机器人最常用的一种手部形式，一般夹钳式手部（见图 2-19）由以下几部分组成：

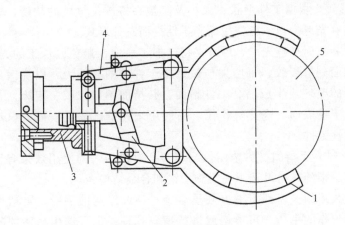

图 2-19　夹钳式手部的组成

1—手指　2—传动机构　3—驱动装置　4—支架　5—工件

1）手指。它是直接与工件接触的构件。手部松开和夹紧工件，就是通过手指的张开和闭合来实现的。一般情况下，机器人的手部只有两个手指，少数有三个或多个手指。它们的结构形式常取决于被夹持工件的形状和特性。

① 指端的形状。指端是手指上直接与工件接触的部位，它的结构形状取决于工件的形状。类型有：V 形指（见图 2-20a），平面指（图 2-20b），尖指或薄、长指（图 2-20c）和特形指（图 2-20d）。

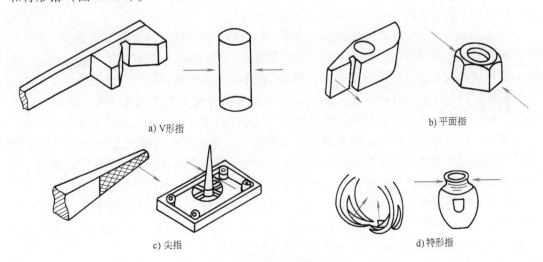

a) V形指　　　　　　　　　　　　　　　　　b) 平面指

c) 尖指　　　　　　　　　　　　　　　　　d) 特形指

图 2-20　夹钳式手的指端

V 形指适用于夹持圆柱形工件，特点是夹紧平稳可靠，夹持误差小。平面指一般用于夹持方形工件（具有两个平行表面）、板形或细小棒料。尖指一般用于夹持小型或柔性工件；薄指用于夹持位于狭窄工作场地的细小工件，以避免和周围障碍物相碰；长指可用于夹持炽热的工件，以避免热辐射对手部传动机构的影响。对于形状不规则的工件，必须设计出与工件形状相适应的专用特形指，才能夹持工件。

② 指面的形式。根据工件形状、大小及其被夹持部位材质的软硬、表面性质等的不同，手指的指面有光滑指面、齿型指面和柔性指面三种形式。

光滑指面，其指面平整光滑，用来夹持已加工表面，避免已加工的光滑表面受损伤。齿型指面，其指面刻有齿纹，可增加与被夹持工件间的摩擦力，以确保夹紧可靠，多用来夹持表面粗糙的毛坯或半成品。柔性指面，其指面镶衬橡胶、泡沫、石棉等物，有增加摩擦力、保护工件表面、隔热等作用。一般用来夹持已加工表面、炽热件，也适用于夹持薄壁件和脆性工件。

③ 手指的材料。手指的材料选用恰当与否，对机器人的使用效果有很大影响。对于夹钳式手部，其手指的材料可选用一般碳素钢和合金结构钢。

为使手指经久耐用，指面可镶嵌硬质合金；高温作业的手指，可选用耐热钢；在腐蚀性气体环境下工作的手指，可镀铬或进行搪瓷处理，也可选用耐腐蚀的玻璃钢或聚四氟乙烯。

2）传动机构。它是向手指传递运动和动力，以实现夹紧和松开动作的机构。

① 回转型传动机构。夹钳式手部中较多的是回转型手部，其手指就是一对（或几对）杠杆，再同斜楔、滑槽、连杆、齿轮、蜗轮蜗杆或螺杆等机构组成复合式杠杆传动机构，来改变传力比、传动比及运动方向等。

图 2-21a 为斜楔杠杆式手部的结构简图。斜楔驱动杆 2 向下运动，克服拉簧 5 的拉力，使杠杆手指装着滚子 3 的一端向外撑开，从而夹紧工件 8。斜楔向上移动，则在弹簧拉力的作用下，使手指 7 松开。手指与斜楔通过滚子接触可以减少摩擦力，提高机械效率。有时为了简化结构，也可让手指与斜楔直接接触。

图 2-21b 为滑槽杠杆式手部的结构简图。杠杆形手指 4 的一端装有 V 形指 5，另一端则开有长滑槽。驱动杆 1 上的圆柱销 2 套在滑槽内，当驱动连杆同圆柱销一起做往复运动时，即可拨动两个手指各绕其支点（铰销 3）做相对回转运动，从而实现手指对工件 6 的夹紧与松开动作。滑槽杠杆式传动机构的定心精度与滑槽的制造精度有关。因活动环节较多，配合间隙的影响不可忽视。此机构依靠驱动力锁紧，机构本身无自锁性能。

图 2-21c 为双支点连杆杠杆式手部的结构简图。驱动杆 2 末端与连杆 4 由铰销 3 铰接，当驱动杆 2 做直线往复运动时，则通过连杆推动两杆手指各绕支点 7 做回转运动，从而使手指松开或闭合。该机构的活动环节较多，故定心精度一般比斜楔杠杆式传动差。

图 2-21d 为齿条齿轮杠杆式手部的结构简图。驱动杆 2 末端制成双面齿条，与扇齿轮 4 相啮合，而扇齿轮 4 与手指 5 固连在一起，可绕支点回转。驱动力推动齿条做直线往复运动，即可带动扇齿轮回转，从而使手指闭合或松开。

② 平移型传动机构。平移型夹钳式手部是通过手指的指面做直线往复运动或平面移动来实现张开或闭合动作的，常用于夹持具有平行平面的工件（如箱体等）。其结构较复杂，不如回转型应用广泛。平移型传动机构据其结构，大致可分平面平行移动机构和直线往复移动机构两种类型。

图 2-22a 为一种平移型夹钳式手部的简图，它通过驱动器 1 和驱动元件 2 带动平行四边形铰链机构（3 为主动摇杆，4 为从动摇杆），以实现手指平移。这种机构的构件较多，传动效率较低，且结构内部受力情况不同。

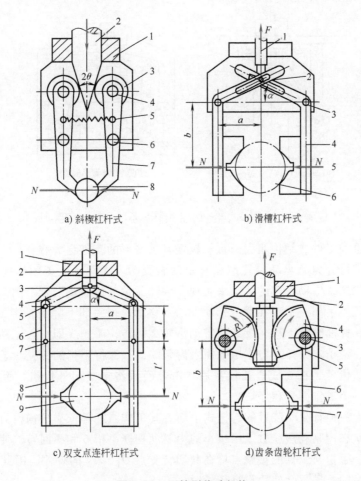

a) 斜楔杠杆式　　　　　　　　　　　b) 滑槽杠杆式

c) 双支点连杆杠杆式　　　　　　　　d) 齿条齿轮杠杆式

图 2-21　回转型传动机构

a) 1—壳体　2—斜楔驱动杆　3—滚子　4—圆柱销　5—拉簧　6—铰销　7—手指　8—工件

b) 1—驱动杆　2—圆柱销　3—铰销　4—手指　5—V 形指　6—工件

c) 1—壳体　2—驱动杆　3—铰销　4—连杆　5、7—圆柱销　6—手指　8—V 形指　9—工件

d) 1—壳体　2—驱动杆　3—小轴　4—扇齿轮　5—手指　6—V 形指　7—工件

　　实现直线往复移动的机构很多，常用的有斜楔传动、齿条传动、螺旋传动等结构。
图 2-22b 为连杆杠杆平移结构。

　　3）驱动装置。它是向传动机构提供动力的装置。按驱动方式不同，有液压、气动、
电动和机械驱动之分。

　　4）支架。使手部与机器人的腕或臂相连接。

　　此外，还有连接和支承元件，它们将上述有关部分连成一个整体。

　　（2）钩托式手部　在夹持类手部中，除了用夹紧力夹持工件的夹钳式手部外，钩托
式手部是用得较多的一种。它的主要特征是不靠夹紧力来夹持工件，而是利用手指对工
件钩、托、捧等动作来托持工件。应用钩托方式可降低驱动力的要求，简化手部结构，
甚至可以省略手部驱动装置。它适用于在水平面内和垂直面内做低速移动的搬运工作，

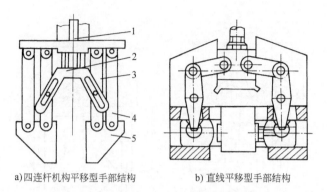

a)四连杆机构平移型手部结构　　　b)直线平移型手部结构

图 2-22　平移型传动机构

1—驱动器　2—驱动元件　3—主动摇杆　4—从动摇杆　5—手指

尤其对大型笨重的工件或结构粗大而重量较轻且易变形的工件更为有利。

钩托式手部可分为无驱动装置型和有驱动装置型。无驱动装置的钩托式手部，手指动作通过传动机构，借助臂部的运动来实现，手部无单独的驱动装置。图 2-23a 为一种无驱动装置的钩托式手部。手部在臂的带动下向下移动，当手部下降到一定位置时，齿条 1 下端碰到撞块，臂部继续下移，齿条便带动齿轮 2 旋转，手指 3 即进入工件钩托部位。手指托持工件时，销子 4 在弹簧力作用下插入齿条缺口，保持手指的钩托状态并可使手臂携带工件离开原始位置。在完成钩托任务后，由电磁铁将销子向外拨出，手指又呈自由状态，可继续下一个工作循环程序。

图 2-23b 为一种有驱动装置的钩托式手部。其工作原理是依靠机构内力来平衡工件重力而保持托持状态。驱动液压缸 5 以较小的力驱动杠杆手指 6 和 7 回转，使手指闭合至托持工件的位置。手指与工件的接触点均在其回转支点 O_1、O_2 的外侧，因此在手指托持工件后，工件本身的重量不会使手指自行松脱。

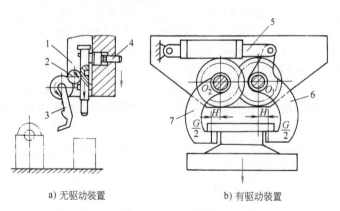

a) 无驱动装置　　　　　　b) 有驱动装置

图 2-23　钩托式手部

1—齿条　2—齿轮　3—手指　4—销子　5—液压缸　6、7—杠杆手指

（3）弹簧式手部　弹簧式手部靠弹簧力的作用将工件夹紧，手部不需要专用的驱动装置，结构简单。它的特点是工件进入手指和从手指中取下工件都是强制进行的。由于

弹簧力有限，故只适用于夹持轻小工件。

图 2-24 所示为一种结构简单的簧片手指弹性手爪。手臂带动夹钳向坯料推进时，弹簧片 3 由于受到压力而自动张开，于是工件进入夹钳内，受弹簧作用而自动夹紧。当机器人将工件传送到指定位置后，手指不会将工件松开，必须先将工件固定后，手部后退，强迫手指撑开后留下工件。这种手部只适用于定心精度要求不高的场合。

2. 吸附类

吸附类手部靠吸附力取料。根据吸附力的不同分气吸附和磁吸附两种。吸附类手部适用于大平面（单面接触无法抓取）、易碎（玻璃、磁盘）、微小（不易抓取）的物体，因此使用面较大。

（1）气吸式　气吸式手部是工业机器人常用的一种吸持工件的装置。它由吸盘（一个或几个）、吸盘架及进排气系统组成，具有结构简单、重量轻、使用方便可靠等优点。广泛用于非金属材料（如板材、纸张、玻璃等物体）或不可有剩磁的材料的吸附。

气吸式手部的另一个特点是对工件表面没有损伤，且对被吸工件预定的位置精度要求不高；但要求工件上与吸盘接触部位光滑平整、清洁，被吸工件材质致密，没有透气空隙。

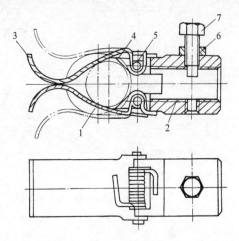

图 2-24　弹簧式手部
1—工件　2—套筒　3—弹簧片　4—扭簧
5—销钉　6—螺母　7—螺钉

气吸式手部是利用吸盘内的压力与大气压之间的压力差而工作的。按形成压力差的方法，可分为真空气吸、气流负压气吸、挤压排气负压气吸三种。

图 2-25a 为真空气吸吸附手部。真空的产生是利用真空泵，真空度较高。其主要零件为蝶形吸盘 1，通过固定环 2 安装在支承杆 4 上，支承杆由螺母 6 固定在基板 5 上。取料时，橡胶吸盘与物体表面接触，橡胶吸盘的边缘起密封作用，又起到缓冲作用，然后真空抽气，吸盘内腔形成真空，实施吸附取料。放料时，管路接通大气，失去真空，物体放下。为了避免在取放料时产生撞击，有的还在支承杆上配有弹簧缓冲；为了更好地适应物体吸附面的倾斜状况，有的在橡胶吸盘背面设计有球铰链。

图 2-25b 为气流负压气吸吸附手部。利用流体力学的原理，当需要取物时，压缩空气高速流经喷嘴 5 时，其出口处的气压低于吸盘腔内的气压，于是腔内的气体被高速气流带走而形成负压，完成取物动作。当需要释放时，切断压缩空气即可。气流负压吸附手部需要的压缩空气，在一般工厂内容易取得，因此成本较低。

图 2-25c 为挤压排气负压气吸吸附手部。其工作原理为：取料时橡胶吸盘 1 压紧物体，橡胶吸盘变形，挤出腔内多余空气，手部上升，靠橡胶吸盘恢复力形成负压将物体吸住。释放时，压下推杆 3，使吸盘腔与大气连通而失去负压。挤压排气式手部结构简单，但要防止漏气，不宜长期停顿。

（2）磁吸式　磁吸式手部是利用永久磁铁或电磁铁通电后产生的磁力来吸附工件的，

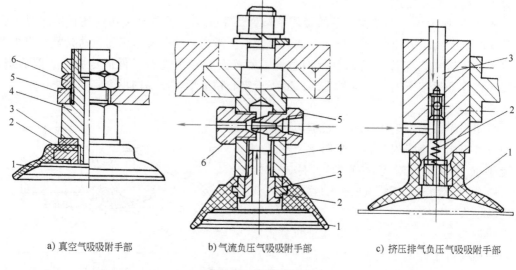

a) 真空气吸吸附手部	b)气流负压气吸吸附手部	c) 挤压排气负压气吸吸附手部

图 2-25　气吸式手部

a）1—蝶形吸盘　2—固定环　3—垫片　4—支承杆　5—基板　6—螺母

b）1—橡胶吸盘　2—心套　3—通气螺钉　4—支承杆　5—喷嘴　6—喷嘴套

c）1—橡胶吸盘　2—弹簧　3—推杆

应用较广。磁吸式手部与气吸式手部相同，不会破坏被吸工件表面质量。磁吸式手部比气吸式手部优越的方面是：有较大的单位面积吸力，对工件表面粗糙度及通孔、沟槽等无特殊要求。磁吸式手部的不足之处是：被吸工件存在剩磁，吸附头上常吸附磁性屑（如铁屑等），影响正常工作。因此对那些不允许有剩磁的零件要禁止使用。对钢、铁等材料制品，温度超过 723℃就会失去磁性，故在高温下无法使用磁吸式手部。磁吸式手部按磁力来源可分为永久磁铁手部和电磁铁手部。电磁铁手部由于供电不同又可分为交流电磁铁手部和直流电磁铁手部。

3. 仿人机器人的手部

目前，大部分工业机器人的手部只有两根手指，而且手指上一般没有关节。因此取料不能适应物体外形的变化，不能使物体表面承受比较均匀的夹持力，所以无法满足对复杂形状、不同材质的物体实施夹持和操作。为了提高机器人手部和手腕的操作能力、灵活性和快速反应能力，使机器人能像人手一样进行各种复杂的作业，如装配作业、维修作业、设备操作等，就必须有一个运动灵活、动作多样的灵巧手，即仿人手。

（1）柔性手　柔性手可对不同外形物体实施抓取，并使物体表面受力比较均匀。图2-26a 所示为多关节柔性手，每个手指由多个关节串接而成。手指传动部分由牵引钢丝绳及摩擦滚轮组成，每个手指由两根钢丝绳牵引，一侧为握紧，一侧为放松。这样的结构可抓取凹凸外形并使物体受力较为均匀。

（2）多指灵巧手　机器人手部和手腕最完美的形式是模仿人手的多指灵巧手，多指灵巧手由多个手指组成，每一个手指有三个回转关节，每一个关节自由度都是独立控制的。这样，各种复杂动作都能模仿。

图 2-26b、c 分别显示了三指灵巧手和四指灵巧手。

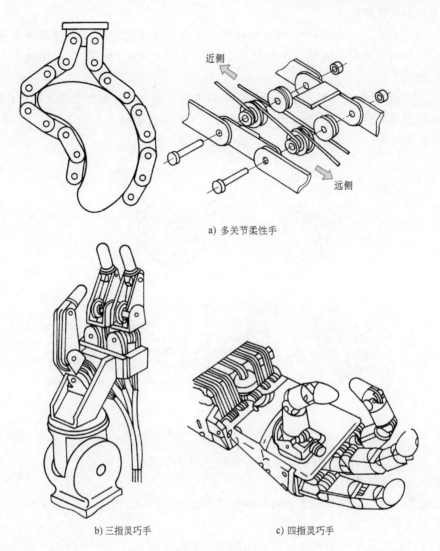

a) 多关节柔性手

b) 三指灵巧手　　　　　　　　c) 四指灵巧手

图 2-26　仿人手

2.4.6　行走机构

　　行走机构是行走机器人的重要执行部件,它由驱动装置、传动机构、位置检测元件、传感器、电缆及管路等组成。它一方面支承机器人的机身、臂部和手部,另一方面还根据工作任务的要求,带动机器人实现在更广阔的空间内运动。

　　一般而言,行走机器人的行走机构主要有车轮式行走机构、履带式行走机构和足式行走机构,此外,还有步进式行走机构、蠕动式行走机构、混合式行走机构和蛇行式行走机构等,以适用于各种特殊场合。

　　1. 车轮式行走机构

　　车轮式行走机器人是机器人中应用最多的一种,在相对平坦的地面上,用车轮移动方式行走是相当优越的。

（1）车轮的形式 车轮的形状或结构形式取决于地面的性质和车辆的承载能力。在轨道上运行的多采用实心钢轮，室外路面行驶的采用充气轮胎，室内平坦地面上的可采用实心轮胎。

图 2-27 所示为不同地面上采用的不同车轮形式。图 2-27a 适合于沙丘地形；图 2-27b 是为在火星表面移动而开发的；图 2-27c 适合于平坦的坚硬路面；图 2-27d 为车轮的一种变形，称为无缘轮，用来爬越阶梯，以及在水田中行驶。

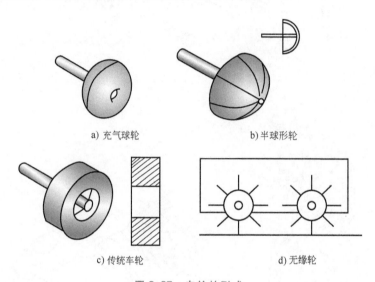

a) 充气球轮　　　　　　b) 半球形轮

c) 传统车轮　　　　　　d) 无缘轮

图 2-27　车轮的形式

（2）车轮的配置和转向机构 车轮式行走机构依据车轮的多少分为 1 轮、2 轮、3 轮、4 轮以及多轮机构。

1 轮和 2 轮行走机构在实现上的主要障碍是稳定性问题，实际应用的车轮式行走机构多为 3 轮和 4 轮。

3 轮行走机构具有一定的稳定性，代表性的车轮配置方式是一个前轮，两个后轮。图 2-28a 所示为两后轮独立驱动，前轮仅起支承作用，靠后轮的转速差实现转向；图 2-28b 则采用前轮驱动，前轮转向的方式；图 2-28c 利用两后轮差动减速器驱动，前轮转向的方式。

4 轮行走机构的应用最为广泛，4 轮机构可采用不同的方式实现驱动和转向。图 2-29a 为后轮分散驱动；图 2-29b 是用连杆机构实现四轮同步转向的机构，当前轮转向时，通过四连杆机构使后轮得到相应的偏转。这种车辆比仅有前轮转向的车辆可实现更小的转向回转半径。

（3）越障轮式机构 普通车轮行走机构对崎岖不平地面适应性很差，为了提高轮式车辆的地面适应能力，研究了越障轮式机构。

图 2-30 左侧所示为一可以上下台阶的车轮式机构。车轮的大小取决于台阶的尺寸。图 2-30 右侧表示爬楼梯过程。在平坦的地面上，小车轮回转行走。当最前方小轮碰到台阶后，大轮（即小轮的支架）如图 2-30b 所示那样带着小轮一起公转，并变成一个小轮

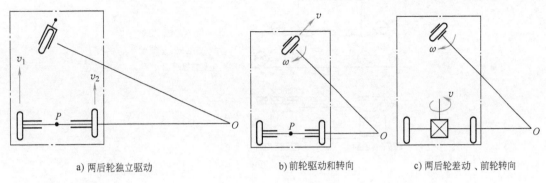

a) 两后轮独立驱动　　　　　　b) 前轮驱动和转向　　　　　c) 两后轮差动、前轮转向

图 2-28　3 轮车轮的配置

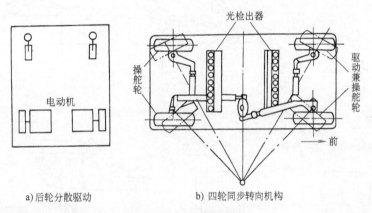

a) 后轮分散驱动　　　　　　b) 四轮同步转向机构

图 2-29　4 轮车轮的配置

与地面接触，与此同时，本体也逐渐被抬起一定高度。随着大轮公转到如图 2-30c 所示状态时，由于小轮 b 的自转继续前移，当小轮 b 碰到第二个台阶后，大轮又公转并重复进行下去，直至登完台阶。

图 2-31 所示为一可以在不平地面移动的多节车轮式机构，它可在火星表面进行移动，用于火星考察。1、2 两节间由三轴旋转关节和一个移动关节相连，2、3 两节间由三轴旋转关节相连。这种机构构成可以爬越沟坎。

2. 履带式行走机构

车轮式行走机构只有在平坦坚硬的地面上行驶才有理想的运动特性。如果地面凹凸程度和车轮直径相当，或地面很软，则它的运动阻力大增。履带式行走机构适合于在未加工的天然路面行走，它是车轮式行走机构的拓展，履带本身起着给车轮连续铺路的作用。

履带式行走机构与车轮式行走机构相比，有如下特点：

1）支承面积大，接地比压小。适合于在松软或泥泞场地进行作业，下陷度小，滚动阻力小。

2）越野机动性好，爬坡、越沟等性能均优于车轮式行走机构。

3）履带支承面上有履齿，不易打滑，牵引附着性能好，有利于发挥较大的牵引力。

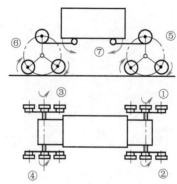

①~④ 小车轮回转（行走）
⑤、⑥ 公转（上台阶）
⑦ 支臂撑起

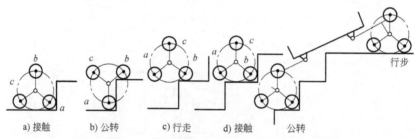

a) 接触　　b) 公转　　c) 行走　　d) 接触　公转

图 2-30　三小轮式上下台阶的车轮式机构

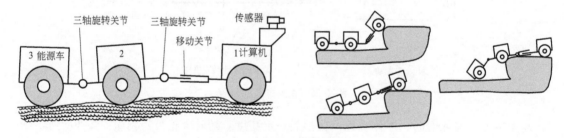

图 2-31　多节车轮式机构

4）结构复杂，重量轻，运动惯性大，减振功能差，零件易损坏。

（1）履带式行走机构的组成　履带式行走机构主要由履带、驱动链轮、支承轮、托带轮、张紧轮（也称导向轮）等组成，如图 2-32 所示。

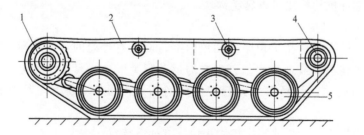

图 2-32　履带式行走机构的组成

1—驱动链轮　2—履带　3—托带轮　4—张紧轮（导向轮）　5—支承轮

1）支承轮。在设计履带时，要考虑轮胎与路面是否充分接触？如果选择很长的履带，则某一时刻有可能大部分履带都不与路面接触，即履带未能紧贴路面，与路面间存在间歇。解决的方法是加装支承轮。履带式行走机器人的重量主要通过支承轮压于履带板的轨道传递到地面上。根据履带支承轮传递压力的情况，分为多支点式和少支点式，如图 2-33 所示。

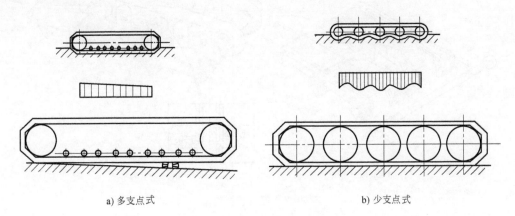

a) 多支点式　　　　　　　　　　　　　　b) 少支点式

图 2-33　支承轮分布

多支点式一般具有 5~9 个支承轮，相邻两支承轮之间的距离小于履带节距的 1.5 倍，履带在支承轮之间不能弯曲。多支点式的支承轮数目多，但其直径较小，通常固定支承于履带承梁上。

少支点式的支承轮承载数目少而直径大，运行阻力较小，但履带在支承轮之间的履带板数目大，可以有很大的弯曲，在支承轮下方的履带板受压很大，而其他履带板受压则较小，这样的装置适合于在石质土壤上工作。

支承轮多数装于滑动轴承上，只有在轻载的履带移动机构中才采用滚动轴承。

2）托带轮。托带轮安装于履带上分支的下方，以减少履带的下垂量，保持它平稳运转。托带轮一般用 2~3 个就够了。托带轮只承受履带自重的载荷，所需尺寸较小，结构简单。也有不用托带轮的，大支承轮的上方作为托带之用。也可以用滑动的导路代替托带轮。

3）履带板。每条履带是由几十块履带板和链轨等零件组成的。其结构基本上可分为四部分，即履带的下面为支承面，上面为链轨，中间为与驱动链轮相啮合的部分，两端为连接铰链。

根据履带板的结构不同，履带板可分为整体式和组合式，如图 2-34 所示。整体式履带板结构简单，制造方便，拆装容易，重量较轻；但由于履带销与销之间的间隙较大，泥沙容易进入，使销孔磨损较快，一旦损坏，履带板只能整块更换。根据不同的使用工况，履带板有各种结构与尺寸。

4）驱动轮与导向轮　履带两端的轮子哪一个做导向轮，哪一个做驱动轮，与履带机构的形状有关。图 2-35a 所示的履带构型，驱动轮在后方比较有利，这时履带的上分支受力较小，导向轮受力也较小，履带承载分支处于微张紧状态，运行阻力较小。当前轮为驱动轮时，履带的上分支及导向轮承受较大载荷，履带承载分支部分长度处于压缩弯折状态，运行阻力增大。图 2-35b 所示的履带构型，前轮和后轮驱动均可。

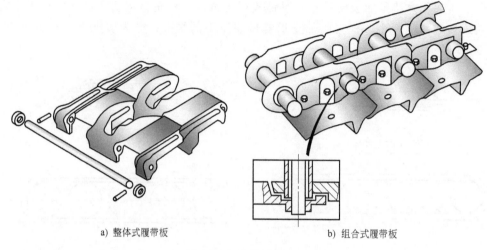

a) 整体式履带板   b) 组合式履带板

图 2-34 履带板的结构

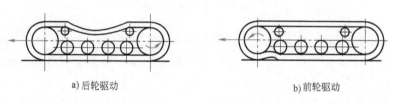

a) 后轮驱动   b) 前轮驱动

图 2-35 驱动轮

驱动轮轮齿通常为 8~10，考虑链轨磨损后的节距增长，故其节距比链轨节距大 1%~5%。导向轮可以制成无齿的。

（2）履带式行走机构的形状 履带式行走机构最常见的形状如图 2-36 所示。图2-36a 所示的驱动轮及导向轮兼做支承轮，因此增大了支承地面面积，改善了稳定性，此时驱动轮和导向轮只微量高于地面。图 2-36b 所示为不做支承轮的驱动轮与导向轮，装得高于地面，链条引入引出时角度达 50°，其好处是适合于穿越障碍。另外，因其减少了泥土夹入引起的磨损和失效，可以提高驱动轮和导向轮的寿命。

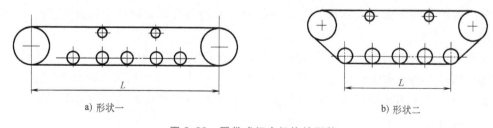

a) 形状一   b) 形状二

图 2-36 履带式行走机构的形状

（3）独特的履带式行走机构 为提高履带式行走机构的地面适应能力、越障能力和行走机动性能，开发了一些新颖独特的机构形式。

1）形状可变履带式行走机构。图 2-37a 为一种形状可变履带式行走机构外形，它由两条形状可变的履带组成，分别由两个主电动机驱动。当履带速度相同时，实现前进或后退行走；当履带速度不同时，整个机器实现转向运动。当主臂杆绕履带架上的轴旋转时，带动行星轮转动，从而实现履带的不同构形，以适应不同的行走环境。图 2-37b 为形状可变履带式行走机构实现越障和上、下台阶。

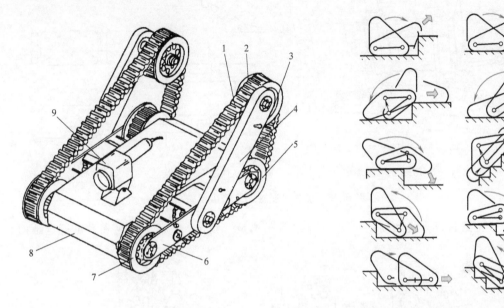

a) 形状可变履带式行走机构外形   b) 履带越障和上、下台阶

图 2-37　形状可变履带式行走机构

1—履带　2—行星轮　3—曲柄　4—主臂杆　5—导向轮　6—履带架　7—驱动轮　8—机体　9—电视摄像机

2）位置可变履带式行走机构。位置可变履带式行走机构指履带相对于机体的位置可以发生改变的履带机构。这种位置的改变可以是一个自由度的，也可以是两个自由度的。

图 2-38a 为一种两自由度的位置可变履带式行走机构，各履带能够绕机体的水平轴线和垂直轴线偏转，从而改变行走机构的整体构形。当履带沿一个自由度变位时，用于爬越阶梯和跨越沟渠（见图 2-38b）；当沿另一个自由度变位时，可实现车轮的全方位行走（见图 2-38c）。

3. 足式行走机构

履带式行走机构虽可在高低不平的地面上运动，但它的适应性不够，行走时晃动太大，在软地面上行驶运动效率低。根据调查，地球上近一半的地面不适合于传统的车轮式或履带式车辆行走。但是一般多足动物却能在这些地方行动自如，显然足式与车轮式和履带式行走方式相比具有独特的优势。

足式行走对崎岖路面具有很好的适应能力，足式运动方式的立足点是离散的点，可以在可能到达的地面上选择最优的支承点，而车轮式和履带式行走工具必须面临最坏的地形上的几乎所有点；足式运动方式还具有主动隔振能力，尽管地面高低不平，机身的运动仍然可以相当平稳；足式行走方式在不平地面和松软地面上的运动速度较高，能耗较少。

（1）足的数目　现有的步行机器人的足数分别为单足、双足、三足、四足、六足、八足甚至更多。足的数目多，适合于重载和慢速运动。双足和四足具有最好的适应性和

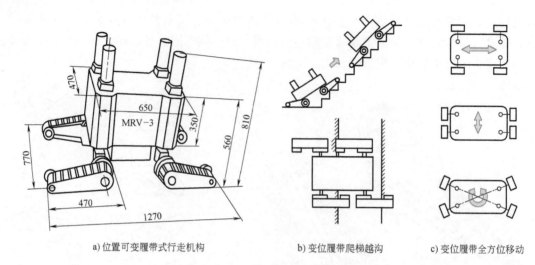

a) 位置可变履带式行走机构   b) 变位履带爬梯越沟   c) 变位履带全方位移动

图 2-38　位置可变履带式行走机构

灵活性，也最接近人类和动物。图 2-39 显示了单足、双足、三足、四足和六足行走结构。

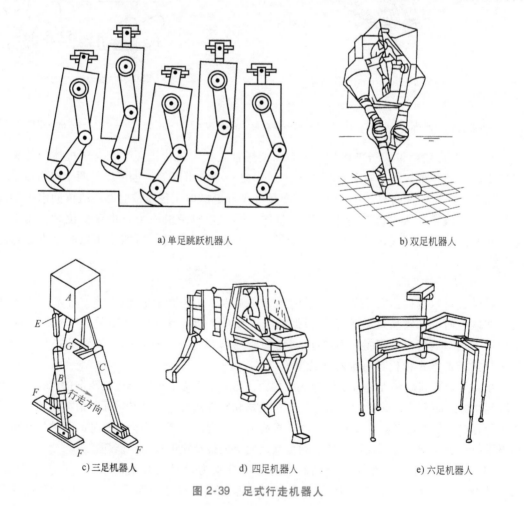

a) 单足跳跃机器人   b) 双足机器人

c) 三足机器人   d) 四足机器人   e) 六足机器人

图 2-39　足式行走机器人

不同足数行走机器人的主要性能对比见表2-4。

表 2-4 不同足数对行走能力的评价

足 数 评价指标	1	2	3	4	5	6	7	8
保持稳定姿态的能力	无	无	好	最好	最好	最好	最好	最好
静态稳定行走的能力	无	无	无	好	最好	最好	最好	最好
高速静稳定行走的能力	无	无	无	有	好	最好	最好	最好
动态稳定行走的能力	有	有	最好	最好	最好	好	好	好
用自由度数衡量的机械结构之简单性	最好	最好	好	好	好	有	有	有

（2）足的配置 足的配置指足相对于机体的位置和方位的安排，这个问题对于多于两足时尤为重要。就两足而言，足的配置或者是一左一右，或者是一前一后。后一种配置因容易引起腿间的干涉而实际上很少用到。

在假设足的配置为对称的前提下，四足或多于四足的配置可能有两种，一种是正向对称分布，如图 2-40a 所示，即腿的主平面与行走方向垂直；另一种为前后向对称分布，如图 2-40b 所示，即腿的主平面和行走方向一致。

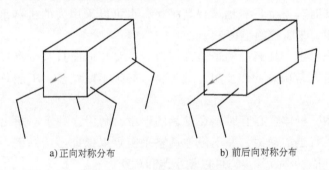

a) 正向对称分布   b) 前后向对称分布

图 2-40 足的主平面的安排

足在主平面内的几何构形，分别有哺乳动物形（见图 2-41a）、爬行动物形（见图 2-41b）和昆虫形（见图 2-41c）。

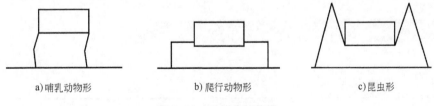

a) 哺乳动物形   b) 爬行动物形   c) 昆虫形

图 2-41 足的几何构形

足的相对弯曲方向，有图 2-42a 所示的内侧相对弯曲，图 2-42b 所示的外侧相对弯曲，图 2-42c 所示的同侧弯曲。不同的安排对稳定性有不同的影响。

（3）足式行走机构的平衡和稳定性 足式行走机构按其行走时保持平衡方式的不同可分为两类。

a) 内侧相对弯曲　　　　　　b) 外侧相对弯曲　　　　　　c) 同侧弯曲

图 2-42　足的相对弯曲方向

一类是静态稳定的多足机，其机身的稳定通过足够数量的足支承来保证。在行走过程中，机身重心的垂直投影始终落在支承足着落地点的垂直投影所形成的凸多边形内。这样，即使在运动中的某一瞬时将运动"凝固"，机体也不会有倾覆的危险。这类行走机构的速度较慢，它的步态为爬行或步行。

四足机器人在静止状态是稳定的，在步行时，当一只脚抬起，另三只脚支承自重时，必须移动身体，让重心落在三只脚接地点所组成的三角形内。六足、八足步行机器人由于行走时可保证至少有三足同时支承机体，在行走时更容易得到稳定的重心位置。

在设计阶段，静平衡的机器人的物理特性和行走方式都经过认真协调，因此在行走时不会发生严重偏离平衡位置的现象。为了保持静平衡，机器人需要仔细考虑机器足的配置。保证至少同时有三个足着地来保持平衡，也可以采用大的机器足，使机器人重心能通过足的着地面，易于控制平衡。

另一类是动态稳定，其典型例子是踩高跷。高跷与地面只是单点接触，两根高跷在地面不动时站稳是非常困难的，要想原地停留，必须不断踏步，不能总是保持步行中的某种瞬间姿态。

在动态稳定中，机体重心有时不在支承图形中，利用这种重心超出面积外而向前产生倾倒的分力作为行走的动力，并不停地调整平衡点以保证不会跌倒。这类机构一般运动速度较快，消耗能量小。其步态可以是小跑和跳跃。

双足行走和单足行走有效地利用了惯性力和重力，利用重力使身体向前倾倒来向前运动。这就要求机器人控制器必须不断地将机器人的平衡状态反馈回来，通过不停地改变加速度或者重心的位置来满足平衡或定位的要求。

2.5　机器人的驱动机构

2.5.1　驱动方式

机器人关节的驱动方式主要有液压驱动、气压驱动和电动机驱动。

1. 液压驱动

液压驱动有以下几个优点：

1）液压容易达到较高的单位面积压力（常用油压为 25~63MPa），体积较小，可以获得较大的推力或转矩。

2）液压系统介质的可压缩性小，工作平稳可靠，并可得到较高的位置精度。

3）液压驱动中，力、速度和方向比较容易实现自动控制。

4）液压系统采用油液作为介质，具有缓蚀性和自润滑性，可以提高机械效率，使用寿命长。

液压驱动的不足之处是：

1）油液的黏度随温度变化而变化，影响工作性能，高温容易引起燃烧爆炸等危险。

2）液体的泄漏难以克服，要求液压元件有较高的精度和质量，故造价较高。

3）需要相应的供油系统，尤其是电液伺服系统要求严格的滤油装置，否则会引起故障。

液压驱动方式的输出力和功率大，能构成伺服机构，常用于大型机器人关节的驱动。美国 Unimation 公司生产的 Unimate 机器人采用了直线液压缸作为径向驱动源。Versatran 机器人也使用直线液压缸作为圆柱坐标型机器人的垂直驱动源和径向驱动源。

2. 气压驱动

与液压驱动相比，气压驱动的特点是：

1）压缩空气黏度小，容易达到高速（1m/s）。

2）利用工厂集中的空气压缩机站供气，不必添加动力设备。

3）空气介质对环境无污染，使用安全，可直接应用于高温作业。

4）气动元件工作压力低，故制造要求也比液压元件低。

气压驱动的不足之处是：

1）压缩空气常用压力为 4~6MPa，若要获得较大的出力，其结构就要相对增大。

2）空气压缩性大，工作平稳性差，速度控制困难，要达到准确的位置控制很困难。

3）压缩空气的除水是一个很重要的问题，处理不当会使钢类零件生锈，导致机器人失灵。此外，排气还会造成噪声污染。

气压驱动多用于开关控制和顺序控制的机器人。

3. 电动机驱动

电动机驱动可分为普通交、直流电动机驱动，交、直流伺服电动机驱动和步进电动机驱动。

普通交、直流电动机驱动需加减速装置，输出力矩大，但控制性能差，惯性大，适用于中型或重型机器人。伺服电动机驱动和步进电动机驱动的输出力矩相对小，控制性能好，可实现速度和位置的精确控制，适用于中小型机器人。交、直流伺服电动机一般用于闭环控制系统，而步进电动机则主要用于开环控制系统，一般用于速度和位置精度要求不高的场合。功率在 1kW 以下的机器人多采用电动机驱动。

近年，有一种直接驱动的电动机系统（即 DD 电动机），电动机与载荷直接耦合。其结构特点是转子为一圆环，置于内外定子之间，由电动机直接驱动机器人关节轴，从而减少了转子的转动惯量，增大了转矩。

电动机使用简单，且随着材料性能的提高，电动机性能也逐渐提高。所以，目前机器人关节驱动大多为电动机驱动。

表 2-5 为各种驱动方式在不同方面的特点比较。

表2-5　驱动方式的特点

驱动方式		特 点				
		输出力	控制性能	维修使用	结构体积	使用范围	制造成本
液压驱动		压力高,可获得大的输出力	油液不可压缩,压力、流量均容易控制,可无级调速,反应灵敏,可实现连续轨迹控制	维修方便,液体对温度变化敏感,油液泄漏易着火	在输出力相同的情况下,体积比气压驱动方式小	中、小型及重型机器人	液压元件成本较高,油路比较复杂
气压驱动		气压压力低,输出力较小,如需要输出力大时,其结构尺寸过大	可高速,冲击较严重,精确定位困难。气体压缩性大,阻尼效果差,低速不易控制,不易与CPU连接	维修简单,能在高温、粉尘等恶劣环境中使用,泄漏无影响	体积较大	中、小型机器人	结构简单,能源方便,成本低
电动机驱动	异步电动机直流电动机	输出力较大	控制性能较差,惯性大,不易精确定位	维修使用方便	需要减速装置,体积较大	速度低,特重大的机器人	成本低
	步进电动机伺服电动机	输出力较小或较大	容易与CPU连接,控制性能好,响应快,可精确定位,但控制系统复杂	维修使用较复杂	体积较小	程序复杂、运动轨迹要求严格的机器人	成本较高

2.5.2　驱动机构

驱动机构分为旋转驱动机构和直线驱动机构。由于旋转驱动具有旋转轴强度高、摩擦小、可靠性好等优点,所以在结构设计中应尽量多采用。但是在行走机构关节中,完全采用旋转驱动实现关节伸缩有如下缺点:

1)旋转运动虽然也能转化得到直线运动,但在高速运动时,关节伸缩的加速度不能忽视,它可能产生振动。

2)为了提高着地点选择的灵活性,还必须增加直线驱动系统。

因此有许多情况采用直线驱动更为合适。直线气缸仍是目前所有驱动装置中最廉价的动力源,凡能够使用直线气缸的地方,还是应该选用它。有些要求精度高的地方也要选用直线驱动。

1. 直线驱动机构

机器人采用的直线驱动包括直角坐标结构的 X、Y、Z 向驱动,圆柱坐标结构的径向驱动和垂直升降驱动,以及球坐标结构的径向伸缩驱动。直线运动可以直接由气缸或液压缸和活塞产生,也可以采用齿轮齿条、丝杠、螺母等传动方式把旋转运动转换成直线运动。

2. 旋转驱动机构

多数普通电动机和伺服电动机都能够直接产生旋转运动,但其输出力矩比所需要的力矩小，转速比所需要的转速高。因此，需要采用各种传动装置把较高的转速转换成较低的转速，并获得较大的力矩。有时也采用直线液压缸或直线气缸作为动力源，这就需要把直线运动转换成旋转运动。这种运动的传递和转换必须高效率地完成，并且不能有损于机器人系统所需要的特性，特别是定位精度、重复精度和可靠性。运动的传递和转换可以选择齿轮链传动、同步带传动和谐波齿轮传动等方式。

表 2-6 列出了工业机器人常用的传动方式。

表 2-6　工业机器人常用的传动方式

传动方式	简　图	特　点	运动形式	传动距离	应用部件
圆柱齿轮		用于手臂第一转动轴提供大转矩	转/转	近	臂部
锥齿轮		转动轴方向垂直相交	转/转	近	臂部腕部
蜗轮蜗杆		大传动比，重量轻，有发热问题	转/转	近	臂部腕部
行星传动		大传动比，价格高，重量轻	转/转	近	臂部腕部
谐波传动		很大的传动比，尺寸小，重量轻	转/转	近	臂部腕部
滚子链传动		无间隙，重量轻	转/转 转/移 移/转	远	移动部分腕部
同步齿形带传动		有间隙和振动，重量轻	转/转 转/移 移/转	远	腕部手爪

（续）

传动方式	简　图	特　点	运动形式	传动距离	应用部件
钢丝传动		远距离传动很好,有轴向伸长问题	转/转 转/移 移/转	远	腕部 手爪
四杆机构		远距离传动动力性能很好	转/转	远	臂部 手爪
曲柄滑块机构		特殊应用场合	移/转 转/移	远	臂部 腕部 手爪
丝杠螺母		高传动比,摩擦与润滑问题	转/转	远	腕部 手爪
滚珠丝杠螺母		很大的传动比,高精度,高可靠度,昂贵	转/移	远	臂部 腕部
齿轮齿条		精度高,价格低	转/移 移/转	远	臂部 腕部 手爪
液压气压		液压和气动的各种变型形式	移/移	远	臂部 腕部 手爪

2.5.3　制动器

　　许多机器人的机械臂都需要在各关节处安装制动器,其作用是:在机器人停止工作时,保持机械臂的位置不变;在电源发生故障时,保护机械臂和它周围的物体不发生碰撞。例如,齿轮链、谐波齿轮机构和滚珠丝杠等元件的质量较高,一般其摩擦力都很小,在驱动器停止工作时,它们是不能承受负载的。如果不采用如制动器、夹紧器或止挡等装置,一旦电源关闭,机器人的各个部件就会在重力的作用下滑落。因此,机器人制动装置是十分必要的。

　　制动器通常是按失效抱闸方式工作的,即要放松制动器就必须接通电源,否则,各关节不能产生相对运动。它的主要目的是在电源出现故障时起保护作用。其缺点是在工作期间要不断花费电力使制动器放松。假如需要的话也可以采用一种省电的方法,其原理是:需要各关节运动时,先接通电源,松开制动器,然后接通另一电源,驱动一个挡销将制动器锁在放松状态。这样所需要的电力仅仅是把挡销放到位所花费的电力。

　　为了使关节定位准确,制动器必须有足够的定位精度。制动器应当尽可能地放在系统的驱动输入端,这样利用传动链速比,能够减小制动器的轻微滑动所引起的系统移动,保证了在承载条件下仍具有较高的定位精度。在许多实际应用中机器人都采用了制动器。

2.6　小结

本章介绍了机器人的机械结构，主要从以下几方面对机器人机械结构进行了讨论。

1）机器人机构根据关节连接所形成的运动链是开环还是闭环，分为串联机器人和并联机器人。

2）串联机器人具有结构简单、易操作、灵活性强等特点，多应用于机器人对零件的抓取、分类、安装和各机床协调配合。串联机器人在焊接、喷涂、打磨等方面也有着广泛的应用。串联机器人刚度较低，故一般不用于特大型较重物件的抓取。

3）相比串联机器人，并联机器人刚度大大增加，承载能力和稳定性也得到了提高。并联机器人各个关节的误差可以相互抵消、相互弥补，所以并联机器人的运动精度较高。并联机器人应用在一些要求高精度、高刚度或者大载荷而又无须很大工作空间的环境下，如复杂空间的装配、短距离重物搬运、宇宙飞船的空间对接和工程模拟器等。

4）混联机器人集合了串联机器人和并联机器人的优点，既有串联机器人工作空间大、运动灵活的特点，又有并联机器人刚度大、承载能力强的特点。混联机器人可以在大范围工作空间中高速、高效率地完成大型物体的抓取和搬运工作，因此在物流、装配生产线上应用广泛。

5）串联机器人按构件之间运动副的不同，可分为直角坐标型机器人、圆柱坐标型机器人、极坐标型机器人和多关节坐标型机器人。

6）串联机器人机械结构由手部、手腕、臂部和机身组成。机身是直接连接、支承和传动手臂及行走机构的部件，机身和臂部的配置有横梁式、立柱式、机座式和屈伸式；臂部支承腕部和手部，并带动它们在空间运动；手腕是连接手臂和手部的结构部件，确定手部的作业方向，以满足机器人手部完成复杂的姿态；手部是执行机构，可分为工业机器人的手部和仿人机器人的手部，工业机器人手部按其握持原理可以分为夹持类和吸附类两大类。

7）并联机器人机械结构由运动平台、固定平台以及连接运动平台和固定平台的运动链组成。按照自由度划分，有二自由度、三自由度、四自由度、五自由度和六自由度并联机构。

8）移动机器人的行走机构主要有车轮式行走机构、履带式行走机构和足式行走机构，此外，还有步进式行走机构、蠕动式行走机构、混合式行走机构和蛇行式行走机构等，以适用于各种特别场合。

9）机器人关节的驱动方式主要有液压驱动、气压驱动和电动机驱动。机器人的控制方式有非伺服控制和伺服控制。

10）机器人的主要技术参数有自由度、工作空间、工作速度、工作载荷、控制方式、驱动方式、精度、重复精度和分辨率等。在设计和选用机器人时，总的原则为整体性原则和控制系统设计优先于机械结构设计原则。

习题

1. 图2-43所示的机器人为何种坐标类型的机器人？绘出它的机构运动简图。

2. 针对以下几种作业要求，选用合适类型的机器人，并说明理由。

1）矩形物体的码垛作用，要求码垛若干层，每一层纵、横方向排列。

2）数控机床的上、下料作业，要求机床加工时机器人避开机床自动门。

3）仪器、仪表装配作业，被装配零件供料点处在扇形区域内。

4）轿车车架的焊接作业。

3. 确定机器人自由度的原则是什么？

4. 试述精度、重复精度和分辨率之间的关系和区别。

5. 机器人机械结构由哪几部分组成？每一部分的作用是什么？

6. 机身和臂部的配置形式有哪几种？各自有何特点？

7. 试述柔顺手腕在装配作业中的作用。

8. 夹持类手部、吸附类手部和仿人类手部分别适用于哪些作业场合？

9. 试述车轮式行走机构、履带式行走机构和足式行走机构的特点和各自适用的场合？

10. 设计一个在室内行走，并能爬越10°斜坡的机器人行走机构。

11. 试比较液压驱动、气压驱动和电动机驱动的优缺点。

12. 查阅资料，以三个实际作业的机器人为例，分析机器人的驱动方式和传动方式。

13. 相对串联机器人，并联机器人的结构特点是什么？以几个典型的并联机器人机构为例说明。

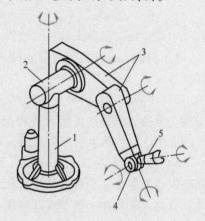

图2-43 习题1图
1—机座 2—腰部 3—臂部
4—腕部 5—手部

第3章
机器人运动学

3.1　概述

　　机器人运动学主要是把机器人相对于固定参考系的运动作为时间的函数进行分析研究，而不考虑引起这些运动的力和力矩。也就是要把机器人的空间位移解析地表示为时间的函数，特别是要研究关节变量和机器人末端执行器位置与姿态（位姿）之间的关系。

　　串联机器人的运动学可用一个开环关节链来建模，此链由数个刚体（杆件）用转动或移动关节串联而成。开环关节链的一端固定在基座上，另一端是自由的，安装着工具，用以操作物体或完成装配作业。关节的相对运动促使杆件运动，使手到达所需的位置和姿态。在很多机器人应用问题中，人们感兴趣的是操作机末端执行器相对于固定参考坐标系的空间描述。

　　常见的机器人运动学问题可归纳如下：

　　1）对一给定的机器人，已知杆件几何参数和关节角矢量求机器人末端执行器相对于参考坐标系的位置和姿态。

　　2）已知机器人杆件的几何参数，给定机器人末端执行器相对于参考坐标系的期望位置和姿态，机器人能否使其末端执行器达到这个预期的位置和姿态？如能达到，那么机器人有几种不同形态可满足这样的条件？

　　第一个问题常称为运动学正问题（直接问题），第二个问题常称为运动学逆问题（解臂形问题）。这两个问题是机器人运动学中的基本问题。由于机器人手臂的独立变量是关节变量，但作业通常是用参考坐标系来描述的，所以常碰到的是第二个问题，即机器人逆向运动学问题。1955 年 Denavit 和 Hartenberg 提出了一种采用矩阵代数的系统而广义的方法，来描述机器人手臂杆件相对于固定参考坐标系的空间几何。这种方法使用 4×4 齐次变换矩阵来描述两个相邻的机械刚性构件间的空间关系，把正向运动学问题简化为寻求等价的 4×4 齐次变换矩阵，此矩阵把手部坐标系的空间变化与参考坐标系联系起来。并且该矩阵还可用于推导手臂运动的动力学方程。而逆向运动学问题则可采用几种方法来求解，最常用的是代表法、几何法和数值解法。

3.2　机器人运动学的基本问题

3.2.1　运动学基本问题

为了使问题简单易懂，先以二自由度的机器人手爪为例来说明。图 3-1 所示为二自由度机器人手部的连杆机构。由于其运动主要由连杆机构来决定，所以在进行机器人运动学分析时，大多数是把驱动器及减速器的元件去除后来进行分析的。

图 3-1 中的连杆机构是两杆件通过转动副连接的关节结构，通过确定连杆长度 l_1、l_2 以及关节角 θ_1、θ_2，可以定义该连杆机构。在分析机器人末端手爪的运动时，若把作业看作主要依靠机器人手爪来实现的，则应考虑手爪的位置（图中点 P 的位置）。一般场合中，手爪姿势也表示手指位置。从几何学的观点来处理这个手爪位置与关节变量的关系称为运动学（Kinematics）。

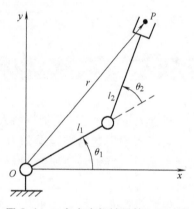

图 3-1　二自由度机械手的正运动学

我们引入矢量分别表示手爪位置 r 和关节变量 θ，即

$$r = \begin{pmatrix} x \\ y \end{pmatrix}, \quad \theta = \begin{pmatrix} \theta_1 \\ \theta_2 \end{pmatrix}$$

因此，可以利用上述两个矢量来描述图 3-1 所示的二自由度机器人的运动学问题。手爪位置 r 在 x，y 轴上的分量，按几何学可表示为

$$x = l_1\cos\theta_1 + l_2\cos(\theta_1 + \theta_2) \tag{3-1}$$

$$y = l_1\sin\theta_1 + l_2\sin(\theta_1 + \theta_2) \tag{3-2}$$

用矢量表示这个关系式，其一般可表示为

$$r = f(\theta) \tag{3-3}$$

式中，f 表示矢量函数。已知机器人的关节变量 θ，求其手爪位置 r 的运动学问题称为正运动学（direct kinematics）。式（3-3）称为运动方程式。

如果，给定机器人的手爪位置 r，求能够到达这个预定位置的机器人关节变量 θ 的运动学问题称为逆运动学（inverse kinematics）。其运动方程式可以通过以下分析得到。

如图 3-2 所示，根据图中描述的几何学关系，可得

$$\theta_2 = \pi - \alpha \tag{3-4}$$

$$\theta_1 = \arctan\frac{y}{x} - \arctan\frac{l_2\sin\theta_2}{l_1 + l_2\cos\theta_2} \tag{3-5}$$

式中

$$\alpha = \arccos \frac{-(x^2+y^2)+l_1^2+l_2^2}{2l_1l_2} \qquad (3-6)$$

同样，如果用矢量表示上述关系式，其一般可表示为

$$\boldsymbol{\theta} = f^{-1}(\boldsymbol{r}) \qquad (3-7)$$

如图 3-2 所示，机器人到达给定的手爪位置 $\boldsymbol{r}$ 时有两个姿态满足要求，即图中的 $\alpha' = -\alpha$ 也是其解。这时 θ_1 和 θ_2 变成为另外的值。即逆运动学的解不是唯一的，可以有多个解。

上述的正运动学、逆运动学统称为运动学。将式（3-3）的两边微分即可得到机器人手爪速度和

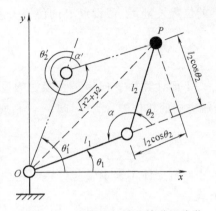

图 3-2　二自由度机械手的逆运动学

关节速度的关系，再进一步进行微分将得到加速度之间的关系，处理这些关系也是机器人的运动学问题。

3.2.2　机器人位姿与关节变量的关系

1. 表示方法

以手爪位置与关节变量之间的关系为例，要想正确表示机器人的手爪位置和姿态，首先要建立坐标系。如图 3-3 所示，分别定义了固定机器人基座和手爪的坐标系，这样才能很好地描述它们之间的关系。下面就先说明一下这种坐标系。

如图 3-3 所示，图中的坐标系分别称为：

Σ_1：基准坐标系（O_1-$x_1y_1z_1$，固定在基座上）。

Σ_2：手爪坐标系（O_2-$x_2y_2z_2$，固定在手爪上），手爪的位置和姿态可分别表示为
①$^1\boldsymbol{p}_2 \in \boldsymbol{R}^{3\times1}$：由 O_1 指向 O_2 的位置矢量；
②$^1\boldsymbol{R}_2 \in \boldsymbol{R}^{3\times3}$：由 Σ_1 看 Σ_2 姿态的姿态变换矩阵（旋转变换矩阵）。

这里左上标表示描述的坐标，$\boldsymbol{M} \in \boldsymbol{R}^{i\times j}$ 表示 $\boldsymbol{M}$ 是 i 行 j 列的矩阵（在 $j=1$ 的特殊情况下，表示列矢量）。假设坐标系 Σ_2 中

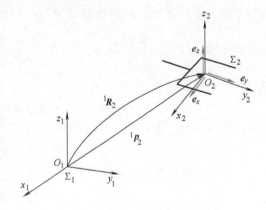

图 3-3　基准坐标系和手爪坐标系

各轴方向的单位矢量，在坐标系 Σ_1 中描述为 $^1\boldsymbol{e}_x$、$^1\boldsymbol{e}_y$、$^1\boldsymbol{e}_z$，若用这些单位矢量来表示 $^1\boldsymbol{R}_2$，则可表示为

$$^1\boldsymbol{R}_2 = \begin{bmatrix} ^1\boldsymbol{e}_x & ^1\boldsymbol{e}_y & ^1\boldsymbol{e}_z \end{bmatrix} \qquad (3-8)$$

2. 姿态的变换矩阵

如图 3-4 所示，给出原点重合的两坐标系 Σ_1（O_1-x_1y_1）和 Σ_2（O_2-x_2y_2），以及点

P 的位置矢量 $\boldsymbol{p}$。假设点 P 的位置矢量 $\boldsymbol{p}$ 的分量在两坐标系中分别表示为

$$^1\boldsymbol{p} = \begin{pmatrix} ^1p_x \\ ^1p_y \end{pmatrix}, \quad ^2\boldsymbol{p} = \begin{pmatrix} ^2p_x \\ ^2p_y \end{pmatrix}$$

下面计算从 $^1\boldsymbol{p}$ 向 $^2\boldsymbol{p}$ 的变换，假设已知在坐标系 Σ_1 中描述的坐标系 Σ_2 的坐标 x 轴和 y 轴方向的单位矢量为 $^1\boldsymbol{e}_x$ 和 $^1\boldsymbol{e}_y$，则通过矢量的运算分析，可得到如下关系式

$$^2p_x = {}^1\boldsymbol{e}_x^{\mathrm{T}\,1}\boldsymbol{p} \tag{3-9}$$

$$^2p_y = {}^1\boldsymbol{e}_y^{\mathrm{T}\,1}\boldsymbol{p} \tag{3-10}$$

式中的右上标 T 表示转置，将上述两式合并为下式

$$^2\boldsymbol{p} = \begin{pmatrix} ^2p_x \\ ^2p_y \end{pmatrix} = \begin{pmatrix} ^1\boldsymbol{e}_x^{\mathrm{T}\,1}\boldsymbol{p} \\ ^1\boldsymbol{e}_y^{\mathrm{T}\,1}\boldsymbol{p} \end{pmatrix} = \begin{pmatrix} ^1\boldsymbol{e}_x^{\mathrm{T}} \\ ^1\boldsymbol{e}_y^{\mathrm{T}} \end{pmatrix} {}^1\boldsymbol{p} = {}^2\boldsymbol{R}_1^{\ 1}\boldsymbol{p}$$

$$\tag{3-11}$$

式中

$$^2\boldsymbol{R}_1 = \begin{pmatrix} ^1\boldsymbol{e}_x^{\mathrm{T}} \\ ^1\boldsymbol{e}_y^{\mathrm{T}} \end{pmatrix} \tag{3-12}$$

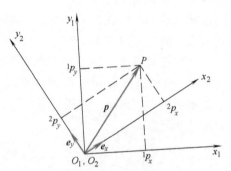

图 3-4 点 P 在两个坐标系中的位置矢量分量

$^2\boldsymbol{R}_1$ 是从 Σ_1 坐标系向 Σ_2 坐标系进行位置矢量姿态变换的矩阵，称为姿态变换矩阵（或旋转变换矩阵）。

姿态变换矩阵可以表示为下面的正交矩阵（即具有 $\boldsymbol{M}^{-1} = \boldsymbol{M}^{\mathrm{T}}$ 性质的矩阵）。首先，依据单位矢量分量 $\boldsymbol{e}_x$、$\boldsymbol{e}_y$ 的性质可知

$$^2\boldsymbol{R}_1({}^2\boldsymbol{R}_1)^{\mathrm{T}} = \begin{pmatrix} ^1\boldsymbol{e}_x^{\mathrm{T}} \\ ^1\boldsymbol{e}_y^{\mathrm{T}} \end{pmatrix} \begin{pmatrix} ^1\boldsymbol{e}_x & ^1\boldsymbol{e}_y \end{pmatrix} = \begin{pmatrix} ^1\boldsymbol{e}_x^{\mathrm{T}\,1}\boldsymbol{e}_x & ^1\boldsymbol{e}_x^{\mathrm{T}\,1}\boldsymbol{e}_y \\ ^1\boldsymbol{e}_y^{\mathrm{T}\,1}\boldsymbol{e}_x & ^1\boldsymbol{e}_y^{\mathrm{T}\,1}\boldsymbol{e}_y \end{pmatrix} = \begin{pmatrix} 1 & 0 \\ 0 & 1 \end{pmatrix} \quad \text{（单位矩阵）}$$

所以，下面的等式成立

$$({}^2\boldsymbol{R}_1)^{-1} = ({}^2\boldsymbol{R}_1)^{\mathrm{T}} \tag{3-13}$$

因而由式（3-11）和式（3-13）可得

$$^1\boldsymbol{p} = ({}^2\boldsymbol{R}_1)^{-1} \cdot {}^2\boldsymbol{p} = ({}^2\boldsymbol{R}_1)^{\mathrm{T}} \cdot {}^2\boldsymbol{p} \tag{3-14}$$

因此，如把由 Σ_2 坐标系向 Σ_1 坐标系进行位置矢量姿态变换的矩阵 $^1\boldsymbol{R}_2$ 定义为

$$^1\boldsymbol{p} = {}^1\boldsymbol{R}_2{}^2\boldsymbol{p} \tag{3-15}$$

则由式（3-15）、式（3-14）和式（3-12）可得

$$^1\boldsymbol{R}_2 = ({}^2\boldsymbol{R}_1)^{-1} = ({}^2\boldsymbol{R}_1)^{\mathrm{T}} = \begin{pmatrix} ^1\boldsymbol{e}_x & ^1\boldsymbol{e}_y \end{pmatrix} \tag{3-16}$$

如果以三维空间作为研究对象，也可以证明上述的结论是成立的。因此，可以看出式（3-8）的 $^1\boldsymbol{R}_2 = \begin{pmatrix} ^1\boldsymbol{e}_x & ^1\boldsymbol{e}_y & ^1\boldsymbol{e}_z \end{pmatrix}$ 是位置矢量由 Σ_2 向 Σ_1 变换的姿态变换矩阵（旋转变换矩阵）。

为了加深印象，现在分析图 3-5 所示的坐标系 $O\text{-}x_2y_2z_2$，它是将 $O\text{-}x_1y_1z_1$ 围绕 z 轴沿正方向（面向 z 轴正方向往右旋转）旋转 θ 角后构成的坐标系。这时，在坐标系 $O\text{-}x_2y_2z_2$

中，考虑 x_2 轴的正方向上距原点仅为 1 的点 P，因为 $x_2 = 1$，$y_2 = 0$，$z_2 = 0$ 成立，所以当用矢量 $^2\boldsymbol{p}$ 表示它时，可以写成

$$^2\boldsymbol{p} = \begin{pmatrix} 1 \\ 0 \\ 0 \end{pmatrix} \qquad (3\text{-}17)$$

另外，当这同一点在 $O\text{-}x_1y_1z_1$ 上表示时，有 $x_1 = \cos\theta$，$y_1 = \sin\theta$，$z_1 = 0$，若用矢量 $^1\boldsymbol{p}$ 表示它时，可以写成

$$^1\boldsymbol{p} = \begin{pmatrix} \cos\theta \\ \sin\theta \\ 0 \end{pmatrix} \qquad (3\text{-}18)$$

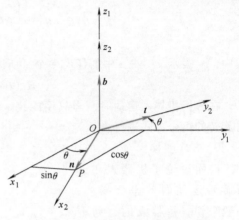

图 3-5　两个坐标系的旋转坐标变换

因此，在坐标系 $O\text{-}x_1y_1z_1$ 上表示的坐标 $^1\boldsymbol{p}$，与在将坐标系 $O\text{-}x_1y_1z_1$ 绕 z 轴沿正方向旋转 θ 角后得到的坐标系 $O\text{-}x_2y_2z_2$ 上表示的坐标 $^2\boldsymbol{p}$ 之间，存在下列关系式

$$^1\boldsymbol{p} = \begin{pmatrix} \cos\theta & -\sin\theta & 0 \\ \sin\theta & \cos\theta & 0 \\ 0 & 0 & 1 \end{pmatrix} \cdot {}^2\boldsymbol{p} \qquad (3\text{-}19)$$

根据式（3-11）可得从坐标系 $O\text{-}x_1y_1z_1$ 向坐标系 $O\text{-}x_2y_2z_2$ 变换的坐标变换矩阵为

$$^1\boldsymbol{R}_2 = \begin{pmatrix} \cos\theta & -\sin\theta & 0 \\ \sin\theta & \cos\theta & 0 \\ 0 & 0 & 1 \end{pmatrix} \qquad (3\text{-}20)$$

因为上述变换是把某一坐标系上表示的坐标，表示到另一坐标系中，因此有时也称它为坐标变换。在该例子中是从坐标系 $O\text{-}x_1y_1z_1$ 向坐标系 $O\text{-}x_2y_2z_2$ 的坐标变换，由于坐标系 $O\text{-}x_2y_2z_2$ 是坐标系 $O\text{-}x_1y_1z_1$ 围绕 z 轴旋转 θ 角后构成的坐标系，则该坐标变换矩阵也可用 $\boldsymbol{R}_z(\theta)$ 来表示

$$\boldsymbol{R}_z(\theta) = {}^1\boldsymbol{R}_2 = \begin{pmatrix} \cos\theta & -\sin\theta & 0 \\ \sin\theta & \cos\theta & 0 \\ 0 & 0 & 1 \end{pmatrix} \qquad (3\text{-}21)$$

同理，上述例子中，当考虑围绕着 x 轴旋转时（设其旋转量为 θ），可得到如下关系式

$$^1\boldsymbol{p} = \boldsymbol{R}_x(\theta) \cdot {}^2\boldsymbol{p} = \begin{pmatrix} 1 & 0 & 0 \\ 0 & \cos\theta & -\sin\theta \\ 0 & \sin\theta & \cos\theta \end{pmatrix} \cdot {}^2\boldsymbol{p} \qquad (3\text{-}22)$$

另外，当围绕着 y 轴旋转时（设其旋转量为 θ），可表示为如下关系式

$$^1\boldsymbol{p} = \boldsymbol{R}_y(\theta) \cdot {}^2\boldsymbol{p} = \begin{pmatrix} \cos\theta & 0 & \sin\theta \\ 0 & 1 & 0 \\ -\sin\theta & 0 & \cos\theta \end{pmatrix} \cdot {}^2\boldsymbol{p} \qquad (3\text{-}23)$$

可以验证 $\boldsymbol{R}_x(\theta)$、$\boldsymbol{R}_y(\theta)$、$\boldsymbol{R}_z(\theta)$ 均满足

$$R_*(\theta)R_*(\theta)^{\mathrm{T}} = \begin{pmatrix} 1 & 0 & 0 \\ 0 & 1 & 0 \\ 0 & 0 & 1 \end{pmatrix} \quad （单位矩阵）$$

式中，$*$ 表示 x、y、z 中的任何一个。所以有下列等式成立

$$R_*(\theta)^{-1} = R_*(\theta)^{\mathrm{T}} \tag{3-24}$$

在分析机器人运动时，当只用围绕一个轴旋转不能表示时，可以通过围绕几个轴同时旋转的组合方式进行表示。

3. 齐次变换

前面讨论了机器人在进行旋转运动时的坐标变换，一般来说，机器人的运动不仅是旋转运动，有时要做平行移动，或以上两种运动的合成，因此也应考虑平移运动时的坐标变换，即齐次变换。现在来看图 3-6 所示的两个坐标系 O_1-$x_1y_1z_1$ 和 O_2-$x_2y_2z_2$。在图中，坐标系 O_2-

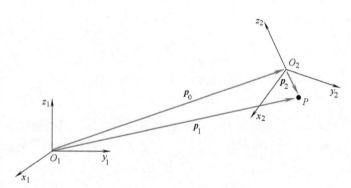

图 3-6　两个坐标系的平移坐标变换

$x_2y_2z_2$ 是将坐标系 O_1-$x_1y_1z_1$ 单独地平行移动 p_0 后（从 O_1-$x_1y_1z_1$ 上观察），再进行适当地旋转后得到的坐标系。这时，某一点 P 在坐标系 O_1-$x_1y_1z_1$ 和 O_2-$x_2y_2z_2$ 上的坐标分别为 p_1、p_2。可以认为，p_1 是由 p_2 进行旋转变换后，即乘以旋转坐标变换 R，再加上平移矢量 p_0 而得到的，因此可写出下列表达式

$$p_1 = Rp_2 + p_0 \tag{3-25}$$

如果将 p_1、p_2 写成如下扩充形式

$$u_1 = \begin{pmatrix} p_1 \\ 1 \end{pmatrix} = \begin{pmatrix} x_1 \\ y_1 \\ z_1 \\ 1 \end{pmatrix} \tag{3-26}$$

$$u_2 = \begin{pmatrix} p_2 \\ 1 \end{pmatrix} = \begin{pmatrix} x_2 \\ y_2 \\ z_2 \\ 1 \end{pmatrix}$$

则式（3-25）也可扩充写成下式

$$u_1 = \begin{pmatrix} p_1 \\ 1 \end{pmatrix} = \begin{pmatrix} R & 0 \\ 0 & 0 \end{pmatrix}\begin{pmatrix} p_2 \\ 1 \end{pmatrix} + \begin{pmatrix} 0 & p_0 \\ 0 & 1 \end{pmatrix}\begin{pmatrix} p_2 \\ 1 \end{pmatrix} = \begin{pmatrix} R & 0 \\ 0 & 0 \end{pmatrix}u_2 + \begin{pmatrix} 0 & p_0 \\ 0 & 1 \end{pmatrix}u_2 \tag{3-27}$$

即可得

$$u_1 = \begin{pmatrix} R & 0 \\ 0 & 0 \end{pmatrix} u_2 + \begin{pmatrix} 0 & p_0 \\ 0 & 1 \end{pmatrix} u_2 = \begin{pmatrix} R & p_0 \\ 0 & 1 \end{pmatrix} u_2 = A u_2 \tag{3-28}$$

式中，$A = \begin{pmatrix} R & p_0 \\ 0 & 1 \end{pmatrix}$。

这样，因旋转而进行的坐标变换，与因平移而进行的坐标变换，就可以同时用一个坐标变换矩阵来表示，记为 A。因此，就称这个矩阵 A 为齐次坐标变换矩阵，或简称为坐标变换矩阵。为了标明该坐标变换是从 O_2-$x_2y_2z_2$ 向 O_1-$x_1y_1z_1$ 方向进行的，可以将矩阵 A 写成 ${}_2^1 A$。

3.2.3 机器人连杆连接表示法

机器人可以看作是由一系列刚体通过关节连接而成的一个运动链，这些刚体一般被称为连杆。给机器人的每一连杆建立一个坐标系，通过齐次变换来描述这些坐标系之间的相对位置和姿态就可以获得末端执行器相对于基准坐标系的齐次变换矩阵，即获得机器人的运动方程。

1. 连杆连接的描述

机器人是由一系列连接在一起的连杆构成的，连杆之间通常由仅具有一个自由度的关节连接在一起。从机器人的固定基座开始为连杆进行编号，可以称固定基座为连杆 0，第一个可动连杆为连杆 1，以此类推，机器人最末端的连杆为连杆 n。为了确定机器人末端执行器在空间中的位置和姿态，机器人至少需要 6 个关节（即对应 6 个自由度）。

在描述一个连杆的运动时，一个连杆的运动可以用两个参数描述，即连杆长度和连杆转角。连杆长度用来描述两相邻关节轴公垂线的长度，连杆转角用来描述两相邻关节轴轴线之间的夹角。相邻两个连杆的连接方式也可以由两个参数来描述，即连杆偏距和关节角。连杆偏距用来描述沿两相邻连杆公共轴线方向的距离，关节角用来描述两相邻连杆绕公共轴线旋转的夹角。如图 3-7 所示相互连接的连杆 $i-1$ 和连杆 i，关节轴 $i-1$ 和关节轴 i 之间的公垂线的长度为 a_{i-1}，也就是连杆 $i-1$ 的长度。关节轴 $i-1$ 和关节轴 i 之间的夹角为 α_{i-1}。同样，a_i 表示连接连杆 i 两端关节轴的公垂线长度，即连杆 i 的长度。连杆偏距 d_i 表示公垂线 a_{i-1} 与关节轴 i 的交点到公垂线 a_i 与关节轴 i 的交点的有向距离。当关节 i 是移动关节时，连杆偏距 d_i 是一个变量。关节角 θ_i 表示公垂线 a_{i-1} 的延长线与公垂线 a_i 之间绕关节轴 i 旋转所形成的夹角。当关节 i 是转动关节时，关节角 θ_i 是一个变量。

机器人是由一系列连接在一起的连杆构成的，每个连杆可以用四个运动学参数来描述，其中两个参数用于描述连杆本身，另外两个参数用于描述连杆之间的连接关系。一般来说，对于转动关节，关节角是变量，其余三个连杆参数是固定不变的；对于移动关节，连杆：偏距是变量，其余三个连杆参数是固定不变的。这种用连杆参数描述机构运动关系的方法称为 Denavit-Hartenberg 法，简称 D-H 参数法。对于一个 6 转动关节的机器人，可以用 6 组（a_i、α_i、d_i）描述其 18 个固定参数。

2. 建立连杆坐标系的步骤

要描述每个连杆与相邻连杆之间的相对位置关系，就需要在每一个连杆上定义一个固连坐标系。本书根据 Craig 法则建立了连杆的固连坐标系，如图 3-7 所示。Craig 法则的特点是每一杆件的坐标系 z 轴和原点固连在该杆件的前一个轴线上，通常按照下面的方法确定连杆上的固连坐标系。固连在连杆 i 上的固连坐标系称为坐标系 $\{i\}$，坐标系 $\{i\}$ 的原点位于关节轴 $i-1$ 和 i 的公垂线与关节 i 由线的交点

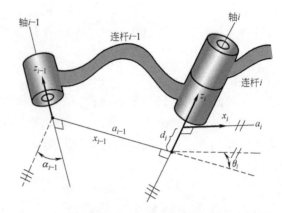

图 3-7　Craig 法则约定的连杆参数及坐标系建立示意图

（资料来源：Craig J J 2004）

上。如果两相邻关节轴轴线相交于一点，那么坐标系原点就在这一交点上。如果两轴线平行，那么就选择原点使对下一连杆的距离为零。坐标系 $\{i\}$ 的 z 轴和关节 i 的轴线重合，坐标系 $\{i\}$ 的 x 轴在关节轴 i 和 $i+1$ 的公垂线上，方向从 i 指向 $i+1$，坐标系 $\{i\}$ 的 y 轴由右手定则确定。

固连在机器人基座（即连杆 0）上的坐标系为坐标系 $\{0\}$。这个坐标系是一个固定不动的坐标系，所以在研究机器人运动学问题时，一般把该坐标系看作参考坐标系。其他连杆坐标系的位置可以在这个参考坐标系中描述。

按照上述规定对每根连杆建立固连坐标系时，相应的连杆参数可以归纳如下：

a_i = 沿 x_i 轴，从 z_i 移动到 z_{i+1} 的距离；

α_i = 绕 x_i 轴，从 z_i 旋转到 z_{i+1} 的角度；

d_i = 沿 z_i 轴，从 x_{i-1} 移动到 x_i 的距离；

θ_i = 绕 z_i 轴，从 x_{i-1} 旋转到 x_i 的角度。

这四个参数中，因为 a_i 对应的是距离，其值通常设定为正，其余三个参数的值可以为正，也可以为负。因为 α_i 和 θ_i 分别是绕 x_i 和 z_i 轴旋转定义的，所以它们的正负根据判定旋转矢量方向的右手定则来确定。d_i 为沿 z_i 轴，从 x_{i-1} 移动到 x_i 的距离，距离移动时与 z_i 正向一致时符号取为正。需要指出的是，在计算相邻两坐标系间的齐次变换矩阵时，参数由下标为 $i-1$ 的连杆参数 a_{i-1}、α_{i-1}，以及下标为 i 的关节参数 d_i、θ_i 构成，下标没有完全统一。

对于一个机器人或者新机构，可以按照以下步骤建立起所有连杆的坐标系。

1）找出各关节轴，并标出这些轴线的延长线。在下面的步骤 2）至步骤 5）中仅考虑两条相邻的轴线（关节轴 i 和 $i+1$）。

2）找出关节轴 i 和 $i+1$ 之间的公垂线或关节轴 i 和 $i+1$ 之间的交点，以该公垂线和关节轴 i 的交点或关节轴 i 和 $i+1$ 之间的交点作为连杆坐标系 $\{i\}$ 的原点。

3）规定 z_i 轴沿关节轴 i 的方向。

4）规定 x_i 由沿公垂线 a_i 的方向，由关节轴 i 指向关节轴 $i+1$。如果关节轴 i 和 $i+1$ 相

交，则规定 x_i 轴垂直于这两条关节轴所在的平面。

5）按照右手定则确定 y_i 轴。

6）当第一个关节变量为 0 时，规定坐标系 {0} 和 {1} 重合。对于坐标系 {n}，其原点和 x_n 轴的方向可以任意选取，但在选取时，通常尽量使连杆参数为 0。

需要说明的是，按照上述步骤建立的连杆坐标系并不是唯一的。当选取 z_i 轴与关节轴 i 重合时，z_i 轴的指向可以有两种选择。当关节轴 i 和 $i+1$ 相交时，由于 x_i 轴垂直于这两条关节轴所在的平面，x_i 轴的指向也可以有两种选择。当关节轴 i 和 $i+1$ 平行时，坐标系 {i} 的原点可以任意取（通常选取该原点使之满足 $d_i = 0$）。另外，当关节为移动关节时，坐标系的选取也有一定的任意性。

对机器人的每个连杆建立固连坐标系后，就能够通过上述的两个旋转和两个平移来建立坐标系 {i} 相对于坐标系 {i-1} 的变换。首先我们为每个连杆定义了三个中间坐标系 {P}，{Q} 和 {R}，如图 3-8 所示。相邻两个连杆坐标系的变换可由下述步骤实现：

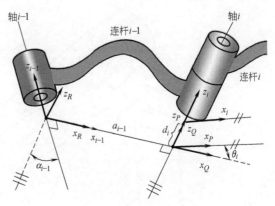

图 3-8 相邻连杆坐标系变换
（资料来源：Craig J J2004）

1）绕 x_{i-1} 轴旋转 α_{i-1} 角，使坐标系 {i} 过渡到坐标系 {R}，z_{i-1} 转到 z_R，并与 z_i 方向一致。

2）坐标系 {R} 沿 x_{i-1} 轴或者 x_R 轴平移 a_{i-1} 距离，把坐标系移到关节轴 i 上，使坐标系 {R} 过渡到坐标系 {Q}。

3）坐标系 {Q} 绕 z_i 轴或 z_Q 轴旋转 θ_i 角，使坐标系 {Q} 过渡到坐标系 {P}。

4）坐标系 {P} 再沿 z_i 轴平移 d_i 距离，使坐标系 {P} 过渡到和坐标系 {i} 重合。

通过上述步骤可以把坐标系 {i} 中定义的矢量变换成在坐标系 {i-1} 中的描述。根据坐标系变换的链式法则，坐标系 {i-1} 到坐标系 {i} 的变换矩阵可以写成

$$_i^{i-1}\boldsymbol{A} = {}_R^{i-1}\boldsymbol{A}\,_Q^R\boldsymbol{A}\,_P^Q\boldsymbol{A}\,_i^P\boldsymbol{A} \tag{3-29}$$

根据各中间坐标系的设置，式（3-29）可以写成

$$_i^{i-1}\boldsymbol{A} = \mathrm{Rot}(x, \alpha_{i-1})\,\mathrm{Trans}(a_{i-1}, 0, 0)\,\mathrm{Rot}(z, \theta_i)\,\mathrm{Trans}(0, 0, d_i) \tag{3-30}$$

由矩阵连乘可以计算出式（3-30），得到 $_i^{i-1}\boldsymbol{A}$ 的一般表达式为

$$_i^{i-1}\boldsymbol{A} = \begin{pmatrix} \cos\theta_i & -\sin\theta_i & 0 & a_{i-1} \\ \sin\theta_i\cos\alpha_{i-1} & \cos\theta_i\cos\alpha_{i-1} & -\sin\alpha_{i-1} & -d_i\sin\alpha_{i-1} \\ \sin\theta_i\sin\alpha_{i-1} & \cos\theta_i\sin\alpha_{i-1} & \cos\alpha_{i-1} & d_i\cos\alpha_{i-1} \\ 0 & 0 & 0 & 1 \end{pmatrix} \tag{3-31}$$

3. 建立连杆坐标系举例

在这里，我们以 Unimation PUMA 560 机器人为例介绍机器人连杆坐标系的建立和

D-H参数的确定。如图3-9所示，PUMA 560机器人的一个六自由度机器人，所有关节均为转动关节。和大多数工业机器人一样，PUMA 560机器人的后三个关节轴线相交于同一点。这个交点可以选作连杆坐标系 {4}、{5} 和 {6} 的原点。如图3-9所示为机器人在 ($\theta_1 = 90°$，$\theta_2 = 0°$，$\theta_3 = -90°$，$\theta_4 = 0°$，$\theta_5 = 0°$，$\theta_6 = 0°$) 时的结构图。首先，我们建立坐标系 {0}，该坐标系固定在机器人基座上。当第一个关节的变量值 θ_1 为0时，坐标系 {0} 和坐标系 {1} 重合，而且 z_0 轴和关节1的轴线重合。关节1的轴线为铅垂方向，关节2和3的轴线沿水平，且互相平行，距离为 a_2。关节1和2的轴线垂直相交，关节3和4的轴线垂直交错，距离为 a_3。建立起各个连杆坐标系后，PUMA 560机器人的D-H参数见表3-1。

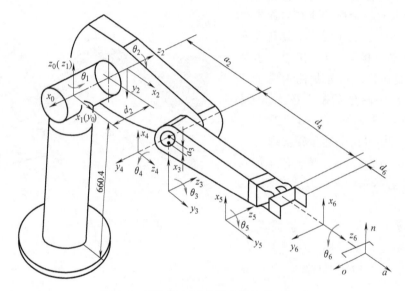

图 3-9 PUMA 560 机器人的连杆坐标系

(资料来源：蔡自兴 2015)

表 3-1 PUMA 560 机器人的连杆参数

连 杆 i	a_{i-1}	α_{i-1}	d_i	变 量 θ_i
1	0	0	0	θ_1
2	0	$-90°$	d_2	θ_2
3	a_2	0	0	θ_3
4	a_3	$-90°$	d_4	θ_4
5	0	$90°$	0	θ_5
6	0	$-90°$	d_6	θ_6

3.2.4 机器人运动学的一般表示

前面所介绍的是任意两个坐标系之间的坐标变换，我们知道，机器人一般是由多个关节组成的，各关节之间的坐标变换可以通过坐标变换相乘后，结合在一起进行求解。

如前所述，可以把机器人的运动模型看作是一系列由关节连接起来的连杆机构。一般机器人具有 n 个自由度，为了分析其运动，可将上述方法扩展一下。

我们用矢量和矩阵代数来引出一种描述和表达组成机器人的各杆件相对于固定参考坐标系位置的通用方法。由于各杆件可相对于参考坐标系转动和平移，故应对每个杆件沿关节轴建立一个附体坐标系。运动学正问题归结为寻求联系附体坐标系和参考坐标系的变换矩阵。附体坐标系相对于参考坐标系的转动可用 3×3 旋转矩阵来描述，然后用齐次坐标表达三维空间的位置矢量，若旋转矩阵扩展为 4×4 齐次变换矩阵，则可以包括附体坐标系的平移。

通常把描述一个连杆与下一个连杆间相对关系的齐次变换称为 A 矩阵。一个 A 矩阵就是一个描述连杆坐标系间相对平移和旋转的齐次变换。如果用 $_1^0A$ 表示第一个连杆在基准坐标系的位置和姿态，$_2^1A$ 表示第二个连杆相对第一个连杆的位置和姿态，那么第二个连杆在基准坐标系的位置和姿态可由下列矩阵的乘积求得

$$T_2 = {_1^0A}{_2^1A} \tag{3-32}$$

同理，若 $_3^2A$ 表示第三个连杆相对第二个连杆的位置和姿态，那么第三个连杆在基准坐标系的位置和姿态可由下列矩阵的乘积求得

$$T_3 = {_1^0A}{_2^1A}{_3^2A} \tag{3-33}$$

在文献中，称这些 A 矩阵的乘积为 T 矩阵，于是，对于六连杆的机器人，有下列 T 矩阵

$$T_6 = {_1^0A}{_2^1A}{_3^2A}{_4^3A}{_5^4A}{_6^5A} \tag{3-34}$$

一般，每个连杆有一个自由度，则六连杆组成的机器人具有六个自由度，并能在其运动范围内任意定位与定姿。其中，三个自由度用于规定位置，另外三个自由度用来规定姿态。所以，T_6 表示了机器人的位置和姿态。

对于具有 n 个关节的机器人，若设坐标系 $O_n\text{-}x_ny_nz_n$ 为固定在指尖上的坐标系，则从坐标系 $O_n\text{-}x_ny_nz_n$ 到基准坐标系 $O_0\text{-}x_0y_0z_0$ 的坐标变换矩阵 T 可由下式给出

$$T_n = {_1^0A}{_2^1A}{_3^2A}\cdots{_n^{n-1}A} \tag{3-35}$$

T 不仅是从坐标系 $O_n\text{-}x_ny_nz_n$ 到坐标系 $O_0\text{-}x_0y_0z_0$ 的坐标变换矩阵，而且可以解释为在基准坐标系 $O_0\text{-}x_0y_0z_0$ 上看到的表示指尖位置和方向的矩阵。

3.2.5 机器人运动学问题的示例

1. 机器人正运动学问题

机器人正运动学问题就是求机器人运动学的正解，是指在给定组成运动副的相邻连杆的相对位置情况下，确定机器人末端执行器的位置和姿态。通过上述分析可知，运动学正解可用一个反映此相对关系的变换矩阵来表示，这里一般是指开链的机器人结构。

下面以图 3-9 所示的 PUMA 560 机器人为例讨论机器人的运动学问题。对于这个机器人，正运动学问题就是求该机器人末端连杆坐标系 {6} 的位置和姿态，也就是在基准坐标系 $O_0\text{-}x_0y_0z_0$ 上看末端连杆坐标系 {6}，因此找出由 $O_6\text{-}x_6y_6z_6$ 到 $O_0\text{-}x_0y_0z_0$ 的坐标变换矩阵 T 即可。

根据式（3-31）和表 3-1 所列的连杆参数，各个连杆变换矩阵可表示如下：

$$_1^0A(\theta_1) = \begin{pmatrix} c_1 & -s_1 & 0 & 0 \\ s_1 & c_1 & 0 & 0 \\ 0 & 0 & 1 & 0 \\ 0 & 0 & 0 & 1 \end{pmatrix}$$

$$_2^1A(\theta_2) = \begin{pmatrix} c_2 & -s_2 & 0 & 0 \\ 0 & 0 & 1 & d_2 \\ -s_2 & -c_2 & 0 & 0 \\ 0 & 0 & 0 & 1 \end{pmatrix}$$

$$_3^2A(\theta_3) = \begin{pmatrix} c_3 & -s_3 & 0 & a_2 \\ s_3 & c_3 & 0 & 0 \\ 0 & 0 & 1 & 0 \\ 0 & 0 & 0 & 1 \end{pmatrix}$$

$$_4^3A(\theta_4) = \begin{pmatrix} c_4 & -s_4 & 0 & a_3 \\ 0 & 0 & 1 & d_4 \\ -s_4 & -c_4 & 0 & 0 \\ 0 & 0 & 0 & 1 \end{pmatrix}$$

$$_5^4A(\theta_5) = \begin{pmatrix} c_5 & -s_5 & 0 & 0 \\ 0 & 0 & -1 & 0 \\ s_5 & c_5 & 0 & 0 \\ 0 & 0 & 0 & 1 \end{pmatrix}$$

$$_6^5A(\theta_6) = \begin{pmatrix} c_6 & -s_6 & 0 & 0 \\ 0 & 0 & 1 & 0 \\ -s_6 & c_6 & 0 & 0 \\ 0 & 0 & 0 & 1 \end{pmatrix}$$

其中，s_i 为 $\sin\theta_i$，c_i 为 $\cos\theta_i$。

各连杆矩阵相乘就可以获得 PUMA 560 机器人的变换矩阵，即

$$T = {}_1^0A(\theta_1){}_2^1A(\theta_2){}_3^2A(\theta_3){}_4^3A(\theta_4){}_5^4A(\theta_5){}_6^5A(\theta_6) \tag{3-36}$$

式（3-36）即为该六自由度机器人的运动学正解。对于不同类型的机器人，其坐标变换矩阵 T 的形式不同，要根据实际结构求得，详细内容可参考相关文献资料。

要求解式（3-36）的运动方程，可以先计算一些中间结果。因为 PUMA 560 机器人的关节 2 和 3 相互平行，可以通过两角和公式将 $_2^1A_3^2A$ 的乘积做简化处理得到

$$_3^1A = {}_2^1A_3^2A = \begin{pmatrix} c_{23} & -s_{23} & 0 & a_2c_2 \\ 0 & 0 & 1 & d_2 \\ -s_{23} & -c_{23} & 0 & -a_2s_2 \\ 0 & 0 & 0 & 1 \end{pmatrix} \tag{3-37}$$

$$\,^3_6A = \,^3_4A\,^4_5A\,^5_6A = \begin{pmatrix} c_4c_5c_6-s_4s_6 & -c_4c_5s_6-s_4c_6 & -c_4s_5 & a_3 \\ s_5c_6 & -s_5s_6 & c_5 & d_4 \\ -s_4c_5c_6-c_4s_6 & s_4c_5s_6-c_4c_6 & s_4s_5 & 0 \\ 0 & 0 & 0 & 1 \end{pmatrix} \qquad (3\text{-}38)$$

式中，$c_{23} = \cos(\theta_2+\theta_3) = c_2c_3-s_2s_3$；$s_{23} = \sin(\theta_2+\theta_3) = c_2s_3+s_2c_3$。

最后，得到六个连杆坐标变换矩阵的乘积，即为 PUMA 560 机器人的正向运动学方程。该方程描述了机器人末端连杆坐标系 {6} 相对于基准坐标系 {0} 的位姿。

$$\,^0_6A = \,^0_1A\,^1_3A\,^3_6A = \begin{pmatrix} n_x & o_x & a_x & p_x \\ n_y & o_y & a_y & p_y \\ n_z & o_z & a_z & p_z \\ 0 & 0 & 0 & 1 \end{pmatrix} \qquad (3\text{-}39)$$

式中

$n_x = c_1[c_{23}(c_4c_5c_6-s_4s_6)-s_{23}s_5c_6]+s_1(s_4c_5c_6+c_4s_6)$

$n_y = s_1[c_{23}(c_4c_5c_6-s_4s_6)-s_{23}s_5c_6]-c_1(s_4c_5c_6+c_4s_6)$

$n_z = -s_{23}(c_4c_5c_6-s_4s_6)-c_{23}s_5c_6$

$o_x = c_1[c_{23}(-c_4c_5s_6-s_4c_6)+s_{23}s_5s_6]+s_1(c_4c_6-s_4c_5c_6)$

$o_y = s_1[c_{23}(-c_4c_5s_6-s_4c_6)+s_{23}s_5s_6]-c_1(c_4c_6-s_4c_5c_6)$

$o_z = -s_{23}(-c_4c_5s_6-s_4c_6)+c_{23}s_5s_6$

$a_x = -c_1(c_{23}c_4s_5+s_{23}c_5)-c_1s_4s_5$

$a_y = -s_1(c_{23}c_4s_5+s_{23}c_5)+c_1s_4s_5$

$a_z = s_{23}c_4s_5-c_{23}c_5$

$p_x = c_1(a_2c_2+a_3c_{23}-d_4s_{23})-d_2s_1$

$p_y = s_1(a_2c_2+a_3c_{23}-d_4s_{23})+d_2c_1$

$p_z = -a_3s_{23}-a_2s_2-d_4c_{23}$

2. 机器人逆运动学问题

上面介绍了机器人运动学中给定各关节变位量时，求坐标变换矩阵的方法，该坐标变换矩阵表示了从基准坐标系观察到末端执行器的位置和方向。而机器人逆运动学问题就是求机器人运动学的逆解，是上述问题的逆命题，即给定末端执行器位置和方向在基准坐标系中的值，求其相对应的各关节的变位量。

一般当末端执行器的位置和方向给定，求解满足给定条件的各关节的变位量问题时，其解不一定是唯一的。例如：当机器人的关节数不足 6 个时，无论怎样确定各关节的变位量，都会存在一些不能实现的位置和方向；当关节数大于 6 个时，实现给定的位置和方向的各关节的变位量又不能唯一确定；即使机器人的关节数为 6 个，当对各关节的变位量进行解析求解时，也会出现求不出数值解的情况。在 6 关节的情况下，其具有解析解的充分条件是"连续三个旋转关节的旋转轴交汇于一点"。在大多数工业用多关节机器人上，其手腕的三个关节都设计为满足这一条件。

机器人的逆解问题比较复杂，为了说明问题，下面先以二自由度的机器人为例进行讨论。

如图 3-10 所示，已知机器人末端的坐标值 (x, y)，试利用 x、y 表示 θ_1 和 θ_2。

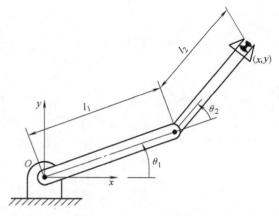

图 3-10　二自由度机器人

根据图 3-10 中的几何关系可知

$$x = l_1\cos\theta_1 + l_2\cos(\theta_1+\theta_2) \quad (3\text{-}40)$$

$$y = l_1\sin\theta_1 + l_2\sin(\theta_1+\theta_2) \quad (3\text{-}41)$$

联立求解上述两方程，可分别求出 θ_1、θ_2 的表达式。如用式（3-40）的平方加式（3-41）的平方，可以得到

$$x^2 + y^2 = l_1^2 + l_2^2 + 2l_1 l_2\cos\theta_2 \quad (3\text{-}42)$$

因此，可进一步得到

$$\theta_2 = \arccos\frac{x^2+y^2-l_1^2-l_2^2}{2l_1 l_2} \quad (3\text{-}43)$$

将式（3-43）代入式（3-40）即可求出 θ_1 的表达式。

对于六自由度的机器人，仍然以图 3-9 所示的 PUMA 560 机器人为例，这个机器人正向运动学的解析公式，已由式（3-39）给出。这里若给出在基准坐标系上表示末端执行器的位置和方向的矩阵 $\boldsymbol{T}$ 时，求与之相对应的各关节的变位量，就是该机器人逆向运动学的解。

首先，式（3-39）可以写成

$$\boldsymbol{T} = \begin{pmatrix} n_x & o_x & a_x & p_x \\ n_y & o_y & a_y & p_y \\ n_z & o_z & a_z & p_z \\ 0 & 0 & 0 & 1 \end{pmatrix} = {}_1^0\boldsymbol{A}(\theta_1){}_2^1\boldsymbol{A}(\theta_2){}_3^2\boldsymbol{A}(\theta_3){}_4^3\boldsymbol{A}(\theta_4){}_5^4\boldsymbol{A}(\theta_5){}_6^5\boldsymbol{A}(\theta_6) \quad (3\text{-}44)$$

为了求 θ_1，可以在式（3-44）两边乘以 ${}_1^0\boldsymbol{A}^{-1}(\theta_1)$，将含有 θ_1 的部分移到方程的左边，可得到

$$ {}_1^0\boldsymbol{A}^{-1}(\theta_1)\boldsymbol{T} = {}_2^1\boldsymbol{A}(\theta_2){}_3^2\boldsymbol{A}(\theta_3){}_4^3\boldsymbol{A}(\theta_4){}_5^4\boldsymbol{A}(\theta_5){}_6^5\boldsymbol{A}(\theta_6) \quad (3\text{-}45)$$

将 ${}_1^0\boldsymbol{A}(\theta_1)$ 转置，可得到

$$\begin{pmatrix} c_1 & s_1 & 0 & 0 \\ -s_1 & c_1 & 0 & 0 \\ 0 & 0 & 1 & 0 \\ 0 & 0 & 0 & 1 \end{pmatrix}\begin{pmatrix} n_x & o_x & a_x & p_x \\ n_y & o_y & a_y & p_y \\ n_z & o_z & a_z & p_z \\ 0 & 0 & 0 & 1 \end{pmatrix} = {}_6^1\boldsymbol{A} \quad (3\text{-}46)$$

令式（3-46）两边的元素（2,4）相等，得到

$$-s_1 p_x + c_1 p_y = d_2 \quad (3\text{-}47)$$

通过三角恒等变换可以求得

$$\theta_1 = \arctan2(p_y, p_x) - \arctan2(d_2, \pm\sqrt{p_x^2 + p_y^2 - d_2^2})$$

式中的正负号表示 θ_1 可以有两个不同的解。选定一个解后，式（3-46）的左边就变成已

知的。如果让式（3-46）两边的元素（1，4）和元素（3，4）分别相等，可得

$$c_1 p_x + s_1 p_y = a_3 c_{23} - d_4 s_{23} + a_2 c_2 \tag{3-48}$$

$$-p_z = a_3 s_{23} + d_4 c_{23} + a_2 s_2 \tag{3-49}$$

将式（3-47）、式（3-48）和式（3-49）平方后相加，可得

$$a_3 c_3 - d_4 s_3 = K \tag{3-50}$$

式中，$K = \dfrac{p_x^2 + p_y^2 + p_z^2 - a_2^2 - a_3^2 - d_3^2 - d_4^2}{2a_2}$。

同理，通过三角恒等变换可以求得

$$\theta_3 = \arctan2(a_3, d_4) - \arctan2(k, \pm\sqrt{a_3^2 + d_4^2 - K^2})$$

θ_3 也有两个不同和解。如果重新整理式（3-44），在式（3-44）两边同时乘以 $_3^0 A^{-1}(\theta_1, \theta_2, \theta_3)$，可得

$$_3^0 A^{-1}(\theta_1, \theta_2, \theta_3) T = {}_4^3 A(\theta_4)\, {}_5^4 A(\theta_5)\, {}_6^5 A(\theta_6) \tag{3-51}$$

即

$$\begin{pmatrix} c_1 c_{23} & s_1 c_{23} & -s_{23} & -a_2 c_3 \\ -c_1 s_{23} & -s_1 s_{23} & -c_{23} & a_2 s_3 \\ -s_1 & c_1 & 0 & -d_2 \\ 0 & 0 & 0 & 1 \end{pmatrix} \begin{pmatrix} n_x & o_x & a_x & p_x \\ n_y & o_y & a_y & p_y \\ n_z & o_z & a_z & p_z \\ 0 & 0 & 0 & 1 \end{pmatrix} = {}_6^3 A \tag{3-52}$$

令式（3-52）两边的元素（1，4）和元素（2，4）分别对应相等，可得

$$c_1 c_{23} p_x + s_1 c_{23} p_y - s_{23} p_z - a_2 c_3 = a_3 \tag{3-53}$$

$$-c_1 s_{23} p_x - s_1 s_{23} p_y - c_{23} p_z + a_2 s_3 = d_4 \tag{3-54}$$

联立式（3-53）和式（3-54）可以求出 s_{23} 和 c_{23}，即

$$s_{23} = \frac{(-a_3 - a_2 c_3) p_z + (c_1 p_x + s_1 p_y)(a_2 s_3 - d_4)}{p_z^2 + (c_1 p_x + s_1 p_y)^2}$$

$$c_{23} = \frac{(-d_4 + a_2 s_3) p_z - (c_1 p_x + s_1 p_y)(-a_2 c_3 - a_3)}{p_z^2 + (c_1 p_x + s_1 p_y)^2}$$

因为 s_{23} 和 c_{23} 的分母相等，且都为正，所以可以求得 θ_{23} 为

$\theta_{23} = \theta_2 + \theta_3$

$\quad = \arctan2[(-a_3 - a_2 c_3) p_z + (c_1 p_x + s_1 p_y)(a_2 s_3 - d_4), (-d_4 + a_2 s_3) p_z - (c_1 p_x + s_1 p_y)(-a_2 c_3 - a_3)]$

因为 θ_1 和 θ_3 已经求出，所以 θ_{23} 的值可以由上式获得。θ_1 和 θ_3 各有两种解，也就是有四种可能组合，所以由上式获得的 θ_{23} 就有四种可能值

$$\theta_2 = \theta_{23} - \theta_3$$

式中，θ_2 的取值对应于所取的 θ_1 和 θ_3 的值。

求出 θ_1、θ_2 和 θ_3 后，式（3-52）的左边都为已知量。令式（3-52）两边的元素（1，3）和元素（2，3）分别相等，可以得到

$$a_x c_1 c_{23} + a_y s_1 c_{23} - a_z s_{23} = -c_4 s_5 \tag{3-55}$$

$$-a_x s_1 + a_y c_1 = s_4 s_5 \tag{3-56}$$

当 $s_5 \neq 0$ 时，即可求得 θ_4 为

$$\theta_4 = \arctan2\left(-a_x s_1 + a_y c_1, -a_x c_1 c_{23} - a_y s_1 c_{23} + a_z s_{23}\right)$$

当 $s_5 = 0$ 时，机器人处于奇异位形。此时，机器人的关节轴4和关节轴6成一条直线，机器人末端连杆的运动只有一种。在这种情况下，只能求得 θ_4 和 θ_6 的和或者差。在奇异位形时，可以任选 θ_4 的值，再计算相应的 θ_6 的值。

在式（3-44）两边乘以 ${}^0_4\!\boldsymbol{A}^{-1}(\theta_1, \theta_2, \theta_3, \theta_4)$，可以得到

$${}^0_4\!\boldsymbol{A}^{-1}(\theta_1, \theta_2, \theta_3, \theta_4)\boldsymbol{T} = {}^4_5\!\boldsymbol{A}(\theta_5)\,{}^5_6\!\boldsymbol{A}(\theta_6) \tag{3-57}$$

因为 θ_1，θ_2，θ_3 和 θ_4 为已知，式（3-57）的左边也就是已知的，即为

$$\begin{pmatrix} c_1 c_{23} c_4 + s_1 s_4 & s_1 c_{23} c_4 - c_1 s_4 & -s_{23} c_4 & -a_2 c_3 c_4 + d_2 s_4 - a_3 c_4 \\ -c_1 c_{23} s_4 + s_1 c_4 & -s_1 c_{23} s_4 - c_1 c_4 & s_{23} s_4 & a_2 c_3 s_4 + d_2 c_4 + a_3 s_4 \\ -c_1 s_{23} & s_1 s_{23} & -c_{23} & a_2 s_3 - d_4 \\ 0 & 0 & 0 & 1 \end{pmatrix}$$

令式（3-57）两边的元素（1，3）和元素（3，3）分别对应相等，可以得到

$$a_x(c_1 c_{23} c_4 + s_1 s_4) + a_y(s_1 c_{23} c_4 - c_1 s_4) - a_z s_{23} c_4 = -s_5 \tag{3-58}$$

$$-a_x c_1 s_{23} - a_y s_1 s_{23} - a_z c_{23} = c_5 \tag{3-59}$$

由式（3-58）和式（3-59）可以求得 θ_5 的解为

$$\theta_5 = \arctan2(s_5, c_5)$$

由式（3-44）两边乘以 ${}^0_5\!\boldsymbol{A}^{-1}(\theta_1, \theta_2, \theta_3, \theta_4, \theta_5)$，可以得到

$${}^0_5\!\boldsymbol{A}^{-1}(\theta_1, \theta_2, \theta_3, \theta_4, \theta_5)\boldsymbol{T} = {}^5_6\!\boldsymbol{A}(\theta_6) \tag{3-60}$$

令式（3-60）两边的元素（3，1）和元素（1，1）分别对应相等，可以求得

$$-n_x(c_1 c_{23} s_4 - s_1 c_4) - n_y(s_1 c_{23} s_4 + c_1 c_4) + n_z s_{23} s_4 = s_6 \tag{3-61}$$

$$n_x\left[(c_1 c_{23} c_4 + s_1 s_4)c_5 - c_1 s_{23} s_5\right] + n_y\left[(s_1 c_{23} c_4 - c_1 s_4)c_5 - s_1 s_{23} s_5\right] -$$
$$n_z(s_{23} c_4 c_5 + c_{23} s_5) = c_6 \tag{3-62}$$

由式（3-61）和式（3-62）可以求得 θ_6 的解为

$$\theta_6 = \arctan2(s_6, c_6)$$

至此，我们把 PUMA 560 机器人在已知末端连杆位姿的情况下的各个关节的角度求出来了。从以上分析可知，该机器人的运动学反解可能存在 8 组不同的值。但是，由于机器人结构的限制，如有些关节不能在 360° 的范围内运动，有些解不能实现。在机器人存在多解的情况下，应该选取其中最满意的一组解，以满足机器人的工作要求。

3.3 机器人的雅可比矩阵

3.3.1 雅可比矩阵的定义

前面讨论了机器人的指尖位置和方向与各关节位置之间的关系。在本节将进一步讨

论指尖的速度与各关节的速度（转动或平移）之间的关系。

考虑机械手的手爪位置 r 和关节变量 θ 的关系用正运动学方程表示为

$$r = f(\theta) \tag{3-63}$$

假定这里考虑的是

$$r = (r_1, r_2, \cdots, r_m)^{\mathrm{T}} \in \mathbf{R}^{m \times 1}$$

$$\theta = (\theta_1, \theta_2, \cdots, \theta_n)^{\mathrm{T}} \in \mathbf{R}^{n \times 1}$$

的一般情况，并设手爪位置包含表示姿态的变量，以及关节变量由回转角和平移组合而成的情况。若式（3-63）用每个分量表示，则变为

$$r_j = f_j(\theta_1, \theta_2, \cdots, \theta_n) \qquad (j = 1, 2, \cdots, m) \tag{3-64}$$

在 $n > m$ 的情况下，将变为关节变量有无限个解的冗余机器人。而工业上常用的多关节机器人手臂，通常用于作业的手爪应有 3 个位置变量和 3 个姿态变量。由于工业上一般不采用冗余机器人结构，所以 $n = m = 6$。

将式（3-63）的两边对时间 t 微分，可得到下式

$$\dot{r} = J\dot{\theta} \tag{3-65}$$

该式表示手爪速度 $\dot{r}$ 与关节速度 $\dot{\theta}$ 的关系，式中变量上的"·"表示对时间的微分。其中

$$J = \frac{\partial f(\theta)}{\partial \theta^{\mathrm{T}}} = \begin{pmatrix} \dfrac{\partial f_1}{\partial \theta_1} & \cdots & \dfrac{\partial f_1}{\partial \theta_n} \\ \vdots & & \vdots \\ \dfrac{\partial f_m}{\partial \theta_1} & \cdots & \dfrac{\partial f_m}{\partial \theta_n} \end{pmatrix} \in \mathbf{R}^{m \times n} \tag{3-66}$$

称 J 为雅可比矩阵（Jacobian matrix）。若在式（3-65）的两边乘以微小时间 $\mathrm{d}t$，则可得到

$$\mathrm{d}r = J\mathrm{d}\theta \tag{3-67}$$

该式是用雅可比矩阵表示微小位移间关系的方程式。

3.3.2 与平移速度相关的雅可比矩阵

相对于基准坐标系的指尖平移速度，是通过相对于把坐标原点固定在指尖上的基准坐标系的平移速度进行描述的。

现在设基准坐标系为 $O_0 \text{-} x_0 y_0 z_0$，固定于指尖的坐标系为 $O_e \text{-} x_e y_e z_e$，在 $O_0 \text{-} x_0 y_0 z_0$ 上表示的 O_e 的坐标为 P_e，则 P_e 可以表示为

$$P_e = T \begin{pmatrix} 0 \\ 0 \\ 0 \\ 1 \end{pmatrix} = f(q) \tag{3-68}$$

这时，指尖的平移速度可以写成

$$v = \frac{\mathrm{d}P_e}{\mathrm{d}t} = \frac{\mathrm{d}f}{\mathrm{d}q}\frac{\mathrm{d}q}{\mathrm{d}t} = J_L \frac{\mathrm{d}q}{\mathrm{d}t} = J_L \dot{q} \tag{3-69}$$

式中，$\boldsymbol{q} = (q_1, \cdots, q_n)^\mathrm{T}$，其中 n 是关节的数目。这里的 $\boldsymbol{J}_L$ 称为与平移速度相关的雅可比矩阵。

下面以二自由度机械手为例，如前面图 3-2 所示的二自由度机械手的雅可比矩阵。前面已推导过，该机器人的指尖位置可以表示为

$$\begin{cases} x = l_1 \cos\theta_1 + l_2 \cos(\theta_1 + \theta_2) \\ y = l_1 \sin\theta_1 + l_2 \sin(\theta_1 + \theta_2) \end{cases} \tag{3-70}$$

则与这个机器人的平移速度相关的雅可比矩阵，可以以下列形式给出

$$\boldsymbol{J}_L = \begin{pmatrix} \dfrac{\partial x}{\partial \theta_1} & \dfrac{\partial x}{\partial \theta_2} \\ \dfrac{\partial y}{\partial \theta_1} & \dfrac{\partial y}{\partial \theta_2} \end{pmatrix} = \begin{pmatrix} -l_1 \sin\theta_1 - l_2 \sin(\theta_1 + \theta_2) & -l_2 \sin(\theta_1 + \theta_2) \\ l_1 \cos\theta_1 + l_2 \cos(\theta_1 + \theta_2) & l_2 \cos(\theta_1 + \theta_2) \end{pmatrix} \tag{3-71}$$

现在，我们来讨论一下 $\boldsymbol{J}_L$ 的各列矢量的几何学意义，即在 $\boldsymbol{J}_L = (\boldsymbol{J}_{L1}, \boldsymbol{J}_{L2})$ 时，考虑 $\boldsymbol{J}_{L1}$、$\boldsymbol{J}_{L2}$ 的几何学意义。根据式（3-71），$\boldsymbol{J}_{L1}$ 是在 $\theta_2 = 0$ 时，也就是第 2 关节固定时，仅在第 1 关节转动的情况下，指尖平移速度在基准坐标系上表示出的矢量。

同样，$\boldsymbol{J}_{L2}$ 是第 1 关节固定时，仅在第 2 关节转动的情况下，指尖平移速度在基准坐标系上表示出的矢量。因此，当用图表示 $\boldsymbol{J}_{L1}\dot{\theta}_1$ 和 $\boldsymbol{J}_{L2}\dot{\theta}_2$ 时，就变成了图 3-11 所示的情况。此外，对于 $\boldsymbol{J}_L$ 的计算将在后面介绍。

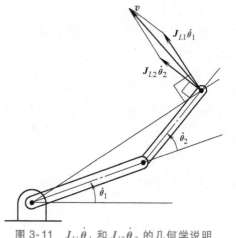

图 3-11　$\boldsymbol{J}_{L1}\dot{\theta}_1$ 和 $\boldsymbol{J}_{L2}\dot{\theta}_2$ 的几何学说明

3.3.3　与旋转速度相关的雅可比矩阵

为了讨论与指尖旋转速度相关的雅可比矩阵，首先必须明确地确定指尖旋转速度的表示方法。一般来讲，指尖的旋转速度表示方法，有以下两种：

1）考虑由表示指尖方向的三变量组合（如欧拉角）构成矢量 $\boldsymbol{\phi}$，然后由它对时间的微分 $\dot{\boldsymbol{\phi}}$ 进行表示。

2）以基准坐标系的各坐标轴作为旋转轴，以分别围绕各旋转轴的角速度作为分量构成矢量 $\boldsymbol{\omega}$，然后用 $\boldsymbol{\omega}$ 进行表示。

在第二种表示方法中，可以把 $\boldsymbol{\omega}$ 解释为在基准坐标系上，围绕 x 轴、y 轴和 z 轴的旋转速度的合成，物理意义明确。这时，公式为

$$\boldsymbol{\omega} = \boldsymbol{J}_A \dot{\boldsymbol{q}} \tag{3-72}$$

式中，矩阵 $\boldsymbol{J}_A$ 称为与旋转速度相关的雅可比矩阵。

3.3.4　雅可比矩阵的计算方法

考虑一般情况，如六维矢量 $\dot{p}$，它可以是指尖的平移速度和旋转速度作为其矢量的分量，即

$$\dot{p} = \begin{pmatrix} v \\ \boldsymbol{\omega} \end{pmatrix} \tag{3-73}$$

这时，若采用 J_L 和 J_A 表示机器人的雅可比矩阵，则表示为

$$\dot{p} = J\dot{q} = \begin{pmatrix} J_L \\ J_A \end{pmatrix} \dot{q} \tag{3-74}$$

这里，为了计算雅可比矩阵中的各分量，需对 J 进一步做下列分割

$$J = \begin{pmatrix} J_{L1} & J_{L2} & \cdots & J_{Ln} \\ J_{A1} & J_{A2} & \cdots & J_2 \end{pmatrix} \tag{3-75}$$

式中，n 为机器人的关节数；J_{Li} 和 J_{Ai} 分别表示 J_L 和 J_A 的第 i 个列矢量。而 $J_{Li}\dot{q}$ 和 $J_{Ai}\dot{q}$ 则分别表示只有第 i 个关节以速度 $\dot{q}_i$ 运行，其他的关节都固定时的指尖平移速度矢量和旋转速度矢量。这时，J_{Li} 和 J_{Ai} 可以求解如下：

第 i 个关节为平移关节时

$$\begin{pmatrix} J_{Li} \\ J_{Ai} \end{pmatrix} = \begin{pmatrix} b_{i-1} \\ 0 \end{pmatrix} \tag{3-76}$$

第 i 个关节为旋转关节时

$$\begin{pmatrix} J_{Li} \\ J_{Ai} \end{pmatrix} = \begin{pmatrix} b_{i-1} \times r_{i-1,e} \\ b_{i-1} \end{pmatrix} \tag{3-77}$$

式中，b_{i-1} 是第 i 个关节的运行轴方向，在基准坐标系上表示的单位矢量。$r_{i-1,e}$ 是从固定在第 i 个关节上的坐标系 $O_{i-1}-x_{i-1}y_{i-1}z_{i-1}$ 的原点，到指尖的位置矢量，在基准坐标系上表示的矢量，如图 3-12 所示。此外，如果"×"表示矢量的外积，则可以进行下列计算

$$(a_1 \quad a_2 \quad a_3)^{\mathrm{T}} \times (b_1 \quad b_2 \quad b_3)^{\mathrm{T}} = (a_2b_3 - a_3b_2 \quad a_3b_1 - a_1b_3 \quad a_1b_2 - a_2b_1)^{\mathrm{T}} \tag{3-78}$$

如果能想到 J_{Li} 和 J_{Ai} 在只有第 i 个关节运行时，它可以分别给出指尖平移速度和旋转速度的方向，那么，对于式（3-76）和式（3-77）就容易理解了。另外，应当注意，不论是 b_{i-1} 或是 $r_{i-1,e}$，都会变成各关节变量的函数。

为了加深理解，下面分析图 3-13 所示的三自由度机器人，看一看其平移速度和旋转速度的雅可比矩阵。由图可以得到

$$\boldsymbol{b}_0 = \begin{pmatrix} 0 \\ 0 \\ 1 \end{pmatrix}, \quad \boldsymbol{b}_1 = \begin{pmatrix} -\sin\theta_1 \\ \cos\theta_1 \\ 0 \end{pmatrix}, \quad \boldsymbol{b}_2 = \begin{pmatrix} \cos\theta_1\sin\theta_2 \\ \sin\theta_1\sin\theta_2 \\ \cos\theta_2 \end{pmatrix} \tag{3-79}$$

同样，由图还可以得到

$$r_{0,e} = l_0 b_0 + d_3 b_2, \ r_{1,e} = d_3 b_2 \tag{3-80}$$

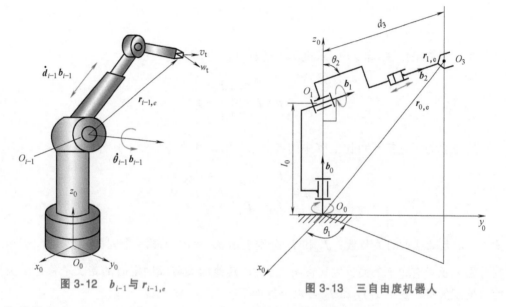

图 3-12　$\boldsymbol{b}_{i-1}$ 与 $\boldsymbol{r}_{i-1,e}$　　　　图 3-13　三自由度机器人

将其代入式（3-75）、式（3-76）和式（3-77），可以得到下式

$$\boldsymbol{J} = \begin{pmatrix} -d_3\sin\theta_1\sin\theta_2 & d_3\cos\theta_1\cos\theta_2 & \cos\theta_1\sin\theta_2 \\ d_3\cos\theta_1\sin\theta_2 & d_3\sin\theta_1\cos\theta_2 & \sin\theta_1\sin\theta_2 \\ 0 & -d_3\sin\theta_2 & \cos\theta_2 \\ 0 & -\sin\theta_1 & 0 \\ 0 & \cos\theta_1 & 0 \\ 1 & 0 & 0 \end{pmatrix} \tag{3-81}$$

则式（3-73）为三自由度机器人的平移速度和旋转速度的雅可比矩阵。

3.4　小结

本章主要讲述了机器人有关运动学的基础知识。首先以二自由度机械手为例，描述了机器人的运动学基本问题；其次描述了机器人位姿与关节变量的关系，对其表示方法、姿态的变换矩阵、齐次变换等进行推导与分析；以六自由度机器人为例分析了机器人正运动学问题和逆运动学问题；最后对机器人的雅可比矩阵、与平移速度相关的雅可比矩阵、与旋转速度相关的雅可比矩阵等进行了介绍。

习题

1. 如图 3-14 所示的二自由度机械手,若从手爪看到的点 P 位置为 $^E\boldsymbol{P}_P = (0.2\mathrm{m},\ 0.2\mathrm{m})^\mathrm{T}$ 时,试用齐次变换矩阵求出 $^E\boldsymbol{P}_{BP}$。这里假设 $l_1 = l_2 = 0.2\mathrm{m}$,$\theta_1 = \theta_2 = \pi/6\mathrm{rad}$。

2. 试求图 3-15 所示的三自由度机械手的雅可比矩阵。

3. 对于图 3-16 所示的机器人,求从指尖坐标系到基准坐标系的坐标变换矩阵。

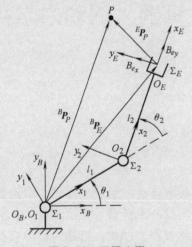

图 3-14　习题 1 图

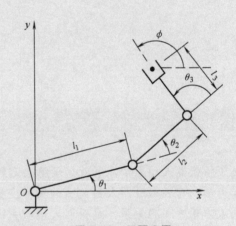

图 3-15　习题 2 图

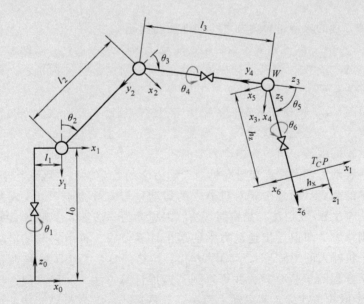

图 3-16　习题 3 图

第4章
机器人的动力学初步

要了解机器人动力学，也就是了解决定机器人动态特性的运动方程式，即机器人的动力学方程。它表示机器人各关节的关节变量对时间的一阶导数、二阶导数、各执行器驱动力或力矩之间的关系，是机器人机械系统的运动方程。因此，机器人动力学就是研究机器人运动数学方程的建立，其实际动力学模型可以根据已知的物理定律（如牛顿或拉格朗日力学定律）求得。

机器人运动方程的求解可分为两种不同性质的问题：

1）正动力学问题。即机器人各执行器的驱动力或力矩为已知，求解机器人关节变量在关节变量空间的轨迹或末端执行器在笛卡尔空间的轨迹，这称为机器人动力学方程的正面求解，简称为正动力学问题。

2）逆动力学问题。即机器人在关节变量空间的轨迹已确定，或末端执行器在笛卡尔空间的轨迹已确定（轨迹已被规划），求解机器人各执行器的驱动力或力矩，这称为机器人动力学方程的反面求解，简称为逆动力学问题。

不管是哪一种动力学问题都要研究机器人动力学的数学模型，区别在于问题的解法。人们研究动力学的重要目的之一是对机器人的运动进行有效控制，以实现预期的运动轨迹。常用的方法有牛顿-欧拉法、拉格朗日法、凯恩动力学法等。牛顿-欧拉动力学法是利用牛顿力学的刚体力学知识导出逆动力学的递推计算公式，再由它归纳出机器人动力学的数学模型——机器人的矩阵形式运动学方程；拉格朗日法是引入拉格朗日方程直接获得机器人动力学方程的解析公式，并可得到其递推计算方法。一般来说，拉格朗日法运算量最大，牛顿-欧拉法次之，凯恩动力学法运算量最小、效率最高，在处理闭链机构的机器人动力学方面有一定的优势。在本章中只介绍牛顿-欧拉法、拉格朗日法两种方法，其他动力学方法请有兴趣的读者参考有关文献。

4.2　机器人的静力学

4.2.1　虚功原理

在介绍机器人静力学之前，首先要说明一下静力学中所需要的虚功原理（principle of virtual work）。

约束力不做功的力学系统实现平衡的必要且充分条件是对结构上允许的任意位移（虚位移）施力所做功之和为零。这里所指的虚位移（virtual displacement）是描述作为对象的系统力学结构的位移，不同于随时间一起产生的实际位移。为此用"虚"一词来表示。而约束力（force of constraint）是使系统动作受到制约的力。下面看一个例子来理解一下实际上如何使用虚功原理。

如图 4-1 所示，已知作用在杠杆一端的力 F_A，试用虚功原理求作用于另一端的力 F_B。假设杠杆长度 L_A 和 L_B 已知。

按照虚功原理，杠杆两端受力所做的虚功应该是

$$F_A \cdot \delta x_A + F_B \cdot \delta x_B = 0 \tag{4-1}$$

式中，δx_A、δx_B 是杠杆两端的虚位移。而就虚位移来讲，下式成立

$$\delta x_A = L_A \delta \theta, \delta x_B = L_B \delta \theta \tag{4-2}$$

式中，$\delta \theta$ 是绕杠杆支点的虚位移。把式（4-2）代入式（4-1）消去 δx_A、δx_B，可得到下式

$$(F_A L_A + F_B L_B) \cdot \delta \theta = 0 \tag{4-3}$$

由于式（4-3）对任意的 $\delta \theta$ 都成立，所以有下式成立

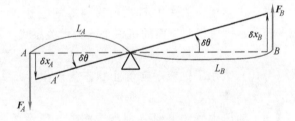

图 4-1　杠杆及作用在两端上的力

$$F_A L_A + F_B L_B = 0$$

因此得到

$$F_B = -\frac{L_A}{L_B} F_A \tag{4-4}$$

当力 F_A 向下取正值时，F_B 则为负值，由于 F_B 的正方向定义为向上，所以这时表明 F_B 的方向是向下的，即此时 F_B 和 F_A 的方向都朝下。

4.2.2　机器人静力学关系式的推导

现在利用前面的虚功原理来推导机器人的静力学关系式。以图 4-2 所示的机械手为研究对象，要产生图 4-2a 所示的虚位移，推导出图 4-2b 所示各力之间的关系式。这一推导

方法本身也适用于一般的情况。

假设:

$\delta r = (\delta r_1, \cdots, \delta r_m)^{\mathrm{T}}, \in \boldsymbol{R}^{m \times 1}$　　手爪的虚位移

$\boldsymbol{\delta\theta} = (\delta\theta_1, \cdots, \delta\theta_n)^{\mathrm{T}}, \in \boldsymbol{R}^{n \times 1}$　　关节的虚位移

$\boldsymbol{F} = (f_1, \cdots, f_m)^{\mathrm{T}}, \in \boldsymbol{R}^{m \times 1}$　　手爪力

$\boldsymbol{\tau} = (\tau_1, \cdots, \tau_n)^{\mathrm{T}}, \in \boldsymbol{R}^{n \times 1}$　　关节驱动力

如果施加在机械手上的力作为手爪力的反力（用 $-\boldsymbol{F}$ 来表示）时，机械手的虚功可表示为

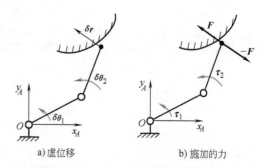

a) 虚位移　　　　b) 施加的力

图 4-2　机械手的虚位移和施加的力

$$\delta W = \boldsymbol{\tau}^{\mathrm{T}} \cdot \boldsymbol{\delta\theta} + (-\boldsymbol{F})^{\mathrm{T}} \cdot \boldsymbol{\delta r} \quad (4\text{-}5)$$

为此，如果应用虚功原理，则得到

$$\boldsymbol{\tau}^{\mathrm{T}} \cdot \boldsymbol{\delta\theta} + (-\boldsymbol{F})^{\mathrm{T}} \cdot \boldsymbol{\delta r} = 0 \tag{4-6}$$

这里，手爪的虚位移 $\boldsymbol{\delta r}$ 和关节的虚位移 $\boldsymbol{\delta\theta}$ 之间的关系，用雅可比矩阵表示为

$$\boldsymbol{\delta r} = \boldsymbol{J}\boldsymbol{\delta\theta} \tag{4-7}$$

把式（4-7）代入式（4-6），提出公因数 $\boldsymbol{\delta\theta}$，可得到下式

$$(\boldsymbol{\tau}^{\mathrm{T}} - \boldsymbol{F}^{\mathrm{T}}\boldsymbol{J}) \cdot \boldsymbol{\delta\theta} = 0 \tag{4-8}$$

由于这一公式对任意的 $\boldsymbol{\delta\theta}$ 都成立，因此得到下式

$$\boldsymbol{\tau}^{\mathrm{T}} - \boldsymbol{F}^{\mathrm{T}}\boldsymbol{J} = 0 \tag{4-9}$$

进一步整理，把式中第二项移到等式右边，并取两边的转置，则可得到下面的机械手静力学关系式

$$\boldsymbol{\tau} = \boldsymbol{J}^{\mathrm{T}}\boldsymbol{F} \tag{4-10}$$

式（4-10）表示了机械手在静止状态为产生手爪力 $\boldsymbol{F}$ 的驱动力 $\boldsymbol{\tau}$。

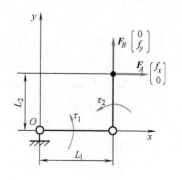

图 4-3　求生成手爪力 F_A 或 F_B 的驱动力

为了加深理解，下面分别求解图 4-3 所示的二自由度机械手在图示位置时，生成手爪力 $\boldsymbol{F}_A = (f_x \quad 0)^{\mathrm{T}}$ 或 $\boldsymbol{F}_B = (0 \quad f_y)^{\mathrm{T}}$ 的驱动力 $\boldsymbol{\tau}_A$ 或 $\boldsymbol{\tau}_B$。图示为 $\theta_1 = 0\mathrm{rad}$，$\theta_2 = \pi/2\mathrm{rad}$ 时的姿态。

由关节角给出如下姿态

$$\boldsymbol{J} = \begin{pmatrix} -L_1\sin\theta_1 - L_2\sin(\theta_1 + \theta_2) & -L_2\sin(\theta_1 + \theta_2) \\ L_1\cos\theta_1 + L_2\cos(\theta_1 + \theta_2) & L_2\cos(\theta_1 + \theta_2) \end{pmatrix} = \begin{pmatrix} -L_2 & -L_2 \\ L_1 & 0 \end{pmatrix}$$

则由式（4-10）可以得到驱动力如下

$$\boldsymbol{\tau}_A = \boldsymbol{J}^{\mathrm{T}}\boldsymbol{F}_A = \begin{pmatrix} -L_2 & L_1 \\ -L_2 & 0 \end{pmatrix}\begin{pmatrix} f_x \\ 0 \end{pmatrix} = \begin{pmatrix} -L_2 f_x \\ -L_2 f_x \end{pmatrix}$$

$$\boldsymbol{\tau}_B = \boldsymbol{J}^{\mathrm{T}}\boldsymbol{F}_B = \begin{pmatrix} -L_2 & L_1 \\ -L_2 & 0 \end{pmatrix}\begin{pmatrix} 0 \\ f_y \end{pmatrix} = \begin{pmatrix} L_1 f_y \\ 0 \end{pmatrix}$$

从求解的结果看到，在这里驱动力的大小为手爪力的大小和手爪力到作用线距离的乘积。

4.2.3 惯性矩的确定

动力学不仅与驱动力有关，还与绕质心的惯性矩有关。下面以一质点的运动为例，了解惯性矩的物理意义。

如图4-4所示，若将力 F 作用到质量为 m 的质点时的平移运动，看作是运动方向的标量，则可以表示为

$$m\ddot{x} = F \qquad (4-11)$$

式中，$\ddot{x}$ 表示加速度。若把这一运动看作是质量可以忽略的棒长为 r 的回转运动，则得到加速度和力的关系式为

$$\ddot{x} = r\ddot{\theta} \qquad (4-12)$$

$$N = rF \qquad (4-13)$$

式中，$\ddot{\theta}$ 和 N 是绕轴回转的角加速度和力矩。将式（4-12）、式（4-13）代入式（4-11），得到

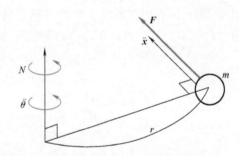

图4-4 质点平移运动作为回转运动的解析

$$mr^2\ddot{\theta} = N \qquad (4-14)$$

如果 $I = mr^2$，则式（4-14）就改写为

$$I\ddot{\theta} = N \qquad (4-15)$$

式（4-15）是质点绕固定轴进行回转运动时的运动方程式。与式（4-11）比较，I 相当于平移运动时的质量，在旋转运动中称为惯性矩。

对于质量连续分布的物体，求解其惯性矩，可以将其分割成假想的微小物体，然后再把每个微小物体的惯性矩加在一起。这时，微小物体的质量 dm 及其微小体积 dV 的关系，可用密度 ρ 表示为

$$dm = \rho dV \qquad (4-16)$$

所以，微小物体的惯性矩 dI，依据 $I = mr^2$，可以写成

$$dI = dmr^2 = \rho r^2 dV \qquad (4-17)$$

因此，整个物体的惯性矩通过积分求得如下

$$I = \int dI = \int \rho r^2 dV \qquad (4-18)$$

详细推导与求解请查看相关的参考文献。

4.2.4 运动学、静力学、动力学的关系

如图4-5所示，在机器人的手爪接触环境时，手爪力 F 与驱动力 τ 的关系起重要作用，在静止状态下处理这种关系称为静力学（statics）。

在考虑控制时，就要考虑在机器人的动作中，关节驱动力 τ 会产生怎样的关节位置 $\boldsymbol{\theta}$、关节速度 $\dot{\boldsymbol{\theta}}$ 和关节加速度 $\ddot{\boldsymbol{\theta}}$，处理这种关系称为动力学（dynamics）。对于动力学来说，除了与连杆长度 L_i 有关之外，还与各连杆的质量 m_i，绕质量中心的惯性矩 I_{Ci}，连杆的质量中心与关节轴的距离 L_{Ci} 有关，如图 4-6 所示。

运动学、静力学和动力学中各变量的关系如图 4-7 所示。图中用虚线表示的关系可通过实线关系的组合表示，这些也可作为动力学的问题来处理。

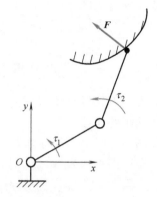

图 4-5　手爪力 F 与关节驱动力 τ

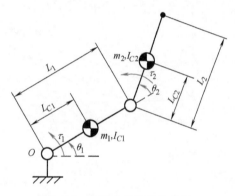

图 4-6　与动力学有关的各量

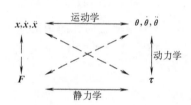

图 4-7　运动学、静力学、动力学的关系

4.3　机器人动力学方程式

4.3.1　机器人的动能与位能

1. 动能

为了导出多关节机器人的运动方程式，首先要了解机器人的动能和位能。先看图 4-8 所示的第 i 个连杆的运动能量。刚体的运动能量，是由该刚体平移构成的运动能量与该刚体旋转构成的运动能量之和表示的。因此，图 4-8 中表示的连杆的运动能量，可以用下式表示

$$K_i = \frac{1}{2} m_i v_{Ci}^{\mathrm{T}} v_{Ci} + \frac{1}{2} \boldsymbol{\omega}_i^{\mathrm{T}} I_i \boldsymbol{\omega}_i \tag{4-19}$$

式中，K_i 为连杆 i 的运动能量；m_i 为质量；v_{Ci} 为在基准坐标系上表示的重心的平移速度矢量；I_i 为在基准坐标系上表示的连杆 i 的惯性矩；$\boldsymbol{\omega}_i$ 为在基准坐标系上表示的转动速度矢量。因为机器人的全部运动能量为 K，由各连杆的运动能量的总和表示，所以得到

$$K = \sum_{i=1}^{n} K_i \tag{4-20}$$

式中，n 为机器人的关节总数。其次我们来考虑把 K 作为机器人各关节速度的函数。这里 v_{Ci} 与 $\boldsymbol{\omega}_i$ 分别表示为

$$v_{Ci} = \boldsymbol{J}_L^{(i)} \dot{\boldsymbol{q}} \qquad (4\text{-}21)$$

$$\boldsymbol{\omega}_i = \boldsymbol{J}_A^{(i)} \dot{\boldsymbol{q}} \qquad (4\text{-}22)$$

式中，$\boldsymbol{J}_L^{(i)}$ 是与第 i 个连杆重心的平移速度相关的雅可比矩阵；$\boldsymbol{J}_A^{(i)}$ 是与第 i 个连杆转动速度相关的雅可比矩阵。为了区别于与指尖速度相关的雅可比矩阵，在上面标明了注角 (i)。

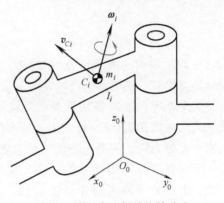

图 4-8　第 i 个连杆的旋转速度
和重心的平移速度

矩阵 $\boldsymbol{J}_L^{(i)}$ 和 $\boldsymbol{J}_A^{(i)}$ 可以分别表示成以下的结构：

$$\boldsymbol{J}_L^{(i)} = \begin{pmatrix} \boldsymbol{J}_{L1}^{(i)} & \cdots & \boldsymbol{J}_{Li}^{(i)} 0 & \cdots & 0 \end{pmatrix} \qquad (4\text{-}23)$$

$$\boldsymbol{J}_A^{(i)} = \begin{pmatrix} \boldsymbol{J}_{A1}^{(i)} & \cdots & \boldsymbol{J}_{Ai}^{(i)} 0 & \cdots & 0 \end{pmatrix} \qquad (4\text{-}24)$$

在式（4-23）和式（4-24）中，包含着 0 分量，这是因为第 i 个连杆的运动与其以后的关节运动是无关的。现在将式（4-21）和式（4-22）代入式（4-19）和式（4-20），机器人的运动能量公式可以写成

$$K = \frac{1}{2} \sum_{i-1}^{n} \left(m_i \dot{\boldsymbol{q}}^{\mathrm{T}} \boldsymbol{J}_L^{(i)\mathrm{T}} \boldsymbol{J}_L^{(i)} \dot{\boldsymbol{q}} + \dot{\boldsymbol{q}}^{\mathrm{T}} \boldsymbol{J}_A^{(i)\mathrm{T}} I_i \boldsymbol{J}_A^{(i)} \dot{\boldsymbol{q}} \right) \qquad (4\text{-}25)$$

令

$$\boldsymbol{H} = \sum_{i-1}^{n} \left(m_i \boldsymbol{J}_L^{(i)\mathrm{T}} \boldsymbol{J}_L^{(i)} + \boldsymbol{J}_A^{(i)\mathrm{T}} I_i \boldsymbol{J}_A^{(i)} \right) \qquad (4\text{-}26)$$

则机器人的运动能量式（4-25）可写为

$$K = \frac{1}{2} \dot{\boldsymbol{q}}^{\mathrm{T}} \boldsymbol{H} \dot{\boldsymbol{q}} \qquad (4\text{-}27)$$

这里表示的 $\boldsymbol{H}$ 称为机器人的惯性矩阵。

2. 位能

机器人的位置能量和运动能量一样，也是由各连杆的位置能量的总和给出的，因此可用下式表示

$$P = \sum_{i=1}^{n} m_i \boldsymbol{g}^{\mathrm{T}} \boldsymbol{r}_{0,C_i} \qquad (4\text{-}28)$$

式中，$\boldsymbol{g}$ 为重力加速度，它是一个在基准坐标系上表示的三维矢量；$\boldsymbol{r}_{0,C_i}$ 为从基准坐标系原点，到 i 个连杆重心位置的位置矢量。

4.3.2　机器人动力学方程的建立举例

1. 牛顿—欧拉运动方程式

首先，以单一刚体为例，如图 4-9 所示，其运动方程式可用下式表示

$$m\,\dot{v}_C = \boldsymbol{F}_C \qquad (4\text{-}29)$$

$$\boldsymbol{I}_C\dot{\boldsymbol{\omega}} + \boldsymbol{\omega}\times(\boldsymbol{I}_C\boldsymbol{\omega}) = \boldsymbol{N} \qquad (4\text{-}30)$$

式（4-29）和式（4-30）分别被称为牛顿运动方程式及欧拉运动方程式。式中，m 是刚体的质量；$\boldsymbol{I}_C \in \boldsymbol{R}^{3\times3}$ 是绕重心 C 的惯性矩阵，$\boldsymbol{I}_C$ 的各元素表示对应的力矩元素和角加速度元素间的惯性矩；$\boldsymbol{F}_C$ 是作用于重心的平动力；$\boldsymbol{N}$ 是作用在刚体上的力矩；v_C 是重心的平移速度；$\boldsymbol{\omega}$ 是角速度。

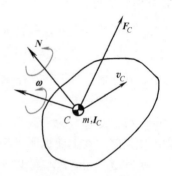

图4-9　单一刚体

下面求解图4-10所示的一自由度机械手的运动方程式。在此，由于关节轴制约连杆的运动，所以可将式（4-30）的运动方程式看作是绕固定轴的运动。假设绕关节轴 z 的惯性矩为 $\boldsymbol{I}_{zz}$，取垂直纸面的方向为 z 轴，则得到

$$\boldsymbol{I}_C\dot{\boldsymbol{\omega}} = \begin{pmatrix} 0 \\ 0 \\ I_{zz}\ddot{\theta} \end{pmatrix},\quad \boldsymbol{\omega}\times\boldsymbol{I}_C\boldsymbol{\omega} = \begin{pmatrix} 0 \\ 0 \\ \dot{\theta} \end{pmatrix}\times\begin{pmatrix} 0 \\ 0 \\ I_{zz}\dot{\theta} \end{pmatrix} = \begin{pmatrix} 0 \\ 0 \\ 0 \end{pmatrix}\ (4\text{-}31)$$

$$\boldsymbol{N} = \begin{pmatrix} 0 \\ 0 \\ \boldsymbol{\tau} - mgL_C\cos\theta \end{pmatrix} \qquad (4\text{-}32)$$

式中，g 是重力加速度；$\boldsymbol{I}_C \in \boldsymbol{R}^{3\times3}$ 是在第3行第3列上具有绕关节轴惯性矩的惯性矩阵。将式（4-31）和式（4-32）代入式（4-30），提取只有 z 分量的回转，则得到

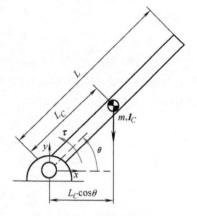

图4-10　一自由度机械手

$$\boldsymbol{I}\ddot{\boldsymbol{\theta}} + mgL_C\cos\theta = \boldsymbol{\tau} \qquad (4\text{-}33)$$

式（4-33）为一自由度机械手的欧拉运动方程式，其中

$$\boldsymbol{I}_{zz} = \boldsymbol{I}_{Czz} + mL_C \qquad (4\text{-}34)$$

式中，$\boldsymbol{I}_{Czz}$ 为惯性矩阵 $\boldsymbol{I}_C$ 中绕关节轴 z 的惯性矩。

对于一般形状的连杆，在式（4-31）中，由于 $\boldsymbol{I}_C\boldsymbol{\omega}$ 除第3分量以外其他分量皆不为0，所以 $\boldsymbol{\omega}\times\boldsymbol{I}_C\boldsymbol{\omega}$ 的第1、2分量成了改变轴方向的力矩，但在固定轴的场合，与这个力矩平衡的约束力生成式（4-32）的第1、2分量，不产生运动。

2. 拉格朗日运动方程式

拉格朗日运动方程式一般表示为

$$\frac{\mathrm{d}}{\mathrm{d}t}\left(\frac{\partial L}{\partial \dot{\boldsymbol{q}}}\right) - \frac{\partial L}{\partial \boldsymbol{q}} = \boldsymbol{\tau} \qquad (4\text{-}35)$$

式中，$\boldsymbol{q}$ 是广义坐标；$\boldsymbol{\tau}$ 是广义力。

拉格朗日运动方程式也可以表示为

$$L = K - P \qquad (4\text{-}36)$$

式中，L 是拉格朗日算子；K 是动能；P 是势能。

现在再以前面推导的一自由度机械手为例，利用拉格朗日运动方程式来具体求解，假设 θ 为广义坐标，则得到

$$K = \frac{1}{2}I\dot{\theta}^2, \quad P = mgL_C\sin\theta, \quad L = \frac{1}{2}I\dot{\theta}^2 - mgL_C\sin\theta$$

由于

$$\frac{\partial L}{\partial \dot{\theta}} = I\dot{\theta}, \quad \frac{\partial L}{\partial \theta} = -mgL_C\cos\theta$$

所以用 θ 置换式（4-35）中的广义坐标 q 后，可得到下式

$$I\ddot{\theta} + mgL_C\cos\theta = \tau \qquad (4-37)$$

该式与前面推导的结果完全一致。

下面推导二自由度机械手的运动方程式，如图 4-11 所示。在推导时，把 θ_1、θ_2 当作广义坐标，τ_1、τ_2 当作广义力，求拉格朗日算子，代入式（4-35）的拉格朗日运动方程式即可。

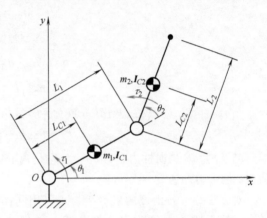

图 4-11 二自由度机械手

$$K_1 = \frac{1}{2}m_1\dot{\boldsymbol{p}}_{C1}^{\mathrm{T}}\dot{\boldsymbol{p}}_{C1} + \frac{1}{2}I_{C1}\dot{\theta}_1^2 \qquad (4-38)$$

$$P_1 = m_1gL_{C1}\sin\theta_1 \qquad (4-39)$$

$$K_2 = \frac{1}{2}m_2\dot{\boldsymbol{p}}_{C2}^{\mathrm{T}}\dot{\boldsymbol{p}}_{C2} + \frac{1}{2}I_{C2}(\dot{\theta}_1 + \dot{\theta}_2)^2 \qquad (4-40)$$

$$P_2 = m_2g[L_1\sin\theta_1 + L_{C2}\sin(\theta_1 + \theta_2)] \qquad (4-41)$$

式中，$\boldsymbol{p}_{Ci} = (p_{Cix} \quad p_{Ciy})^{\mathrm{T}}$ 是第 i 个连杆质量中心的位置矢量。

$$p_{C1x} = L_{C1}\cos\theta_1 \qquad (4-42)$$

$$p_{C1y} = L_{C1}\sin\theta_1 \qquad (4-43)$$

$$p_{C2x} = L_1\cos\theta_1 + L_{C2}\cos(\theta_1 + \theta_2) \qquad (4-44)$$

$$p_{C2y} = L_1\sin\theta_1 + L_{C2}\sin(\theta_1 + \theta_2) \qquad (4-45)$$

根据理论力学的知识，各连杆的动能可用质量中心平移运动的动能和绕质量中心回转运动的动能之和来表示。

由式（4-42）～式（4-45），得到式（4-38）、式（4-40）中的质量中心速度和为

$$\dot{\boldsymbol{p}}_{C1}^{\mathrm{T}}\dot{\boldsymbol{p}}_{C1} = L_{C2}^2\dot{\theta}_1^2 \qquad (4-46)$$

$$\dot{\boldsymbol{p}}_{C2}^{\mathrm{T}}\dot{\boldsymbol{p}}_{C2} = L_1^2\dot{\theta}_1^2 + L_{C2}^2(\dot{\theta}_1 + \dot{\theta}_2)^2 + 2L_1L_{C2}(\dot{\theta}_1^2 + \dot{\theta}_1\dot{\theta}_2)\cos\theta_2 \qquad (4-47)$$

利用式（4-38）～式（4-41）和式（4-46）、式（4-47），通过下式

$$L = K_1 + K_2 - P_1 - P_2 \qquad (4-48)$$

可求出拉格朗日算子 L。将它代入式（4-35）的拉格朗日运动方程式，整理后可得到

$$\boldsymbol{M}(\theta)\ddot{\boldsymbol{\theta}} + \boldsymbol{c}(\theta,\dot{\theta}) + \boldsymbol{g}(\theta) = \boldsymbol{\tau} \qquad (4-49)$$

式中

$$\boldsymbol{M}(\theta)=\begin{pmatrix} M_{11} & M_{12} \\ M_{21} & M_{22} \end{pmatrix}, \quad \boldsymbol{c}(\theta,\dot{\theta})=\begin{pmatrix} c_1 \\ c_2 \end{pmatrix}, \quad \boldsymbol{g}(\theta)=\begin{pmatrix} g_1 \\ g_2 \end{pmatrix} \tag{4-50}$$

$$M_{11}=m_1 L_{C1}{}^2+I_{C1}+m_2(L_1{}^2+L_{C2}{}^2+2L_1 L_{C2}\cos\theta_2)+I_{C2} \tag{4-51}$$

$$M_{12}=m_2(L_{C2}{}^2+L_1 L_{C2}\cos\theta_2)+I_{C2} \tag{4-52}$$

$$M_{21}=M_{12} \tag{4-53}$$

$$M_{22}=m_2 L_{C2}{}^2+I_{C2} \tag{4-54}$$

$$c_1=-m_2 L_1 L_{C2}(\dot{\theta}_2{}^2+2\dot{\theta}_1\dot{\theta}_2)\sin\theta_2 \tag{4-55}$$

$$c_2=m_2 L_1 L_{C2}(\dot{\theta}_1{}^2)\sin\theta_2 \tag{4-56}$$

$$g_1=m_1 g L_{C1}\cos\theta_1+m_2 g[L_1\cos\theta_1+L_{C2}\cos(\theta_1+\theta_2)] \tag{4-57}$$

$$g_2=m_2 g L_{C2}\cos(\theta_1+\theta_2) \tag{4-58}$$

$\boldsymbol{M}(\theta)\ddot{\boldsymbol{\theta}}$ 是惯性力；$\boldsymbol{c}(\theta,\dot{\theta})$ 是离心力和科氏力；$\boldsymbol{g}(\theta)$ 是加在机械手上的重力项，g 是重力加速度。

对多于3个自由度的机械手，也可用同样的方法推导出运动方程式，但随着自由度的增多演算量将大量增加。与此相反，着眼于每一个连杆的运动，求其运动方程式的牛顿—欧拉法，即便对于多自由度的机械手其计算量也不增加，其算法易于编程。只是其运动方程式就不是式（4-49）的形式，由于推导出的是一系列公式的组合，要注意惯性矩阵等的选择和求解问题。进一步的学习请参考相关的参考文献。

4.4 小结

本章主要讲述了有关机器人动力学的初步知识，首先介绍了虚功原理，并利用虚功原理推导了机器人的静力学关系式；动力学不仅与驱动力有关，还与绕质心的惯性矩有关，以一质点的运动为例，介绍了惯性矩的物理意义；其次对运动学、静力学和动力学中各变量的关系进行了描述；为了导出多关节机器人的运动方程式，描述了机器人的动能和位能，最后分别以牛顿—欧拉运动方程式、拉格朗日运动方程式推导了二自由度机械手的动力学方程。

 习题

1. 试说明动力学问题常用的解决方法。
2. 分析机器人静力学、动力学、运动学之间的关系。
3. 请分析牛顿—欧拉运动方程式和拉格朗日运动方程式的应用场合、条件等。

第 5 章
机器人的控制基础

5.1.1 控制系统的结构

机器人控制系统通常是多轴运动协调控制系统，包括高性能的主控制器及相应的硬件和控制算法及相应的软件。

如图 5-1 所示，机器人控制系统可以分为四部分：机器人及其感知器、环境、任务、控制器。机器人是由各种机构组成的装置，它通过感知器实现本体和环境状态的检测及信息交互，也是控制的最终目标；环境是指机器人所处的周围环境，包括几何条件、相对位置等，如工件的形状、位置、障碍物、焊缝的几何偏差等；任务是指机器人要完成的操作，它需要适当的程序语言来描述，并把它们存入主控制器中，随着系统的不同，任务的输入可能是程序方式，或文字、图形或声音方式；控制器包括软件（控制策略和算法以及实现算法的软件程序）

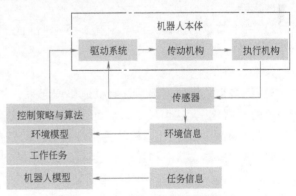

图 5-1 机器人控制系统结构

和硬件两大部分，相当于人的大脑，它是以计算机或专用控制器运行程序的方式来完成给定任务的。为实现具体作业的运动控制，还需要相应地用机器人语言开发用户程序。

机器人主控制器是控制系统的核心部分，直接影响机器人性能的优劣。在控制器中，控制策略和算法主要是指机器人控制系统结构、控制信息产生模型和计算方法、控制信息传递方式等。根据对象和要求不同，可采用多种不同的控制策略和算法，如控制系统结构可以采用分布式或集中式；控制信息传递方式可以采用开环控制或 PID 伺服关节运动控制；控制信息产生模型可以是基于模型或自适应等。在第一、二代商品化机器人上仍采用分布式多层计算机控制结构模式，以及基于 PID 伺服反馈的控制技术方法。目前，机器人控制技术与系统的研究已经由专用控制系统发展到采用通用开放式计算机控制体系结构，并逐渐向智能控制技术及其实际应用发展，其技术特点归纳起来主要在两个方面：①智能控制、多算法融合和性能分析的功能结构；②实时多任务操作系统、多控制器和网络化的实现结构。

控制系统硬件一般包括三个部分：

（1）传感部分　用来收集机器人的内部和外部信息，如位置、速度、加速度传感器可检测机器人本体运动的状态，而视觉、触觉、力觉传感器可感受机器人和外部工作环境的状态信息。

（2）控制装置　用来处理各种信息，完成控制算法，产生必要的控制指令，它包括计算机及相应的接口，通常为多 CPU 层次控制模块化结构。

（3）伺服驱动部分　为了使机器人完成操作及移动功能，机器人各关节的驱动器视作业要求不同可为气动、液压、交流伺服和直流伺服等。

5.1.2　机器人控制系统的特点

与一般的伺服系统或过程控制系统相比，机器人控制系统有如下特点：

1）机器人的控制与机构运动学及动力学密切相关。机器人手足的状态可以在各种坐标下进行描述，应当根据需要，选择不同的参考坐标系，并做适当的坐标变换。经常要求解运动学正问题和逆问题，除此之外还要考虑惯性力、外力（包括重力）、哥氏力反向心力的影响。

2）一个简单的机器人也至少有 3~5 个自由度，比较复杂的机器人有十几个，甚至几十个自由度。每个自由度一般包含一个伺服机构，它们必须协调起来，组成一个多变量控制系统。

3）把多个独立的伺服系统有机地协调起来，使其按照人的意志行动，甚至赋予机器人一定的"智能"，这个任务只能由计算机来完成。因此，机器人控制系统必须是一个计算机控制系统。同时，计算机软件担负着艰巨的任务。

4）描述机器人状态和运动的数学模型是一个非线性模型，随着状态的不同和外力的变化，其参数也在变化，各变量之间还存在耦合。因此，仅仅利用位置闭环是不够的，还要利用速度闭环，甚至加速度闭环。系统中经常使用重力补偿、前馈、解耦或自适应控制等方法。

5）机器人的动作往往可以通过不同的方式和路径来完成，因此存在一个"最优"的问题。较高级的机器人可以用人工智能的方法，用计算机建立起庞大的信息库，借助信息库进行控制、决策、管理和操作。根据传感器和模式识别的方法获得对象及环境的工况，按照给定的指标要求，自动地选择最佳的控制规律。

总而言之，机器人控制系统是一个与运动学和动力学原理密切相关的、有耦合的、非线性的多变量控制系统。由于它的特殊性，经典控制理论和现代控制理论都不能照搬使用。然而到目前为止，机器人控制理论还是不完整的、不系统的。相信随着机器人事业的发展，机器人控制理论必将日趋成熟。

5.1.3　机器人的控制方式

机器人的运动主要是位置的移动，移动位置的控制可以分为以定位为目标的定位控制和以路径跟踪为目标的路径控制两种方式。

1. 定位控制方式

定位控制中最简单的是靠开关控制的两端点定位控制，而这些端点可以是完全被固定而不能由控制装置的指令来移动的固定端点，也可以是靠手动调节挡块等在预置的特定点中有选择地设定或任意设定的半固定端点。

很多机器人要求能准确地控制末端执行器的工作位置，而路径却无关紧要，即点位式（PTP）控制。例如，在印制电路板上安插元件、点焊、装配等工作，都属于点位式工作方式。一般来说，这种方式比较简单，但是要达到 $2 \sim 3\mu m$ 的定位精度也是相当困难的。

比上述方式更进一步的是多点位置设定方式，它是离散地设置多点，可由控制指令有选择地定位的控制方式，这些离散点可以是固定的，也可以是靠挡块调节在预先设置的点中选择。

定位控制中最高级的是连续设定方式，它由伺服控制方式来实现，可以由控制指令自由地定位于任意点上，柔性最强，只需要改变控制指令就可以实现机器人的动作变更。

2. 路径控制方式

路径控制中点—点间的移动是由机器人的多个工作轴动作来完成的，控制多个（几个）轴同时协调地工作被称为"多轴控制"。

路径控制中最简单的是点位式控制，它只是把到达路径中的目的地作为目标，而对于路径轨迹不做任何要求。点位式控制中有相互间毫不同步的各轴独立动作方式和其他同步于移动量最大的轴的长轴同步动作方式。由于点位式控制系统价格低，应用最为广泛，但是必须很好地理解机器人的特性，尤其注意路径中有无障碍物或者干涉等，以及关键部件的定位。

连续轨迹控制（CP）与点位式控制（PTP）的本质差别在于它的路径可以连续地来控制。通常，复杂的动作路径可以由直线、圆弧、抛物线、椭圆以及其他函数用插补的方式按时序组合来得到。

在弧焊、喷漆、切割等工作中，要求机器人末端执行器按照示教的轨迹和速度运动。如果偏离预定的轨迹和速度，就会使产品报废。在函数插补中，对于目标点和到达点的路径是由数学式子来给出的，若路径是作为机器人各动作轴的时序信息来给出的，即为"跟踪插补"方式，它可以是以实时在线方式跟踪外部动作的"实时跟踪插补"，也可以是在线预先示教动作的"间隙跟踪插补"，一般都是以外部位移作为被跟踪的输入。

适应控制也是跟踪控制的一种，它是基于来自外部的速度、加速度、力及其他输入信息，按照预先给定的算法来确定机器人的动作路径，或者对原路径进行修改。它常被应用于对外界环境有反应的适应（顺应）行走机器人中。

速度控制中有以各轴速度分量为给定速度的，也有以路径的切向速度为给定速度的。外部同步速度控制中速度给定是可变的，它是以相对速度为一定的控制速度来跟踪外界对象的速度，在速度控制中还应广义地包括加速度控制，它同样可以分为外部同步和内部同步两种。

3. 力（力矩）控制方式

在完成装配、抓放物体等工作时，除要准确定位之外，还要求使用适度的力或力矩进行工作，这时就要利用力（力矩）伺服方式。这种方式的控制原理与位置伺服控制原理基本相同，只不过输入量和反馈量不是位置信号，而是力（力矩）信号，因此系统中必须有力（力矩）传感器。有时也利用接近、滑动等传感功能进行自适应式控制。

4. 智能控制方式

机器人智能控制不同于传统的经典控制和现代控制，它是实现机器人智能化的主要手段。机器人智能控制方式的介绍详见本书第8章。

5.1.4 机器人控制系统的基本原理和主要功能

1. 机器人控制系统的基本原理

要使机器人按照操作者的要求去完成特定的作业任务，需要下面四个过程：

第一个过程在机器人控制中称为示教。即通过计算机可接受的方式告诉机器人去做什么，给定机器人的作业命令。

第二个过程是机器人控制系统的计算部分。它负责整个机器人系统的管理、信息获取及处理、控制策略的制订、作业轨迹的规划等任务，这是机器人控制系统中的核心过程。

第三个过程是机器人控制中的伺服驱动部分。它根据不同的控制算法，将机器人控制策略转化为驱动信号，驱动伺服电动机等驱动部分，实现机器人的高速、高精度运动，去完成指定的作业。

第四个过程是机器人控制中的传感部分。通过传感器的反馈，保证机器人去正确地完成指定的作业，同时将各种信息反馈到计算机中，以便使计算机实时监控整个系统的运行情况。

2. 机器人控制系统的主要功能

机器人控制系统的主要功能是根据指令以及传感信息控制机器人完成一定的动作或作业任务，实现位置、速度、姿态、轨迹、力及动作时间等的控制，主要包括示教和运动控制两大功能。机器人控制系统是机器人的重要组成部分，其基本功能如下：

1）记忆功能：存储作业顺序、运动方式、运动速度和与生产工艺有关的信息。

2）示教功能：离线编程、在线示教、间接示教。在线示教包括示教盒和导引示教两种。

3）坐标设置功能：有关节、绝对用户自定义坐标等。

4）人机接口：示教盒、操作面板和显示屏。

5）与外围设备联系功能：输入输出接口、通信接口、网络接口和同步接口。

6）传感器接口：位置检测、视觉、触觉和力觉等。

7）位置伺服功能：机器人多轴联动、运动控制、速度和加速度控制以及动态补偿等。

8）故障诊断安全保护功能：系统状态监视、故障状态下的安全保护和故障自诊断。

5.1.5　机器人控制的基本单元

构成机器人控制系统的基本单元包括电动机、减速器、运动特性检测传感器、驱动电路、控制系统的硬件和软件。

1. 电动机

作为驱动机器人运动的驱动力，常见的有液压驱动、气压驱动、直流伺服电动机驱动、交流伺服电动机驱动和步进电动机驱动。随着驱动电路元件的性能提高，当前应用最多的是直流伺服电动机驱动和交流伺服电动机驱动。

2. 减速器

减速器是为了增加驱动力矩，降低运动速度。目前机器人常用的减速器有 RV 减速器和谐波减速器。

3. 驱动电路

由于直流伺服电动机或交流伺服电动机的流经电流较大，一般为几安培到几十安培，机器人电动机的驱动需要使用大功率的驱动电路，为了实现对电动机运动特性的控制，机器人常采用脉冲宽度调制（PWM）方式进行驱动。

4. 运动特性检测传感器

机器人运动特性检测传感器用于检测机器人运动的位置、速度、加速度等参数，常见的传感器将在本书的第 7 章讨论。

5. 控制系统的硬件

机器人控制系统是以计算机为基础的，其硬件系统采用二级结构，第一级为协调级，第二级为执行级。协调级实现对机器人各个关节的运动、机器人和外界环境的信息交换等功能；执行级实现机器人各个关节的伺服控制，获得机器人内部的运动状态参数等功能。

6. 控制系统的软件

机器人的控制系统软件实现对机器人运动特性的计算、机器人的智能控制和机器人与人的信息交换等功能。

5.2　伺服电动机的原理与特性

电动机是一种机电能量转换的电磁装置。将直流电能转换为机械能的称为直流电动机，将交流电能转换为机械能的称为交流电动机，将脉冲步进电能转换成机械能的称为步进电动机。本节将主要介绍这几种用于机器人上的电动机的基本结构、原理和特性。

5.2.1　直流电动机的工作原理

图5-2所示为一台最简单的直流电动机的模型，N和S是一对固定的磁极（一般是电磁铁，也可以是永久磁铁），磁极之间有一个可以转动的铁质圆柱体，称为电枢铁心，铁心表面固定一个用绝缘导体构成的线圈abcd，线圈的两端分别接到相互绝缘的两个弧形铜片上，弧形铜片称为换向片，它们的组合体称为换向器。在换向器上放置固定不动而与换向片滑动接触的电刷A和B，线圈abcd通过换向器和电刷接通外电路。线圈和换向器构成的整体称为电枢。

此模型作为直流电动机运行时，将直流电源加于电刷A和B。例如，将电源正极加于电刷A，电源负极加于电刷B，则线圈abcd中流过电流，在导体ab中，电流由a流向b，在导体cd中，电流由c流向d。载流导体ab和cd均处于N、S极之间，受到电磁力的作用，电磁力的方向用左手定则确定，可知这一对电磁力形成一个转矩，称为电磁转矩，转矩的方向为逆时针方向，使整个电枢逆时针方向旋转。当电枢旋转180°时，导体cd转到N极下，ab转到S极下，如图5-2b所示，由于电流仍从电刷A流入，使cd中的电流变为由d流向c，而ab中的电流由b流向a，从电刷B流出，用左手定则判别可知，电磁转矩的方向仍是逆时针方向。

由此可见，加于直流电动机的直流电源，借助于换向器和电刷的作用，使直流电动机线圈中流过的电流，方向是交变的，从而使电枢产生的电磁转矩方向恒定不变，确保直流电动机朝确定的方向连续旋转，这就是直流电动机的工作原理。

实际的直流电动机，电枢圆周上均匀地嵌放许多线圈，相应的换向器由许多换向片组成，使线圈所产生总的电磁转矩足够大并且比较均匀，电动机的转速也就比较均匀。

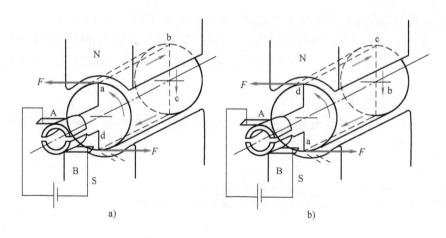

图5-2　直流电动机的工作原理

5.2.2　直流电动机的结构和额定值

1. 直流电动机的结构

根据直流电动机的工作原理可知，直流电动机的结构由定子和转子组成。直流电动机运行时静止不动的部分称为定子，定子的主要作用是产生磁场。如图 5-3 所示，定子由机座、主磁极、换向极、端盖、轴承和电刷装置等组成。运行时转动的部分称为转子，主要作用是产生电磁转矩和感应电动势，是直流电动机进行能量转换的枢纽，所以通常称为电枢，其由转轴、电枢铁心、电枢绕组和换向器等组成。

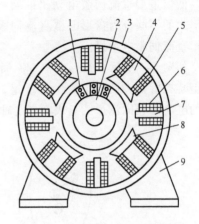

图 5-3　直流电动机横剖面示意图
1—电枢绕组　2—电枢铁心　3—机座　4—主磁极铁心　5—励磁绕组　6—换向极绕组
7—换向极铁心　8—主磁极极靴　9—机座底脚

2. 直流电动机的额定值

电动机制造厂按照国家标准，根据电动机的设计和试验数据而规定的每台电动机的主要数据称为电动机的额定值。额定值一般标在电动机的铭牌上和产品说明书上。直流电动机的额定值有以下几项：

（1）额定功率　额定功率是指电动机按照规定的工作方式运行时所能提供的输出功率。对电动机来说，额定功率是指轴上输出的机械功率，单位为 kW。

（2）额定电压　额定电压是电动机电枢绕组能够安全工作的最大外加电压或输出电压，单位为 V（伏）。

（3）额定电流　额定电流是指电动机按照规定的工作方式运行时，电枢绕组允许流过的最大电流，单位为 A（安）。

（4）额定转速　额定转速是指电动机在额定电压、额定电流和输出额定功率的情况下运行时，电动机的旋转速度，单位为 r/min（转/分）。

额定值一般标在铭牌上，故又称为铭牌数据。还有一些额定值，如额定转矩 T_N、额定效率和额定温升等，不一定标在铭牌上，可查产品说明书。

5.2.3　直流伺服电动机

伺服电动机又称为执行电动机，在机器人系统中作为运动驱动元件，把输入的电压信号变换成转轴的角位移或角速度输出，改变输入电压信号可以变更伺服电动机的转速和转向。

机器人对直流伺服电动机的基本要求是：宽广的调速范围，机械特性和调速特性均为线性，无自转现象（控制电压降到零时，伺服电动机能立即自行停转），快速响应好等。

直流伺服电动机分传统型和低惯量型两种类型。传统型直流伺服电动机就是微型的他励直流电动机，其由定子、转子两部分组成。按定子磁极的种类分为两种：永磁式和电磁式。永磁式的磁极是永久磁铁；电磁式的磁极是电磁铁，磁极外面套着励磁绕组。

低惯量型直流伺服电动机的明显特点是转子轻、转动惯量小、快速响应好。按照电枢形式的不同分为盘形电枢直流伺服电动机、空心杯电枢永磁式直流伺服电动机及无槽电枢直流伺服电动机。

如图5-4所示，盘形电枢直流伺服电动机的定子是由永久磁铁和前后磁轭组成的，转轴上装有圆盘，圆盘上有电枢绕组，可以是印制绕组，也可以是绕线式绕组，电枢绕组中的电流沿径向流过圆盘表面，与轴向磁通相互作用产生转矩。

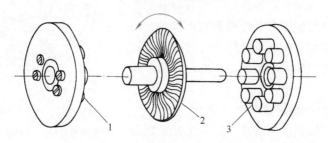

图 5-4 盘形电枢直流伺服电动机结构
1、3—定子 2—转子

如图5-5所示，空心杯电枢永磁式直流伺服电动机有一个外定子和一个内定子。外定子是两个半圆形的永久磁铁，内定子由圆柱形的软磁材料做成，空心杯电枢置于内外定子之间的圆周气隙中，并直接装在电动机轴上。当电枢绕组流过一定的电流时，空心杯电枢能在内外定子间的气隙中旋转，并带动电动机转轴旋转。

直流伺服电动机最常用的控制方式是电枢控制。电枢控制就是把电枢绕组作为控制绕组，电枢电压作为控制电压，而励磁电压恒定不变，通过改变控制电压来控制直流伺服电动机的运行状态。

在电枢控制方式下，直流伺服电动机的主要静态特性是机械特性和调节特性。

1. 机械特性

机械特性是指控制电压恒定时，电动机的转速随转矩变化的关系，

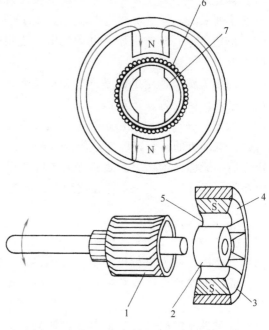

图 5-5 空心杯电枢永磁式直流伺服电动机结构
1—空心杯电枢 2—内定子 3—外定子 4—磁极
5—气隙 6—导线 7—内定子中的磁路

直流伺服电动机的机械特性可以用下式表达

$$n = \frac{U_a}{C_T\Phi} - \frac{R}{C_e C_T \Phi^2} = n_0 - \frac{R}{C_e C_T \Phi^2}T \tag{5-1}$$

式中，n_0 为电动机的理想空载转速；R 为电枢电阻；C_e 为直流电动机电动势结构常数；C_T 为转矩结构常数；Φ 为磁通；T 为转矩。

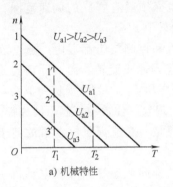
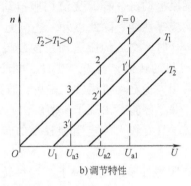

a) 机械特性　　　　　　b) 调节特性

图 5-6　直流伺服电动机的运行特性

a）机械特性　b）调节特性

由式（5-1）可知，当 U_a 不同时，机械特性为一组平行直线，如图 5-6a 所示。当 U_a 一定时，随着转矩 T 的增加，转速 n 成正比下降。随着控制电压 U_a 的降低，机械特性平行地向低速度、小转矩方向平移，其斜率保持不变。

2. 调节特性

调节特性是指转矩恒定时，电动机的转速随控制电压变化的关系。当 T 为不同值时，调节特性为一组平行直线，如图 5-6b 所示。当 T 一定时，控制电压高则转速也高，转速的增加与控制电压的增加成正比，这是理想的调节特性。

调节特性曲线与横坐标的交点（$n=0$），就表示在一定负载转矩时的电动机的始动电压。在该转矩下，电动机的控制电压只有大于相应的始动电压时，电动机才能起动。例如，$T=T_1$ 时，始动电压为 U_1，控制电压 $U_a > U_1$ 时，电动机才能起动。理想空载时，始动电压为零，它的大小取决于电动机的空载制动转矩。空载制动转矩大，始动电压也大。当电动机带动负载时，始动电压随负载转矩的增大而增大。一般把调节特性曲线上横坐标从零到始动电压这一范围称为失灵区。在失灵区以内，即使电枢有外加电压，电动机也不能转动。失灵区的大小与负载转矩的大小成正比，负载转矩大，失灵区也大。

5.2.4　交流伺服电动机

由于直流电动机本身在结构上存在一些不足，如它的机械接触式换向器不但结构复杂、制造费时、价格昂贵，而且在运行中容易产生火花，以及换向器的机械强度不高，电刷易于磨损等问题的存在，在运行中需要有经常性的维护检修；对环境的要求也比较高，不能适用于化工、矿山等周围环境中有粉尘、腐蚀性气体和易燃易爆气体的场合，对于一些大功率的输出要求不能满足。相反对于交流伺服电动机，由于它结构简单、制造方便、价格低廉，而且坚固耐用、转动惯量小、运行可靠、很少需要维护、可用于恶劣环境等优点，目前在机器人领域逐渐有代替直流伺服电动机的趋势。

交流伺服电动机为两相异步电动机，定子两相绕组在空间相距90°电角度，一相为励磁绕组，运行时接至电压为 U_f 的交流电源上；另一相为控制绕组，输入控制电压 U_c，U_c 与 U_f 为同频率的交流电压，转子为笼型。

与直流伺服电动机一样，交流伺服电动机也必须具有宽广的调速范围、线性的机械特性和快速响应等性能，除此以外，还应无"自转"现象。

在正常运行时，交流伺服电动机的励磁绕组和控制绕组都通电，通过改变控制电压 U_c 来控制电动机的转速，当 $U_c=0$ 时，电动机应当停止旋转。而实际情况是，当转子电阻较小时，两相异步电动机运转起来后，若控制电压 $U_c=0$，电动机便成为单项异步电动机继续运行，并不停转，出现了所谓的"自转"现象，使自动控制系统失控。

为了使转子具有较大的电阻和较小的转动惯量，交流伺服电动机的转子有三种结构形式：

（1）高电阻率导条的笼型转子 这种转子结构同普通笼型异步电动机一样，只是转子细而长，笼导条和端环采用高电阻率的导电材料（如黄铜、青铜等）制造，国内生产的 SL 系列的交流伺服电动机就是采用这种结构。

（2）非磁性空心杯转子 在外定子铁心槽中放置空间相距90°的两相分布绕组；内定子铁心由硅钢片叠成，不放绕组，仅作为磁路的一部分；由铝合金制成的空心杯转子置于内外定子铁心之间的气隙中，并靠其底盘和转轴固定。

（3）铁磁性空心转子 转子采用铁磁材料制成，转子本身既是主磁通的磁路，又作为转子绕组，结构简单，但当定子、转子气隙稍微不均匀时，转子就容易因单边磁拉力而被"吸住"，所以目前应用较少。

5.3 伺服电动机调速的基本原理

调速即速度调节或速度控制，是指通过改变电动机的参数、结构或外加电气量（如供电电压、电流的大小或者频率）来改变电动机的速度，以满足工作机械的要求。调速要靠改变电动机的特性曲线来实现。如图 5-7a 所示，图中工作机械即负载的特性曲线为 M_L，通过调整装置改变的电动机特性曲线为 M_1、M_2 和 M_3，与线 M_L 的交点分别为点 1、2 和 3。与其相对应的角速度为 Ω_1、Ω_2 和 Ω_3，即电动机将有不同的角速度，实现了调速。相反，如果不改变电动机的特性，而靠改变负载转矩，如图 5-7b 所示，负载转矩由 M_{L1} 增加到 M_{L2} 或 M_{L3}，虽然也可以使电动机速度降低，但这不是调速，而是负载扰动，在实际使用中人们不希望出现这种情况，这是稳速控制的主要问题。

5.3.1 稳态精度

1. 转速变化率（静差率）

它是指电动机的某一条机械特性上（一般指额定状态），从理想空载到额定负载时的

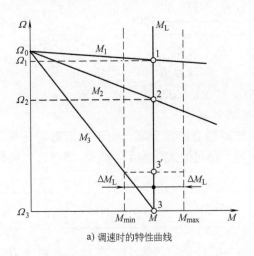

a) 调速时的特性曲线

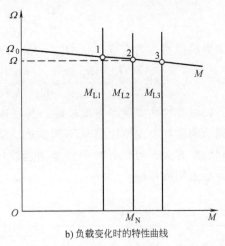

b) 负载变化时的特性曲线

图 5-7　电动机速度变化的曲线

角速度降（$\Omega_0 - \Omega$）与理想空载的角速度之比，即

$$s(\%) = \frac{\Omega_0 - \Omega}{\Omega_0} \times 100\% = \frac{\Delta\Omega}{\Omega_0} \times 100\% \qquad (5\text{-}2)$$

由于实际中无法做到理想空载，故可以认为小于额定负载 10% 的负载即为空载。转速变化率通常称为静差率，在异步电动机中又相当于转差率。显然，它与机械特性硬度有关，如果机械特性是直线，则有

$$s = \frac{\Delta\Omega}{\Omega_0} = \frac{\Delta\Omega}{M_N} \frac{M_N}{\Omega_0} = \frac{1}{\beta} \frac{M_N}{\Omega_0} \qquad (5\text{-}3)$$

式中，$\beta = \dfrac{\mathrm{d}M}{\mathrm{d}\Omega} = \dfrac{M_N}{\mathrm{d}\Omega}$ 为机械特性硬度；M_N 为额定负载转矩。

2. 调速精度

调速装置或系统的给定角速度 Ω_g 与带额定负载时的实际角速度之差与给定角速度之比称为调速精度，即

$$\varepsilon(\%) = \frac{\Omega_g - \Omega}{\Omega_g} \times 100\% \qquad (5\text{-}4)$$

它标志着调速相对误差的大小，一般取可能出现的最大值作为指标。

3. 稳速精度

在规定的运行时间 T 内，以一定的间隔时间 ΔT 测量 1s 内的平均角速度，取出最大值 Ω_{max} 和最小值 Ω_{min}，则稳速精度定义为最大角

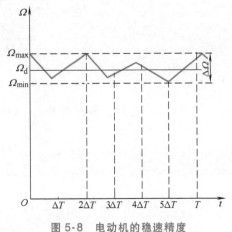

图 5-8　电动机的稳速精度

速度波动 $\Delta\Omega = \Omega_{max} - \Omega_{min}$ 与平均角速度 $\Omega_d = (\Omega_{max} + \Omega_{min})/2$ 之比，如图 5-8 所示，即

$$\delta(\%) = \frac{\Delta\Omega}{\Omega_d} \times 100\% = \frac{2(\Omega_{\max} - \Omega_{\min})}{\Omega_{\max} + \Omega_{\min}} \times 100\% \tag{5-5}$$

如果机械特性为直线，且 $\Omega_{\max} = \Omega_0$，$\Omega_{\min} = \Omega_N$，则有

$$\delta = \frac{2(\Omega_{\max} - \Omega_{\min})}{\Omega_{\max} + \Omega_{\min}} = \frac{2\Delta\Omega_N}{\Omega_0 + \Omega_0 - \Delta\Omega_N} = \frac{2\Delta\Omega_N\beta}{(2\Omega_0 - \Delta\Omega_N)\beta} = \frac{2M_N}{2\Omega_0\beta - M_N}$$

因此，机械特性曲线越平直即越硬，其稳速精度越高。

调速精度与稳速精度是从不同的侧面提出的稳态精度要求，由于它们都与负载及内外扰动因素有关，因此有时不管是调速或稳速，都可取式（5-4）和式（5-5）中的任一式作为稳态精度指标。

5.3.2　调速范围

在满足稳态精度的要求下，电动机可能达到的最高角速度 $\Omega_{\max}$ 和最低角速度 $\Omega_{\min}$ 的比定义为调速范围，即

$$D = \frac{\Omega_{\max}}{\Omega_{\min}} \tag{5-6}$$

在此，满足一定精度要求是不可缺少的条件，因为由图5-7可知，调速上限（点1）受电动机固有特性的限制，而下限（点3）理论上为零，即 $D = \infty$。但是实际上这是不可能达到的，实际中总存在扰动和负载波动。若设负载波动范围为 ΔM_L，则转速最低能调至点3'。若再往下调，则电动机将时转时停，或者根本不动。由此可见，对稳态精度要求越高，则可能达到的调速范围越小；反之越大。换句话说，如果要求调速范围越大，则稳态精度应越低；反之越高。当机械特性为一簇平行直线时，调速范围与稳态精度（即静差率）之间存在一定的制约关系。设 $\Omega_N = \Omega_{\max}$，即额定转速为最高转速；$\Omega_{0\min}$ 为最低理想空载转速；$\Delta\Omega_N = \Omega_{0\min} - \Omega_{\min}$ 为额定负载时最低转速下的转速降；$\Omega_{\min}$ 为最低转速，则有

$$D = \frac{\Omega_N}{\Omega_{\min}} = \frac{\Omega_N}{\Omega_{0\min} - \Delta\Omega_N} = \frac{\Omega_N}{\Omega_{0\min}(1 - \Delta\Omega_N/\Omega_{0\min})}$$

$$= \frac{\Omega_N s}{\Delta\Omega_N(1-s)} \approx \frac{\Omega_N s}{\Delta\Omega_N} \tag{5-7}$$

式中，$s = \dfrac{\Delta\Omega_N}{\Omega_{0\min}}$。

由式（5-7）可知，调速范围受允许的静差率 s 和角速度降 $\Delta\Omega_N$ 的限制。

5.4　电动机驱动及其传递函数

5.4.1　传递函数

电动机在动作变化快的范围内使用时，用传递函数来评价其动态情况。本节首先回

顾传递函数的概念，并进一步明确电动机传递函数的含义。

所谓传递函数是指某元件的输出信号和输入信号各自的拉普拉斯变换之比。本节所讨论的某元件是指电动机，如图 5-9 所示，电动机的输入信号是 $v(t)$，输出信号是 $\omega(t)$。将信号进行拉普拉斯变换，即把时间 t 的函数置换成符号 s 为变量的函数，若变换定义为

$$V(s) = \int_0^\infty v(t)\,\mathrm{e}^{st}\,\mathrm{d}t \tag{5-8}$$

而将转速 $\omega(t)$ 的拉普拉斯变换 $\Omega(s)$ 为

$$\Omega(s) = \int_0^\infty \omega(t)\,\mathrm{e}^{st}\,\mathrm{d}t \tag{5-9}$$

由图可知，电动机的传递函数定义为

$$G(s) = \frac{\Omega(s)}{V(s)} \tag{5-10}$$

由拉普拉斯的定义可知，拉普拉斯变换具有如下关系

$$\frac{\mathrm{d}^n}{\mathrm{d}t^n} \rightarrow s^n，即微分关系 \tag{5-11}$$

$$\int_0^\infty \mathrm{d}t \rightarrow \frac{1}{s}，即积分关系 \tag{5-12}$$

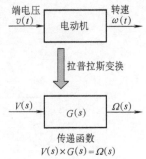

图 5-9　电动机的拉普拉斯变换和传递函数

5.4.2　电动机的传递函数

机器人伺服系统主要由驱动器、减速器及传动机构、力传感器、角度（位置）传感器、角速度（速度）传感器和计算机组成。其中，传感器可以提供机器人各个臂的位置、运动速度或力的大小信息，将它们与给定的位置、运动速度或力相比较，则可以得出误差信息。计算机及其接口电路用于采集数据和提供控制量，各种控制算法是由软件完成的。驱动器是系统的控制对象，传动机构及机器人的手臂则是驱动器的负载。图 5-10 为驱动单关节的电枢控制直流电动机的等效电路，图 5-11 为机械传动原理图。两图中符号含义如下：U_a 为电枢电压，U_f 为励磁电压，L_a 为电枢电感，L_f 为励磁绕组电感，R_a 为电枢电阻，R_f 为励磁电阻，i_a 为电枢电流，i_f 为励磁电流，e_b 为反电动势，τ 为电动机输出力矩，θ_m 为电动机轴角位移，θ_L 为负载轴角位移，J_m 为折合到电动机轴的惯性矩，J_L 为折合到负载轴的负载惯性矩，f_m 为折合到电动机轴的黏性摩擦系数，f_L 为折合到负载轴的黏性摩擦系数，z_m 为电动机齿轮齿数，z_L 为负载齿轮齿数。

从以上所列参数可以得出：

1）从电动机轴到负载轴的传动比为

$$n = \frac{z_m}{z_L} \tag{5-13}$$

2）折合到电动机轴上的总的等效惯性矩 J_{eff} 和等效摩擦系数 f_{eff} 为

$$J_{eff} = J_m + n^2 J_L \tag{5-14}$$

$$f_{eff} = f_m + n^2 f_L \tag{5-15}$$

由图 5-10 和图 5-11 可以看出，单关节控制系统是一个典型的机电一体化系统。其机

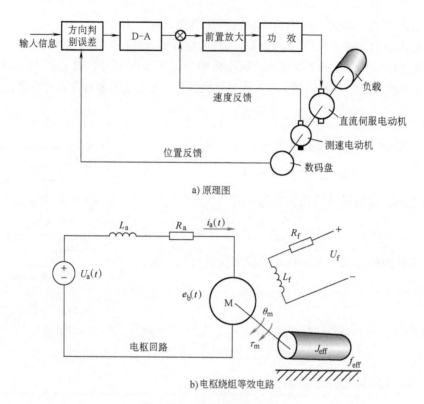

a) 原理图

b) 电枢绕组等效电路

图 5-10 直流电动机驱动

械部分的模型由电动机轴上的力矩平衡方程描述。

3）电压平衡方程。电气部分的模型由电动机电枢绕组内的电压平衡方程来描述，即

$$U_a(t) = R_a i_a(t) + L_a \frac{di_a(t)}{dt} + e_b(t) \tag{5-16}$$

4）力矩平衡方程为

$$\tau(t) = J_{eff} \ddot{\theta}_m + f_{eff} \dot{\theta}_m \tag{5-17}$$

5）耦合关系。机械部分和电气部分的耦合包括两个方面：一方面是电气对机械的作用，表现在由于电动机轴上产生的力矩随电枢电流线性变化；另一方面是机械对电气的作用，表现在电动机的反电动势与电动机的角速度成正比，即

$$\tau(t) = k_a i_a(t) \tag{5-18}$$

$$e_b(t) = k_b \dot{\theta}_m(t) \tag{5-19}$$

式中，k_a 为电动机电流—力矩比例常数；k_b 是感应电动势系数。

对式（5-16）~式（5-19）进行拉普拉斯变换得

$$\begin{cases} I_a(s) = \dfrac{U_a(s) - U_b(s)}{R_a + sL_a} \\ T(s) = (s^2 J_{eff} + sf_{eff}) \Theta_m(s) \\ T(s) = k_a I_a(s) \\ U_b(s) = sk_b \Theta_m(s) \end{cases} \tag{5-20}$$

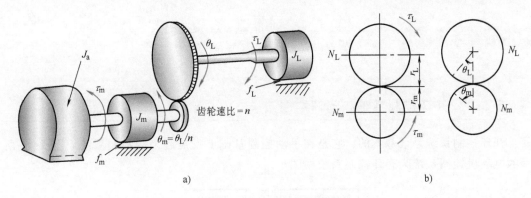

a)　　　　　　　　　　　　　　b)

图 5-11　机械传动等效惯量

重新组合式（5-20）中各方程，得到从电枢电压到电动机轴角位移的传递函数

$$\frac{\Theta_m(s)}{U_a(s)}=\frac{k_a}{s\left[s^2 J_{eff}L_a+(L_a f_{eff}+R_a J_{eff})s+R_a f_{eff}+k_a k_b\right]} \tag{5-21}$$

由于电动机的电气时间常数大大小于其机械时间常数，故可以忽略电枢的电感 L_a 的作用。式（5-21）可简化为

$$\frac{\Theta_m(s)}{U_a(s)}=\frac{k_a}{s(sR_a f_{eff}+R_a f_{eff}+k_a k_b)}=\frac{k}{s(T_m s+1)} \tag{5-22}$$

式中，电动机增益常数为

$$k=\frac{k_a}{R_a f_{eff}+k_a k_b}$$

电动机时间常数为

$$T_m=\frac{R_a J_{eff}}{R_a f_{eff}+k_a k_b}$$

由于控制系统的输出是关节角位移（$\Theta_L(s)$），它与电枢电压 $U_a(s)$ 之间的传递关系为

$$\frac{\Theta_L(s)}{U_a(s)}=\frac{nk_a}{s(sR_a J_{eff}+R_a f_{eff}+k_a k_b)} \tag{5-23}$$

这一方程代表了直流电动机所加电压与关节角位移之间的传递函数。系统的框图如图 5-12 所示。

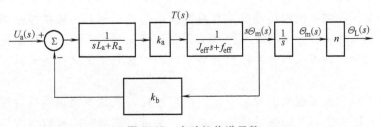

图 5-12　电动机传递函数

5.5 单关节机器人的伺服系统建模与控制

5.5.1 开环控制系统和闭环控制系统

开环控制系统是最基本的，它是在手动控制基础上发展起来的控制系统。图 5-13 所示的电动机控制系统为开环控制系统框图。

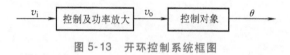

图 5-13 开环控制系统框图

开环控制调速系统的输入量 v_i 由手动调节，也可由上一级控制装置给出。系统的输出量是电动机的转动角度 θ。如图 5-13 所示，系统只有输入量的前向给定控制作用，输出量（或者被控量）没有反馈影响输入量，即输出量没有反馈到输入端参与控制作用。且输入量到输出量控制作用是单方向传递的，所以称为开环控制系统。

将系统的输出量反馈到输入端参与控制，输出量通过检测装置与输入量联系在一起形成一个闭合回路的控制系统，称为闭环控制系统（也称为反馈控制系统）。如图 5-14 所示，转动角度 θ 通过位置检测装置和反馈电路得到检测信号，经放大转换后作为反馈信号 v_n 反馈到输入端，与给定信号 v_i 相比较，产生偏差信号 $\Delta v_i = v_i - v_n$，将 Δv_i 放大后作为控制信号经功率放大后对电动机实现控制。

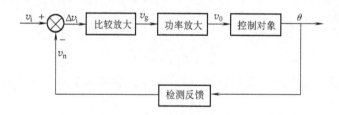

图 5-14 闭环控制系统框图

5.5.2 模拟控制系统和数字控制系统

模拟控制是指控制系统中传递的信号是时间的连续信号。与模拟控制相对应的是数字控制，在这种系统中，除某些环节传递的仍是连续信号外，另一些环节传递的信号则是时间的断续信号，即离散的脉冲序列或数字编码。这类系统又称为采样系统或计算机控制系统。

模拟控制是最早发展起来的控制系统，但当被控对象具有明显滞后特性时，这种控制就不适用了，因为它容易引起系统的不稳定，又难以选择时间常数很大的校正装置来解决系统的不稳定问题。

采用数字控制，效果将会好得多。图 5-15 所示为采样控制原理图，采样开关周期性地接通和断开。S 接通时系统放大系数可以很大，进行调节和控制；S 断开时等待被控对象自身去运行，直到下一次接通采样开关时，才检测误差，并根据它来继续对被控对象进行控制。这样从控制过程的总体看，系统的平均放大系数小，容易保证系统的稳定，但从开关接通的调节看，系统的放大系数很大，可以保证稳态时的精度。

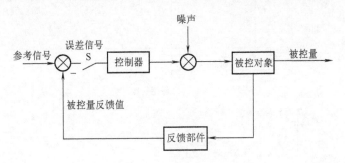

图 5-15　采样控制原理图

采样开关将连续信号离散化后，便于用计算机控制，如图 5-16 所示。图中 A-D 为模数转换器，它具有采样开关，可将模拟信号转换成数字信号；D-A 为数模转换器，可将数字信号转换成模拟信号；计算机用来存储信息并进行信息处理，使系统达到预期性能。机器人的电动机控制系统均采用计算机控制方式。

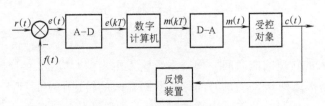

图 5-16　计算机控制原理图

5.5.3　伺服系统的动态参数

在对机器人的伺服系统进行讨论之前，本节首先介绍伺服系统的几个动态参数和几个主要问题。

1. 伺服系统的几个动态参数

（1）超调量　伺服系统输入单位信号，时间响应曲线上超出稳态转速的最大转速值（瞬态超调）对稳态转速（终值）的百分比称为转速上升时的超调量；伺服系统运行在稳态转速，输入信号阶跃至零，时间响应曲线上超出零转速的反向转速的最大转速值（瞬态超调）对稳态转速的百分比称为转速下降时的超调量。超调量应当尽量减小。

（2）转矩变化的时间响应　如图 5-17 所示，伺服系统正常运行时，对电动机突然施加转矩负载或突然卸去转矩负载，电动机转速随时间变化的曲线称为伺服系统对力矩变化的时间响应。

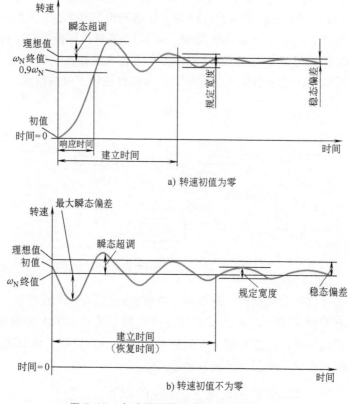

a) 转速初值为零

b) 转速初值不为零

图 5-17 电动机伺服系统的时间响应曲线

（3）阶跃输入的转速响应时间　伺服系统输入由零到对应 ω_N 的阶跃信号，从阶跃信号开始至转速第一次达到 $0.9\omega_N$ 的时间称为阶跃输入的转速响应时间。

（4）建立时间　伺服系统输入由零到对应 ω_N 的阶跃信号，从输入信号开始至转速达到稳态转速（终值），并不再超过稳态转速（终值）的 $\pm5\%$ 的范围，所经历的时间称为系统建立时间。

（5）频带宽度　伺服系统输入量为正弦波，随着正弦波信号频率逐渐升高，对应输出量相位滞后逐渐加大同时幅值逐渐减小，相位滞后增大到 $90°$ 时或幅值减小至低频段幅值 $1/\sqrt{2}$ 时的频率称为伺服系统的频带宽度。

（6）堵转电流　堵转电流也称为瞬时最大电流，它表示伺服电动机所允许承受的最大冲击负荷和系统的最大加减速力矩。

2. 伺服系统的几个主要问题

（1）稳态位置跟踪误差　当系统对输入信号瞬态响应过程结束，进入稳定运行状态时，伺服系统执行机构实际位置与目标值之间的误差为系统的位置跟踪误差。

在闭环全负反馈系统中，稳态误差为

$$e = \lim_{s \to \infty} \frac{1}{1 + W_o(s)} U(s) \tag{5-24}$$

式中，$W_o(s)$ 为单位反馈系统的开环传递函数；$U(s)$ 为系统参考输入。

由式（5-24）可知，位置伺服系统的位置跟踪误差既与系统本身的结构有关，也和系统输入有关，一般为了评价伺服系统的跟踪性能，必须根据应用场合确定一种标准的输入形式。在很多情况下，位置调节器多采用比例型，并采用斜坡函数输入信号来确定系统的稳态跟踪误差，对单位斜坡函数输入，有

$$e = \frac{1}{k_{\mathrm{p}}} \tag{5-25}$$

式中，k_{p} 为位置反馈增益。

（2）定位精度问题　系统最终定位点与指令规定值之间的静态误差为系统的定位精度。这是评价位置伺服系统位置控制精度的重要性能指标。对于位置伺服系统，至少应能对指令输入的最小设定单位，即 1 个脉冲做出响应。为此必须选用分辨率足够高的位置检测器件。

定位精度是由应用要求来确定的，其表达式为

$$\Delta e \geqslant \frac{N_{\max}}{k_{\mathrm{p}} D} \tag{5-26}$$

式中，Δe 为位置伺服系统的定位精度；$N_{\max}$ 为最高速度；D 为调速范围。

若最高速度规定为 9.6m/min，位置环增益为 30V/rad，要求定位精度为 0.01mm，则调速范围应当达到 1：400 以上。实际上为使系统定位精度在 0.01mm 以内，常选择 D 为 1：1000 以上，若要求系统的定位精度达到 1μm 以内，应使 D 大于 1：10000。

（3）电动机的利用系数　现代伺服系统均采用电力电子器件以调制斩波形式对伺服电动机进行驱动，这时电枢电流中的交流分量使它的有效值大于平均值。为保证电动机运行时温升不超过规定值，需要减小电动机的输出力矩。电动机减少输出力矩的程度用电动机的利用系数来表示，或称为减额定率来表示，即

$$k_{\mathrm{g}} = \frac{I_{\mathrm{av}}}{I_{\mathrm{ef}}} \tag{5-27}$$

式中，k_{g} 为伺服电动机的利用系数；I_{av} 为电枢电流平均值；I_{ef} 为电枢电流有效值。

5.5.4　机器人单关节伺服控制

1. 单关节的位置和速度控制

单关节的位置控制是利用由电动机组成的伺服系统使关节的实际角位移跟踪预期的角位移，把伺服误差作为电动机输入信号，产生适当的电压，即

$$U_{\mathrm{a}}(t) = \frac{k_{\mathrm{p}} e(t)}{n} = \frac{k_{\mathrm{p}} \left[\theta_{\mathrm{L}}^{d}(t) - \theta_{\mathrm{L}}(t) \right]}{n} \tag{5-28}$$

式中，k_{p} 是位置反馈增益（V/rad）；$e(t) = \theta_{\mathrm{L}}^{d}(t) - \theta_{\mathrm{L}}(t)$ 是系统误差；n 是传动比。实际上，"单位负反馈"把单关节机器人系统从开环系统转变为闭环，如图 5-18 所示。关节角度的实际值可用光电编码器或电位器测出。

对式（5-28）进行拉普拉斯变换，得

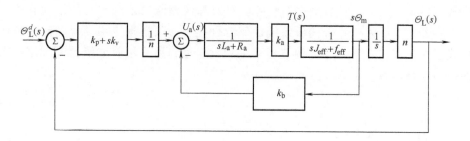

图 5-18　单关节反馈控制

$$U_a(s) = \frac{k_p \left[\Theta_L^d(s) - \Theta_L(s) \right]}{n} = \frac{k_p E(s)}{n} \tag{5-29}$$

将式（5-29）代入式（5-23）中，得出误差驱动信号 $E(s)$ 与实际角位移 $\Theta_L(s)$ 之间的开环传递函数，即

$$G(s) = \frac{\Theta_L(s)}{E(s)} = \frac{k_a k_p}{s(s R_a J_{eff} + R_a f_{eff} + k_a k_b)} \tag{5-30}$$

由此可以得出系统的闭环传递函数，它表示实际角位移 $\Theta_L(s)$ 与预期角位移 $\Theta_L^d(s)$ 之间的关系

$$\frac{\Theta_L(s)}{\Theta_L^d(s)} = \frac{G(s)}{1+G(s)} = \frac{k_a k_p}{s^2 R_a J_{eff} + s(R_a f_{eff} + k_a k_b) + k_a k_p} \tag{5-31}$$

$$= \frac{k_a k_p / R_a J_{eff}}{s^2 + s(R_a f_{eff} + k_a k_b)/R_a J_{eff} + k_a k_p / R_a J_{eff}}$$

上式表明单关节机器人的比例控制器是一个二阶系统。当系统参数均为正时，系统总是稳定的。为了改善系统的动态性能，减少静态误差，可以加大位置反馈增益 k_p 和增加阻尼，再引入位置误差的导数（角速度）作为反馈信号。关节角速度常用测速电动机测出，也可用两次采样周期内的位移数据来近似表示。加上位置反馈和速度反馈之后，关节电动机上所加的电压与位置误差和速度误差成正比，即

$$U_a(t) = \frac{k_p e(t) + k_v \dot{e}(t)}{n} = \frac{k_p \left[\Theta_L^d(t) - \Theta_L(t) \right] + k_v \left[\dot{\Theta}_L^d(t) - \dot{\Theta}_L(t) \right]}{n} \tag{5-32}$$

式中，k_v 是速度反馈增益；n 是传动比。这种闭环控制系统的框图如图 5-18 所示。

对式（5-32）进行拉普拉斯变换，再把 $U_a(s)$ 代入式（5-23）中，可得误差驱动信号 $E(s)$ 与实际角位移 $\Theta_L(s)$ 之间的传递函数，即

$$G_{PD}(s) = \frac{\Theta_L(s)}{E(s)} = \frac{k_a(k_p + s k_v)}{s(s R_a J_{eff} + R_a f_{eff} + k_a k_b)} \tag{5-33}$$

$$= \frac{k_a k_v s + k_a k_p}{s(s R_a J_{eff} + R_a f_{eff} + k_a k_b)}$$

由此可得出表示实际角位移 $\Theta_L(s)$ 与预期角位移 $\Theta_L^d(s)$ 之间的闭环传递函数

$$\frac{\Theta_{L}(s)}{\Theta_{L}^{d}(s)} = \frac{G_{PD}(s)}{1+G_{PD}(s)} = \frac{k_a k_v s + k_a k_p}{s^2 R_a J_{eff} + s(R_a f_{eff} + k_a k_b + k_a k_v) + k_a k_p} \tag{5-34}$$

显然，当 $k_v = 0$ 时，上式变为式（5-31）。

式（5-34）所代表的是一个二阶系统，它具有一个有限零点 $s = -k_p/k_v$，位于 s 平面的左半平面。系统可能有大的超调量和较长的稳定时间，随零点的位置而定。图 5-19 所示为操作臂控制系统受到扰动 $D(s)$ 的影响。这些扰动是由重力负载和连杆的离心力引起的。由于这些扰动，电动机轴输出力矩的一部分被用于克服各种扰动力矩。由式（5-20）得出

$$T(s) = (s^2 J_{eff} + s f_{eff}) \Theta_m(s) + D(s) \tag{5-35}$$

式中，$D(s)$ 是扰动的拉普拉斯变换。

扰动输入与实际关节角位移的传递函数为

$$\left.\frac{\Theta_{L}(s)}{D(s)}\right|_{\Theta_{L}^{d}=0} = \frac{-n R_a}{s^2 R_a J_{eff} + s(R_a f_{eff} + k_a k_b + k_a k_v) + k_a k_p} \tag{5-36}$$

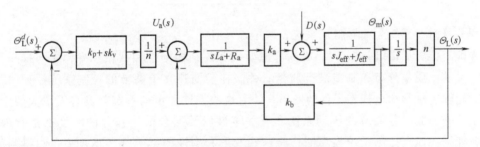

图 5-19　带干扰的反馈控制框图

根据式（5-34）和式（5-36），运用叠加原理，从这两种输入可以得到关节的实际角位移为

$$\Theta_{L}(s) = \frac{k_a(k_p + s k_v)\Theta_{L}^{d}(s) - n R_a D(s)}{s^2 R_a J_{eff} + s(R_a f_{eff} + k_a k_b + k_a k_v) + k_a k_p} \tag{5-37}$$

最重要的是上述闭环系统的特性，尤其是在阶跃输入和斜坡输入产生的系统稳态误差和位置与速度反馈增益的极限。

2. 位置和速度反馈增益的确定

二阶闭环控制系统的性能指标有：快速上升时间、稳态误差的大小（是否为零）、快速调整时间。这些都和位置反馈及速度反馈增益（k_v 和 k_p）有关。暂时假定系统所受的扰动为零，由式（5-34）和式（5-36）可知，该系统基本上是一个有限零点的二阶系统。这一有限零点的作用常常是使二阶系统提前到达峰值，并产生较大的超调量（与无有限零点的二阶系统相比）。因此，需要确定 k_v 和 k_p 的值，以便得到一个临界阻尼或过阻尼系统。

对于一个二阶系统的特征方程具有以下标准形式

$$s^2 + 2\xi\omega_n s + \omega_n^2 = 0$$

式中，ξ 是系统的阻尼比；ω_n 是系统的无阻尼自然频率。由闭环系统的特征方程（式5-36）可得出 ω_n 和 ξ 分别为

$$\omega_n^2 = \frac{k_a k_p}{J_{eff} R_a} \tag{5-38}$$

$$2\xi\omega_n = \frac{R_a f_{eff} + k_a k_b + k_a k_v}{J_{eff} R_a} \tag{5-39}$$

我们知道，二阶系统的特性取决于它的无阻尼自然频率 ω_n 和阻尼比 ξ。为了安全起见，希望系统具有临界阻尼或过阻尼，即要求系统的阻尼比 $\xi \geq 1$（注意，系统的位置反馈增益 $k_p > 0$ 表示负反馈）。将由式（5-38）所求得的 ω_n 代入式（5-39）可得

$$\xi = \frac{R_a f_{eff} + k_a k_b + k_a k_v}{2\sqrt{k_a k_p J_{eff} R_a}} \geq 1 \tag{5-40}$$

因而速度反馈增益 k_v 为

$$k_v \geq \frac{2\sqrt{k_a k_p J_{eff} R_a} - R_a f_{eff} - k_a k_b}{k_a} \tag{5-41}$$

取方程等号时，系统为临界阻尼系统；取不等号时，系统为过阻尼系统。

在确定位置反馈增益 k_p 时，必须考虑操作臂的结构刚性和共振频率，它与操作臂的结构、尺寸、质量分布和制造装配质量有关。在前面建立单关节的控制系统模型时，忽略了齿轮轴、轴承和连杆等零件的变形，认为这些零件和传动系统都具有无限大的刚度。实际上并非如此。各关节的传动系统和有关零件以及配合衔接部分的刚度都是有限的。但是，如果在建立控制系统模型时，将这些变形和刚性的影响都考虑进去，则得到的模型是很高阶的，使得问题复杂化。因此，所建立的二阶简化模型式（5-37）只适用于机械传动系统的刚度很高、共振频率很高的场合。令关节的等效刚度为 k_{eff}，则恢复力矩为 $k_{eff}\theta_m(t)$，它与电动机的惯性力矩相平衡，得微分方程为

$$J_{eff}\ddot{\theta}_m(t) + k_{eff}\theta_m(t) = 0 \tag{5-42}$$

系统结构的共振频率为

$$\omega_r = \sqrt{k_{eff}/J_{eff}} \tag{5-43}$$

因为在建立控制系统模型时，没有将结构的共振频率 ω_r 考虑进去，所以把它称为非模型化频率。一般来说，关节的等效刚度 k_{eff} 大致不变，但是等效惯性矩 J_{eff} 随末端手爪中的负载和操作臂的姿态而变化。如果在已知的惯性矩 J_0 之下测出的结构共振频率为 ω_0，则在其他惯性矩 J_{eff} 时的结构共振频率为

$$\omega_r = \omega_0\sqrt{J_0/J_{eff}} \tag{5-44}$$

为了不至于激起结构的振盈和系统的共振，Paul 于 1981 年建议：闭环系统无阻尼自然频率 ω_n 必须限制在关节结构共振频率的一半之内，即

$$\omega_n \leq 0.5\omega_r \tag{5-45}$$

根据这一要求来调整位置反馈增益 k_p，由于 $k_p > 0$，从式（5-38）和式（5-45）可以求出

$$0 < k_p \leqslant \frac{\omega_r^2 J_{eff} R_a}{4 k_a} \tag{5-46}$$

由式（5-44），上式可写为

$$0 < k_p \leqslant \frac{\omega_0^2 J_0 R_a}{4 k_a} \tag{5-47}$$

k_p 求出后，相应的速度反馈增益 k_v 可由式（5-41）求得

$$k_v \geqslant \frac{R_a \omega_0 \sqrt{J_0 J_{eff}} - R_a f_{eff} - k_a k_b}{k_a} \tag{5-48}$$

3. 稳态误差及其补偿

系统误差定义为

$$e(t) = \theta_L^d(t) - \theta_L(t) \tag{5-49}$$

其拉普拉斯变换为

$$E(s) = \Theta_L^d(s) - \Theta_L(s) \tag{5-50}$$

从式（5-37），可以得到

$$E(s) = \frac{[s^2 J_{eff} R_a + s(R_a f_{eff} + k_a k_b)] \Theta_L^d(s) + n R_a D(s)}{s^2 R_a J_{eff} + s(R_a f_{eff} + k_a k_b + k_a k_v) + k_a k_p} \tag{5-51}$$

对于一个幅值为 A 的阶跃输入，即 $\Theta_L^d(t) = A$，若扰动输入未知，则由这个阶跃输入而产生的系统稳态误差可从"终值定理"导出。在 $k_a k_p \neq 0$ 的条件下，可得稳态误差 e_{ssp} 为

$$e_{ssp} = \lim_{t \to \infty} e(t) = \lim_{s \to 0} s E(s)$$

$$= \lim_{s \to 0} s \frac{[s^2 J_{eff} R_a + s(R_a f_{eff} + k_a k_b)] A/s + n R_a D(s)}{s^2 R_a J_{eff} + s(R_a f_{eff} + k_a k_b + k_a k_v) + k_a k_p} \tag{5-52}$$

$$= \lim_{s \to 0} s \frac{n R_a D(s)}{s^2 R_a J_{eff} + s(R_a f_{eff} + k_a k_b + k_a k_v) + k_a k_p}$$

因此 e_{ssp} 是扰动的函数。有些干扰如重力负载和关节速度产生的离心力我们可以确定，有些干扰如齿轮啮合摩擦、轴承摩擦和系统噪声则无法直接确定。我们把这些干扰力矩分别表示为

$$\tau_D(t) = \tau_G(t) + \tau_C(t) + \tau_e \tag{5-53}$$

式中，$\tau_G(t)$ 和 $\tau_C(t)$ 分别是连杆重力和离心力产生的力矩；τ_e 是除重力和离心力之外的扰动力矩，可以认为它是个很小的恒值干扰 T_e。

式（5-53）的拉普拉斯变换为

$$D(s) = T_G(s) + T_C(s) + \frac{T_e}{s} \tag{5-54}$$

5.5.5 PID 控制

按照偏差的比例（Proportional）、积分（Integral）、微分（Derivative）进行控制的

PID 控制到目前仍是机器人控制的一种基本控制算法。它具有原理简单、易于实现、鲁棒性强和适用面广等优点。

1. 理想微分 PID 控制

如图 5-20 所示为理想 PID 控制的基本形式，理想 PID 控制的表达式为

$$u = K_p \left(e + \frac{1}{T_i} \int e \, dt + T_d \frac{de}{dt} \right) \tag{5-55}$$

PID 控制的拉普拉斯变换为

$$\frac{U(s)}{E(s)} = K_p \left(1 + \frac{1}{T_i s} + T_d s \right) \tag{5-56}$$

式中，K_p 为比例增益；T_i 为积分时间；T_d 为微分时间；u 为操作量；e 为控制输出量 y 和给定值之间的偏差。

由于机器人的控制系统采用的是计算机控制，因此以下着重讨论数字实现的算法。为了便于计算机实现，需要将积分式和微分式离散化，即

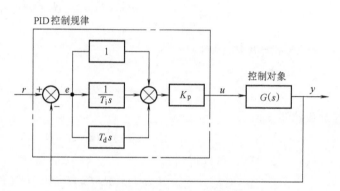

图 5-20 理想 PID 控制的基本形式

$$\int e \, dt = \sum_{i=1}^{n} T e(i) \tag{5-57}$$

$$\frac{de}{dt} = \frac{e(n) - e(n-1)}{T} \tag{5-58}$$

式中，T 为采样时间；n 为采样序列；$e(n)$ 为第 n 次采样的偏差信号。

将式（5-57）和式（5-58）代入式（5-55）可得

$$u(n) = K_p \left\{ e(n) + \frac{T}{T_i} \sum_{i=0}^{n} e(i) + \frac{T_d}{T} [e(n) - e(n-1)] \right\} \tag{5-59}$$

因为理想微分控制的微分作用只持续一个采样周期，所以理想微分控制的实际控制效果并不理想。由于机器人执行机构的调节速度受到限制，使得微分作用并不能充分发挥，因此常常采用实际微分 PID 控制算法。

2. 实际微分 PID 控制

由于上述原因，以一惯性环节代替式（5-56）中的微分环节，即

$$\frac{U(s)}{E(s)} = K_p \left(1 + \frac{1}{T_i s} + \frac{T_d s}{1 + \frac{T_d}{K_d} s} \right) \tag{5-60}$$

分别将比例、积分和微分环节用差分方程离散化，得到实际编程用的增量型算式

$$\Delta u_p(n) = K_p [e(n) - e(n-1)] \tag{5-61}$$

$$\Delta u_i(n) = \frac{K_p T}{T_i} e(n) \tag{5-62}$$

$$u_d(n) = \frac{T_d}{K_d T_d}\{u_d(n-1) + K_p K_d[e(n) - e(n-1)]\} \tag{5-63}$$

$$\Delta u_d(n) = u_d(n) - u_d(n-1) \tag{5-64}$$

$$\Delta u(n) = \Delta u_p(n) + \Delta u_i(n) + \Delta u_d(n) \tag{5-65}$$

$$u(n) = u(n-1) + \Delta u(n) \tag{5-66}$$

实际微分 PID 控制的优点在于微分作用能持续多个周期，使一般工业执行机构能够较好地跟踪微分作用的输出，并且其所含的一阶惯性环节具有数字滤波作用，使得控制系统的抗干扰能力较强，因而其控制品质较理想微分 PID 控制好。

5.6　交流伺服电动机的调速

由于直流电动机本身在结构上的缺陷，它的机械接触式换向器不但结构复杂、制造费时、价格昂贵，而且在运行中容易产生火花，以及换向器的机械强度不高，电刷易于磨损等问题，在运行中需要有经常性的维护检修，对环境的要求也比较高。

交流电动机，特别是笼型异步电动机，由于它结构简单、制造方便、价格低廉，而且坚固耐用、转动惯量小、运行可靠、可以用于恶劣环境，因此近年来在机器人领域得到了广泛的应用和推广。本节简单介绍交流伺服电动机的调速方法及变频调速的基本原理。

5.6.1　交流电动机的调速方法

交流电动机的调速方法很多，有调压调速、斩波调速、转子串电阻调速、串级调速、滑差调速和变频调速等。但是从本质上讲，由异步电动机的转速公式 $n = n_s(1-s)$ 可知，交流电动机的调速方法实际上只有两大类，一类是在电动机中旋转磁场的同步速度 n_s 恒定的情况下调节转差率 s；而另一种是调节电动机旋转磁场的同步速度 n_s。交流电动机的这两种调速方法和直流电动机的串电阻调速和调压调速类似，一种是属于耗能的低效调速方法，而另一种是属于高效的调速方法。在直流电动机中，要产生一定的转矩，在一定的磁场下要有一定的电流。在电源电压一定时，从电源输入的功率就是一定的，通过电枢中串电阻调速，就是在电阻上产生一部分损耗，使电动机的功率减少，转速降低，这就是低效的调速方法。另一种方法是改变电动机的输入电压，随着电压的降低，输入功率降低，输出功率当然也下降，于是转速下降。这里不增加损耗，所以是一种高效的调速方法。在交流电动机中，要让电动机输出一定的转矩、做一定的功，需要从定子侧通过旋转磁场输送一定的功率到转子。由定子输送到转子的电磁功率 $P_m = M\omega_s$，它与转矩和旋转磁场的速度乘积成正比。在一定转矩下调速时，如 ω_s 不变，则从定子侧输送到转子的电磁功率是不变的，要使电动机的转速降低，只有增加转差率 s，即需要增加转子回路中的电阻，使它产生损耗，而异步电动机的输出功率公式为 $P_2 = M\omega = M\omega_s(1-s) = P_m$ $(1-s)$，因此随着转速的降低，转差率 s 的增大，sP_m 增加，即在转子电阻上的损耗增加。如果采用改变旋转磁场的同步速度 ω_s 的办法进行调速，在一定的转矩下，s 基本不变，随着 ω_s 的降低，电动机的输入电磁功率 P_m 和输出功率 P_2 成比例下降，损耗没有增加，所以是一种高效的调速方法。

异步电动机的调压调速、转子串电阻调速、滑差离合器调速、斩波调速等均是旋转磁场转速不变的情况下调转差的调速方法，都属于低效调速之列；而变级调速和变频调速是高效的调速方法。至于串级调速，由于电动机旋转磁场的转速不变，所以它本质上也是一种调转差的调速方法，应属于低效调速方法。

交流电动机高效调速方法的典型是变频调速，它既适用于异步电动机，也适用于同步电动机。交流电动机采用变频调速不但能无级调速，而且根据负载的特性不同，通过适当调节电压与频率之间的关系，可使电动机始终运行在高效的区域，并保证良好的动态性能，大幅度降低电动机的起动电流，增加起动转矩。所以变频调速是交流电动机的理想调速方法。机器人使用的交流电动机调速方法主要是变频调速方式。

变频调速需要使用变频电源，按其特性分，变频电源分为电流源和电压源两大类。电压源逆变器的直流则用电容滤波，其内阻抗比较小，输出电压比较稳定，其特性和普通市电相类似，能适用于多台电动机的开环并联运行和协同调速。电压源逆变器的输出电流可以突变，比较容易出现过电流，所以要有快速的保护系统。电压源逆变器的主要问题是它不能适应电动机四象限运行的要求，不能实现再生制动。而电流源逆变器正好与此相反，在它的直流回路中接有较大的平波电抗器，用电感滤波，它的内阻抗比较大，输出电流比较稳定，出现过电流的可能性较小，对过载能力比较低的半导体器件来说比较安全。但是异步电动机在电流源逆变器供电下，它的运行稳定性比较差，通常需要采用闭环控制和动态校正，才能保证电动机的稳定运行。它通常用于单台电动机的调速。

5.6.2　异步电动机的变频调速系统

1. 电压型转差频率控制变频调速系统

由于异步电动机定子相电压是励磁电流、定子频率和转差率的函数，因此通过控制定子电压即可控制励磁电流，也可以控制气隙磁通、转差频率和转矩。如图 5-21 所示为采用电压型脉冲宽度调制（PWM）逆变器的转差频率控制系统结构图。

速度给定值 U_Ω 与反馈值 $U_{\Omega F}$ 在 PI 速度调节器中进行比较，其输出反映了转差转速 ω_2，最大限幅值保证了系统在动态过程中电流和转矩不会超过允许值。转差转速 ω_2 与电动机的实际转速 ω 相加得到同步转速 ω_1，并一次作为逆变器输出频率的信号。这一信号也作为电压闭环的给定信号。函数发生器的作用是保持实现 U/f = 常数的控制规律，在低频下它能补偿电动机的内阻压降。如果电动机要工作在基速以上实现弱磁升速，则 $F(\omega)$ 限幅值电动机端电压不随频率变化而变化。

当速度给定值 U_Ω 突然增加时，速度误差信号 $U_{\Delta\Omega} > 0$，转差频率使转差转速 ω_2 置最大值，电动机以最大可能的转矩加速，使转差频率变小，最后稳定在某一给定的转速上，电动机转矩等于负载转矩。反之，如果给定值突然减小，则有与以上相反的调节过程。

这种系统通过直接控制转差频率来控制转矩，使系统具有良好的动态性能。实际上可以把它看作是在速度外环内部叠加有转矩内环的系统。其优点是不需要电流传感器来限制电流，同一个速度反馈信号可以用作两个回路的反馈信号。缺点是对磁通的变化响应慢，因此在突加负载时有可能造成系统的不稳定。

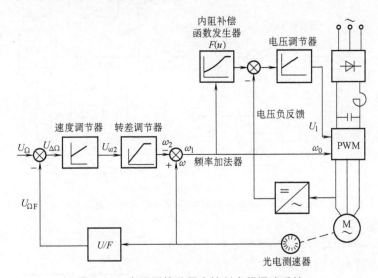

图 5-21 电压型转差频率控制变频调速系统

2. 转矩和磁通通道独流的转差频率控制变频调速系统

在保持 U_1/f_1 =常数的系统中，气隙磁通漂移是无法补偿的，因此造成了转矩对转差率或定子电流的变化很敏感。此外定子参数也随温度不同而改变。电压型转差频率控制变频调速系统中，如果磁通减弱，则要求有同样转矩的情况下转差转速 ω_2 增加，结果电动机所能产生的最大转矩变小，动态性能变差。

如果独立控制转矩和磁通两个回路，则可以克服上述缺点。在速度外环内部增加一个转矩控制回路，则系统的动态响应将会更快和更稳定。图 5-22 为这种系统的结构图。其中速度调节器采用 PI 调节器，以消除稳态误差。给定转矩 M_g 和测得的实际转矩 M 之差反馈回转矩调节器，从而形成转差频率信号。转矩调节器可以采用带有限幅的 P 或者 PI 调节器。在磁通控制回路中，由给定磁链 ψ_g 和反馈磁链 ψ_m 进行比较产生控制 PWM 逆变器的电压指令。图 5-22 中的磁通测量可以采用霍尔元件，但是它们受温度影响很难补偿。利用安装在气隙中的线圈，测出其感应电动势，积分后可以得到有关磁通的信息，但这样做对电动机使用者很不方便。

3. 电流型转差频率控制变频调速系统

电压型转差控制系统对于电流型逆变器也是同样适用的。实际上转差频率控制方式更适合在电流型逆变器系统中应用，因为此时电流是系统的直接受控量。

在电流型系统中直流电流和逆变器频率是两个控制变量。电流可以通过改变整流器输出电压和引入电流负反馈进行调节和稳定。对于速度控制来说，电流控制逆变器不能

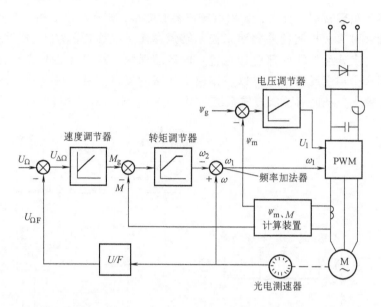

图 5-22　转矩和磁通独立控制的变频调速系统

像电压型逆变器那样进行开环控制。图 5-23 所示为最基本的电流型转差频率控制系统，包含由电流和转矩两个独立回路。直流电流 I 反馈回路用于控制整流器输出电压，给定转差和实际转速之和产生逆变器频率控制信号。当电流回路内 U_R 和 U_d 变负以及转差转速 ω_2 变负时，电动机将进入发电状态，能量送回交流电网。

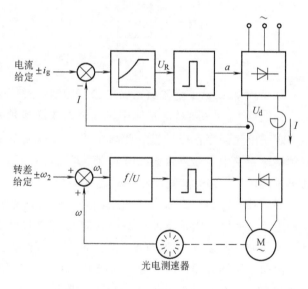

这个系统的缺点也是没有主动去控制气隙磁通，转矩可以通过转差回路控制。在恒电流和恒转差率条件下，电动机可以以恒转矩加速和发电制动减速。

图 5-23　电流和转矩独立控制的电流型变频调速系统

4. 电流跟踪变频调速系统

前文讨论的电压型逆变器是由直流电压源供电的，电流型逆变器是由直流电源供电的，而电流跟踪型变频调速系统是由直流电压源供电的电流型 PWM 逆变器。如图 5-24 所示，逆变器中各个开关管 $V_1 \sim V_6$ 是由参考正弦信号 i_A、i_B 和 i_C 与各相电流瞬时值信号 i_a、i_b 和 i_c 分别进行比较所产生的差值继电信号控制的。例如，A 相电路中，如果 V_1 导通，即绕组 A 接电源正端，电压 u_{A0} 为正，A 相电流 i_a 增加。当 $i_a > i_A$ 并超过滞环宽度 Δ 时，继电元件动作，使 V_1 关断，V_4 导通，于是 u_{A0} 变负，i_a 下降到低于 i_A 并超过滞环宽

度 Δ 时，继电元件又动作，V_1 又导通，V_4 关断。如此反复通断，使电动机电流 i_a 始终以滞环宽度为界跟踪参考正弦电流 i_A 的变化。这样电动机电流瞬时值 i_a、i_b 和 i_c 基波分量的幅值和频率就分别与参考正弦 i_A、i_B 和 i_C 相同。

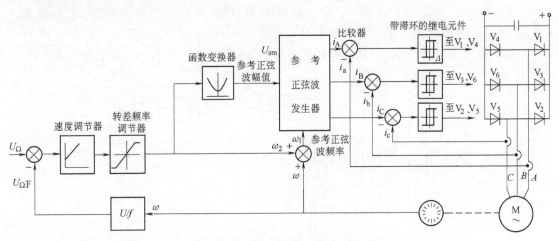

图 5-24　电流瞬时值控制变频调速系统

在变频调速系统中，随着逆变器输出频率的增加，电动机转速增高，为了补偿电动机阻抗的增加以产生同样的电流，逆变器必须供给更高的电压。

5. 矢量控制变频调速系统

以前几种变频调速的控制变量均属于标量，即数量的大小，但实际上磁链、磁动势等都是空间上有方向的量，即矢量。三相合成电流是矢量，也可用空间矢量表示。如果控制这些矢量的大小和方向，则可使系统具有良好的性能。矢量控制可以按照定向方式的不同分为按转子位置定向和按磁场方向定向，前者主要用于同步电动机电刷和无换向器自控式变频调速系统，后者主要用于异步电动机变频调速系统。在磁场定向方式中又分为按定子磁场、按气隙磁场和按转子磁场定向三种类型。其中按转子磁场定向的数学模型和控制系统相对来说较简单，应用最为广泛。矢量控制也可按照控制原理分为电流瞬时值控制和转差频率控制，按照变流器类型分为电压型、电流型、交-交直接变频以及双馈变频等。由于该控制方式比较复杂，超出了本书讨论的范围，在此不再做详细讨论。

5.7　机器人控制系统的硬件结构及接口

5.7.1　机器人控制系统的硬件结构

在控制结构上，现在大部分工业机器人都采用两级计算机控制。第一级担负系统监控、作业管理和实时插补任务，由于运算工作量大，数据多，所以大都采用 16 位以上微型计算机。第一级运算结果作为伺服位置信号，控制第二级。第二级为各关节的伺服系统，有两种可能方案：

1）采用一台微型计算机控制高速脉冲发生器（见图 5-25）。

2）使用几个单片机分别控制几个关节运动（见图 5-26）。

单片机可以使用 8096 或 8097，它具有 ROM 和 RAM 及 12 位 D-A 转换等，使用方便。这是一种软件伺服控制方式，具有较大的灵活性。

若不采用单片机，也可以使用单板机或用一台微型计算机分时控制几个关节运动。

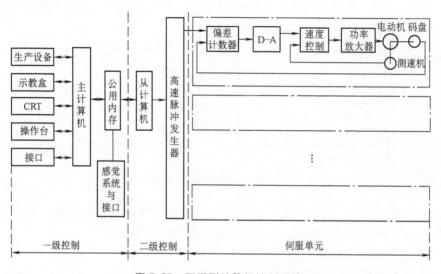

图 5-25　双微型计算机控制系统

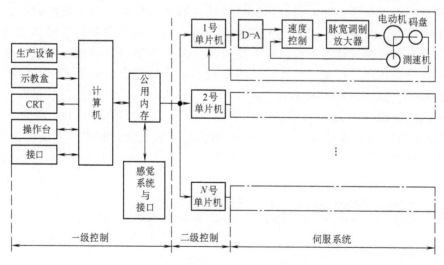

图 5-26　带独立 CPU 的伺服系统

5.7.2　单片机控制系统

随着大规模集成电路的出现，将 CPU 和计算机外围功能单元集成在一个芯片上，形成芯片级的计算机，国外早期称之为单片微型计算机（Single Chip Microcomputer），我国译为单片机。但准确反映单片机本质的叫法应是微控制器（Microcontroller）。目前国外已普遍用微控制器一词，其缩写为 MCU（Microcntroller Unit）。

1976 年 Intel 公司推出了典型的 8 位单片机 MCS-48 系列，代表了单片机时代的开始，成为计算机发展史上的重要里程碑。这是因为：

1）工业测控领域有了自己专用的计算机，开始了测控领域的计算机控制时代。

2）结束了计算机专业人员垄断计算机工程应用的时代。计算机工程应用技术开始为非计算机专业的广大工程技术人员敞开大门。由单片机构成的计算机应用系统成为非计算机专业人员用来实现控制功能的常规工具。

3）计算机技术开始了两个专业发展道路，一是海量数值计算的通用计算机；一是高可靠性、控制功能强的工业控制用微控制器。

单片机不同于通用微处理器（MPU），MPU 以满足数值计算为主要目标，其重要技术指标是数据和外围寻址能力。它从 8 位、16 位、32 位向 64 位的发展，协处理器、浮点运算单元的配置，以及指令系统突出数字与逻辑运算功能，都代表了它的发展倾向与特点。

机器人伺服控制系统所用的单片机（MCU）主要用来构成伺服控制器，其外围是传感器接口、伺服驱动的功率接口、人机对话的人机界面接口，用于构成多机、网络系统的串行通信接口等。因此高速 I/O 口、计数器的捕获/比较功能、A-D 及 D-A 转换、功率驱动 I/O、位寻址及位操作、程序运行监控计时器（WDT）等是单片机的重要技术指标。而数据总线宽度及外部寻址能力只是单片机的众多指标之一。由此可以理解，自 1976 年第一个单片机问世以来，MPU 迅速地从 8 位、16 位、32 位正向 64 位过渡，而与其具有相同半导体工艺水平的单片机仍然保持以 8 位机和 16 位机为主。

下面以 16 位单片机 80C196 为例，简单介绍单片机的结构。80C196 是 Intel 公司 20 世纪 80 年代后期推出的 MCS096 系列单片机，这一系列单片机主要分成五类：

1）基本型：80C196KB/80C198。

2）增强型：80C196KC/KD。

在基本型的基础上，片内 RAM 为 488B/1KB，ROM 为 16KB/32KB，增加了外设传输服务（PTS，功能类似于 DMA）和 HOLD/HLDA 总线协议。

3）事件处理型：80C196KQ/KR/KT/JQ/JK。

在 80C196KC/KD 的基础上，增加了事件处理器阵列 EPA 和同步串行 I/O 口。80C196JQ/JR 是 80C196KQ/KR 的简化型。

4）电动机控制型：80C196MC/MD。

在 80C196KR/KT 的基础上，增加了控制电动机的三相波形发生器 WFG。

5）高性能型：80C196NQ/NT。

在 80C196KQ/KT 的基础上，把存储器寻址范围扩至 1MB，同时增加了多机通信接口。

图 5-27 所示为 80C196KC 的结构图，图 5-28 所示为 80C196MC 的结构图。以下主要讨论 80C196KC 的主要特征和功能。80C196KC 是 MCS-96 系列单片机中带有片内 A-D 转

换器、68 脚封装、无片内 EPROM（或 ROM）的一种 CHMOS 单片机。其主要特征有：

1）16 位 CPU，最高主频可达 16MHz，指令执行速度为 2MIPS，采用寄存器—寄存器结构，解决了采用专用累加器造成的瓶颈问题，处理能力大幅度提高。

2）5 个 8 位并行 I/O 口，与外界交换信息一般无须另外扩展 I/O 端口。

3）高速输入输出（HSIO）子系统。

4）16 级优先权，28 个中断源/18 个中断矢量的中断子系统。

5）两个 16 位的硬件定时器/计数器，其中之一具有可逆计数方式，并带有捕获功能。

6）16 位的监视定时器（Watch Dog Timer，WDT）。

7）4 个 16 位的软件定时器（software timer）。

8）有采样保持的 10 位逐次比较型 A-D 转换器，转换时间是 $22\mu s$。

9）脉宽调制（PWM）输出装置。

10）全双工串行口。

11）高效指令集，具有较强的运算能力。

12）外部总线宽度可在 8 位与 16 位之间进行动态选择。

13）232B 的寄存器组和 256B 的附加片内 RAM。

14）64KB 的统一地址空间。

15）低功耗及空闲工作方式。

16）耗电量仅为基本型的 1/4~1/3。

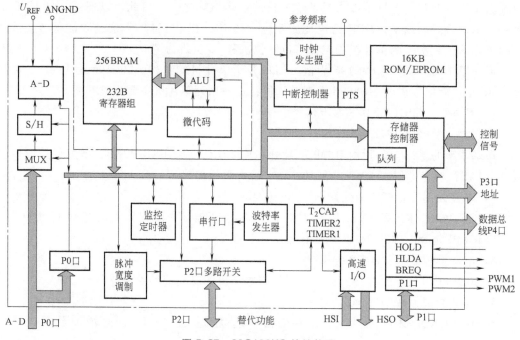

图 5-27　80C196KC 的结构图

17）利用窗口选择寄存器扩展特殊功能寄存器（SER）和累加器，使得对片内外部

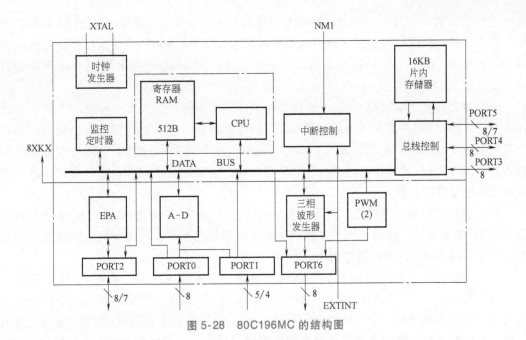

图 5-28　80C196MC 的结构图

设备的控制更加容易。

80C196KC 单片机的片内硬件资源及其功能如下：

（1）定时器　80C196KC 有 TIMER1 和 TIMER2 两个硬件定时器。它为高速输入和输出提供时间基准，是 HSI/O 子系统的组成部分。定时器 TIMER1 是 16 位的计数器，其时钟源为系统时钟，其计数值每 8 个状态周期加 1。晶振频率为 16MHz 时，TIMER1 的时钟周期为 $1\mu s$。定时器 TIMER2 也是一个 16 位的计数器，它对外部输入信号电平的变化进行计数，包括从低到高的正跃变和从高到低的负跃变。TIMER2 是一个可逆计数器，并且带有捕获寄存器。若晶振频率为 16MHz，则 TIMER2 在快速方式下工作时最高计数频率可达 8MHz。

（2）高速输入单元（HSI）　HSI 可记录 4 个高速输入引脚（HSI.0～HSI.3）发生某种变化的时间。HSI 能记录的 4 类变化是：上升沿、下降沿、上升沿和下降沿、每第 8 个上升沿。它能对每个 HSI 引脚独立编程，使该引脚监视上述 4 类变化中的某一类。HSI 用定时器 T1 作为记录事件的时间基准，把各个输入引脚的变化时刻记录在 7×20 位的先进先出（FIFO）队列中。CPU 空闲时，通过相应的寄存器从 HSI 单元了解事件的详细情况。

（3）高速输出单元（HSO）　HSO 能以最小的 CPU 开销，触发以定时器 T1 或 T2 的计数值为基准的输出事件。HSO 的 8 个 23 位的 CAM 存储器一次能存放 8 个这类事件。HSO 可以触发的事件包括：片内 A-D 转换、复位定时器 T2、设置 4 个软件定时器、设定 6 个高速输出引脚（HSO.0～HSO.5）状态等事件。CPU 预先安排好将要发生的事件，由 HSO 在事件应该发生的准确时刻去触发或完成相应事件。

（4）脉宽调制（PWM）输出　PWM 输出引脚的信号为周期固定但占空比可变的脉冲，改变 PWM 寄存器的数值可以改变输出波形的占空比。80C196KC 有三个 PWM 输出引脚。对 PWM 输出信号进行滤波，便可获得 256 种变化的模拟输出电压信号。

（5）模数转换器（A-D） 80C196KC 单片机片内有带采样保持器的八通道 A-D 转换器，采用逐次比较原理将多至 8 路的模拟量转换成数字量。80C196KC 采样保持和模数转换时间是可编程的，A-D 转换结果可以是 8 位或 10 位。A-D 转换器可以用指令即刻启动，也可由 HSO 启动。

（6）串行口 80Cl96KC 单片机片内集成了全双工串行口，具有一种同步方式和三种异步方式。80C196KC 接收器和发送器均采用双缓冲结构，并具有较强的查错能力。串行口有专用的波特率因子寄存器来设置串行口数据发送和接收的波特率。除具有常用的帧格式外，80C196KC 还具有一种多机通信工作方式，特别适合于用作多级分布式计算机控制系统中的单机控制器。

（7）监控定时器（WDT） 这是一个 16 位的计数器，每一个状态周期 WDT 的计数值加 1，当计数溢出时，整个控制系统复位。从而使系统发生严重故障时在故障状态下运行的时间不超过 8ms，以保护被控对象。

（8）中断系统 80C196KC 总共有 28 个中断源，这些中断源组合成 15 种不同的中断，加上非屏蔽中断（NMI）、软件陷阱中断（TRAP）、未实现代码中断等 3 个特殊的中断类型。每类中断都有一个中断矢量，形成一个由 18 个中断矢量组成的有 16 级优先权的系统。上级设备有中断请求时，使响应的中断登记位置 1。CPU 监视所有中断登记位从 0 到 1 的跳变，并将这种跳变视为外设向处理器发出的中断请求信号。正是由于 CPU 采取这种中断管理方式，才能由软件将中断位置 1 来代替硬件产生中断请求，或者是由软件将中断登记位清 0 来取消已经登记了的硬件中断。中断优先权可由软件来改变。

（9）外设传送服务器（PTS） PTS 是 80C196KC 的新特点，它以更少的 CPU 开销提供类似 DMA 的中断响应。PTS 提供单一和数据块传送方式以及 A-D 转换器和 HSIO 服务的特殊方式。15 个中断矢量中的任何一个均可以映像到其对应的 PTS 通道上。PTS 通道用 PTS 周期代替中断服务，可以节省强迫中断调用 PUSP、POP、PET 等指令的开销，这样 PTS 周期以非常类似 DMA 的方式插入到正常的指令流之中，加快中断处理能力。

在 80C196KC 中有一个高速输入/输出器 HSI/O，用来处理与时间有关的输入和输出事件。这种结构很灵活，但有时会增加软件开销和程序设计的难度。在 80C196MC 中则代之以事件处理器阵列（EPA），在 EPA 中，每个捕获寄存器（处理输入事件）和比较寄存器（处理输出事件）都与指定的输入/输出引脚相关联。这种结构有助于减少中断处理中的软件开销，程序设计也比较容易。EPA 中包含两个 16 位的双向定时/计数器作为输入、输出和定时的时基。在 EPA 中，有 4 个捕获/比较模块，每个模块支持 1 个引脚的高速输入/输出功能；此外，还有 4 个比较模块，每个模块支持 1 个引脚的输出功能，所有 EPA 模块都能产生中断。

5.7.3 数字信号处理（DSP）系统

数字信号处理器将原始模拟信号转换成数字信号后，再进行各种运算处理，这些处理包括：差分方程计算、相关系数运算、复频率变换、傅里叶变换、功率谱密度或幅值平方计算、矩阵运算与处理、对数取幂、模-数（A-D）和数-模（D-A）转换等。数字信号处理器具有适应数字信号处理算法基本运算的指令，有适应信号处理数据结构的寻址机构，它能充分利用算法中的并行性。数字信号处理器还在不断扩展实时控制功能。如增强输入/输出能力和对外部事件的管理操作，增加片内 A-D 转换器等。因此 DSP 正向需要复杂和高速运算的实时控制领域发展。

DSP 的主要特点可以概括如下：

（1）哈佛结构　在这种结构中，程序存储器和数据存储器相互分开各占独立的空间，允许取指令和执行指令全部重叠进行；可以直接在程序和数据空间之间进行信息传送，减少访问冲突，从而获得高速运算能力。

（2）用管道式设计加快执行速度　所谓管道式设计，即采用流水线技术，取指令和执行指令操作重叠进行。DSP 通常有一个短的三级管道（三级流水线）和相对快速的中断执行时间。模拟设备公司的 ADSP 有一个二级管道，TMS320C54 和 Motorola 公司的568XX 都有五级管道（五级流水线）。

（3）在每一时钟周期中执行多个操作　DSP 的每一条指令都是自动安排空间、编址和取数。支持硬件乘法器，使得乘法能用单周期指令完成。这也有利于提高执行速度，通常 DSP 的指令周期是纳秒级。

（4）支持复杂的 DSP 编址　一些 DSP 有专用硬件，支持模数（Modulo）和位翻转编址，以及其他一些运算编址模式。这些都在硬件中进行操作。

（5）特殊的 DSP 指令　在 DSP 器件中，通常都有些特殊指令，如 TMS320C10 中的 LTD 指令，可单周期完成加载寄存器、数据移动、同时累加操作。DSP 通过分散的硬件来控制程序循环，一些重复指令还将高时钟频率引入 MAC，以期达到或超过 DSP 的数学性能。

（6）面向寄存器和累加器　DSP 所使用的不是一般的寄存器文件，而是专用寄存器，较新的 DSP 产品都有类似于 RISC 的寄存器文件。许多 DSP 还有大的累加器，可以在异常情况下对数据溢出进行处理。

（7）支持前、后台处理　DSP 支持复杂的内循环处理，包括建立起 X、Y 内存和分址/循环计数器。一些 DSP 在做内循环处理中把中断屏蔽了，另一些则以类似后台处理的方式支持快速中断。许多 DSP 使用硬连线的堆栈来保存有限的上下文，而有些则用隐蔽的寄存器来加快上下文转换时间。

（8）拥有简便的单片内存和内存接口　DSP 设法避免了大型缓冲器或复杂的内存接口，减少了内存访问。一些 DSP 的内循环是在其单片内存中重复执行指令或循环操作部分代码，它多采用 SRAM 而不是 DRAM，前者接口更简便，只是价格相对高一些。

由于 DSP 具有以上的特点，它已经在现代自动控制系统中被广泛应用，也逐渐进入了机器人控制系统。如使用 DSP 系统进行机器人的视觉处理、语音识别处理、伺服电动机的控制等。

DSP 自 20 世纪 80 年代初进入各个应用领域以来，各种系列产品的发展极其迅速，各大公司不断推出改进新产品。例如，德州仪器公司（Texas Instruments）的 TMS320 系列自 1982 年推出的第一代产品 TMS320ClX 以来，经过不断更新到目前已有五代产品（见图5-29）。模拟器件公司（Analog）于 20 世纪 90 年代推出的 ADSP 产品 ADSP-2100 系列和

ADSP-2100 系列处理器，以其自身的许多特点也占领了很大的应用市场，并逐步扩大。此外，Motorola 公司也以其 24 位定点芯片 DSP56000（该芯片也有 16 位版本）和 32 位浮点 DSP96002 而闻名，并同时瞄准 16 位市场，及时推出 16 位产品 DSP56000 系列等。

本节以德州仪器公司的 TMS320C2X 系列 DSP 为例，介绍 DSP 的结构和性能特点。

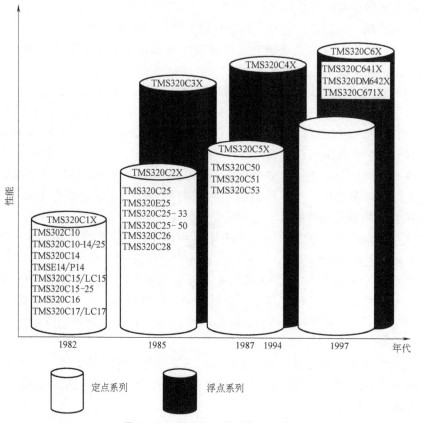

图 5-29 TMS320 系列典型产品

（1）片内数据存储器 RAM 图 5-30 所示为 TMS320C240X 的结构框图，它占有两个空间的片内数据存储器 RAM，其总容量为 544 字节，每个字节 16 位。其中之一既可以设置成程序存储器，也可以设置成数据存储器，从而增加了系统设计的灵活性。片外可直接寻址的 64KB 数据存储器地址空间便于实现 DSP 算法。

（2）片内程序存储器 ROM 对于 TMS320C25 来说，其片内程序存储器是 4K 字节的大块掩膜 ROM，用它可以降低系统的成本，提供一个实际的单片 DSP。最多 4K 字节的程序可以用掩膜方法放置到内部 ROM 中去。64K 字节程序的其余部分被放在片外，大量程序可以全速在此存储空间上运行，也可以将程序从慢速的外部存储器装入到片内 RAM 中去全速运行。

（3）算术逻辑单元和累加器 ALU/ACC TMS320C2X 使用 32 位的 ALU 和累加器并以 2 的补码参加运算。ALU 是一个通用目的算术单元，它所使用的运算数据取自数据 RAM 或来自立即指令的 16 位字节，也可以是乘积寄存器中 32 位字节的乘积结果。除通常的算

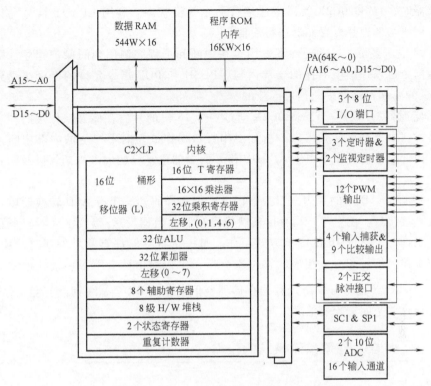

图 5-30　TMS320C240X 的结构框图

术指令外，ALU 还可以执行布尔运算，提供高速控制器需要的位操作能力。累加器存储 ALU 的输出并且是 ALU 的第二个输入。字长为 32 位的累加器被分为一个高字阶（从第 31 位到第 16 位）和一个低字阶（从第 15 位到第 0 位）。使用指令可以在存储器中存储累加器的高字阶字和低字阶字。

（4）乘法器　乘法器以单指令周期完成 16×16 位的补码数相乘，其结果是 32 位。乘法器由三部分组成，即 T 寄存器、P 寄存器和乘法器阵列。16 位的 T 寄存器用来临时存放乘数，P 寄存器存储 32 位乘积。乘法器中的数值来自数据存储器，当使用 MAC/MACD 指令时，则来自程序存储器，或者直接来自乘立即数的 MPYK 指令字。快速的片内乘法器对执行诸如卷积、相关和滤波等 DSP 基本算法是很有实效的。

（5）定标移位器　TMS320C2X 的定标移位器有一个 16 位的输入连接到数据总线和一个 32 位的输出连接到 ALU。定标移位器依照指令的编程使输入数据产生 0 到 16 位的左移。输出的最低有效位（LSBs）填补 0；而最高有效位（MSBs）或者填补 0 或者符号扩展，这取决于状态寄存器 ST1 中符号扩展方式位的状态。所附加的移位能力使得处理器能扫描数值定标、二进制位提取、扩展运算和防止溢出。

（6）局部存储器接口　TMS320C2X 局部存储器接口包括一个 16 位的并行数据总线（D15～D0），一个 16 位的地址总线（A15～A0），三个用于数据/程序存储器或 I/O 空间选择（$\overline{DS}$、$\overline{PS}$ 和 $\overline{IS}$）的引脚，以及各种系统控制信号。R/$\overline{W}$ 信号控制着数据的传输方向，而 $\overline{STRB}$ 为控制这个传输提供了定时信号。当使用了片内程序 RAM、ROM 或高速外部程序存储器时，TMS320C2X 就以全速运行而无等待状态。利用 READY 信号允许产生等待状态，用于与低速片外存储器进行通信。

（7）堆栈 多至 8 级的硬件堆栈用于在中断和子程序调用期间保护程序计数器的内容，利用指令可以保护该器件的全部内容。PUSH 和 POP 指令允许的嵌套级受到可利用的 RAM 量的限制，这些中断是可屏蔽的。

（8）定时器/计数器 TMS320C2X 通过一个 16 位的片内存储器映像定时器、一个重复计数器、三个外部可屏蔽用户中断和由串行口操作或定时器产生的内部中断来支持控制操作。内部机制防止指令由于 READY 信号而变的重复或变成多周期，以及防止保持和中断。

（9）串行口 DSP 的片内全双工串行口提供与译码器、串行 A-D 转换器以及其他串行设备的直接接口。两个串行口存储器映像寄存器（数据发送/接收寄存器）既可以 8 位字节方式工作，也可以 16 位字节方式工作。每一个寄存器都有一个外部时钟输入信号、一个帧同步输入信号和一个相应的移位寄存器，串行通信可应用于多重处理中的处理器之间。TMS320C2X 能够分配全局数据存储器空间并通过 $\overline{BR}$（总线询问）信号和 READY 控制信号与这些空间进行通信。

5.7.4 机器人运动控制系统的接口

1. 驱动电路

由单片机或者 DSP 系统发送的 PWM 信号，需要经过放大驱动实现对机器人的伺服控制。图 5-31 所示为伺服电动机的驱动原理框图。PWM 信号经过逻辑信号转换，输出到光耦隔离器，实现信号的隔离，再经过 H 桥实现对信号的放大驱动。

图 5-31 伺服电动机的驱动原理框图

H 桥的驱动原理如图 5-32 所示。S_1、S_2、S_3、S_4 为开关器件或开关状态下的半导体功率器件，由逻辑信号转换电路的输出信号控制其通断。其中，设 S_1 和 S_4 为 A 组，设 S_2 和 S_3 为 B 组，当 A 组导通而 B 组断开时，电流由左至右流经电动机，设为正转，相反当 B 组导通而 A 组断开时，电流由右至左流经电动机，即为反转，当 A、B 组同时断开时，电动机停转。逻辑信号转换电路的任务，正是根据方向控制信号的不同，将 PWM 控制信号加到相应的开关器件控制端上。

在机器人的控制系统中，通常采用专用芯片实现 H 桥驱动。例如，LMD18200 是美国国家半导体公司（NS）推出的专用于直流电动机驱动的集成电路芯片，采用 TO-220 封装，其主要功能为额定电流 3A、峰值电流 6A、电源最高电压

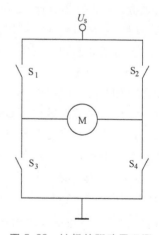

图 5-32 H 桥的驱动原理图

55V; 可通过输入的 PWM 信号实现 PWM 控制; 可通过输入的方向控制信号实现转向控制; 可接收 TTL 或 CMOS 输入控制信号; 可实现电动机的双极性和单极性控制; 内设过热报警输出和自动关断保护电路; 内设防桥臂直通电路。LMD18200 的原理如图 5-33 所示, 其内部集成了 4 个 DMOS 管, 组成一个标准的 H 型驱动桥。电流取样输出端 8 可接一个对地电阻, 通过电阻来检测过电流情况, LM18200 内部保护电路设置的过电流阈值为 10A, 当过流时自动封锁输出, 并周期性自动恢复, 当过电流时间较长时, 过热保护将关闭整个输出。

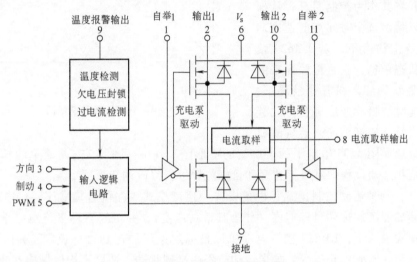

图 5-33　LMD18200 的原理图

2. 运动控制芯片

近年来, 为了简化机器人控制系统的结构, 有些公司推出了一些专用运动控制芯片, 如 LM628 和 LM629 就是一种专用的运动控制芯片。

LM629 芯片的系统结构框图如图 5-34 所示, 其内部硬件结构主要由四个功能块组成: 运动梯形图发生器、闭环 PID 调节器、电动机位置解码器和 PWM 脉宽调制输出。同时, 它还具有良好的主机接口, 可通过 I/O 口与单片机通信、输入运动参数和控制参数、输出状态和信息。

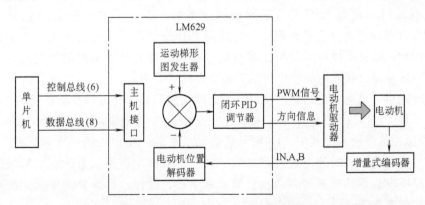

图 5-34　LM629 芯片的系统结构框图

运动梯形图又称速度图，它是 LM629 进行运动控制的重要依据。当 LM629 从主机处接收到运动控制信息，如运动控制模式（位置模式/速度模式）、目标加速度、目标速度、目标位置（位置控制模式下）后，它就根据这些信息自动生成一张运动梯形图，并将其作为控制目标，从梯形图上可以得出每个时间点的速度期望值。在停止状态下，若 LM629 接收到新的状态信息，它将擦除原来的梯形图而重新创建。在有些情况下，受目标加速度、目标速度和目标位置的限制，当目标速度值尚未达到时就

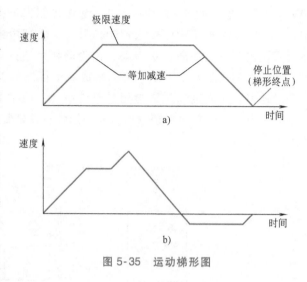

图 5-35　运动梯形图

必须开始减速。图 5-35 给出了两个典型的梯形图，其中，图 5-35a 是简单的梯形图，而图 5-35b 是在运动过程中对目标速度和目标位置进行修改的梯形图。

LM629 有两种运动控制模式：位置模式和速度模式。在位置模式下，LM629 控制电动机以目标加速度加速到目标速度（作为其最高速度），并最终自动平稳地停止在目标位置上；在速度模式下，LM629 控制电动机以目标加速度加速到目标速度，并维持在这个速度值上直至接收到停止指令，如果运动过程中出现扰动，速度平均值保持不变。

LM629 提供了三种停止方式：方式 1，LM629 使其电动机 PWM 驱动输出口输出为 0，电动机靠阻力自由减速；方式 2，LM629 设定当前位置为目标位置并以最大的减速度进行减速，使电动机立刻停转；方式 3，LM629 控制电动机以用户所设定的目标加速度平稳停转。在 LM629 的任一控制状态下，均可通过停止指令以某一方式使电动机停转。

LM629 内含的 16 位可编程数字 PID 控制器采用增量式 PID 控制算法，用户所要做的是为其选择恰当的 PID 参数，使其符合系统品质的要求。需要指出的是，除了 K_p、K_i、K_d 之外，LM629 还提供了两个控制变量：积分限制参数 L_i 和微分采样时间系数 ds。积分限制参数 L_i 必须与 K_i 一起装入，它限制了积分项的最大值，有助于防止积分饱和现象。当试图将电动机加速至其无法达到的目标速度时，必然会产生较大的积分项，而当 LM629 欲在目标位置处停止时此积分项将成为 PID 调节器的主导而产生较大的超调，此即为积分饱和。微分采样时间的可编程有助于提高低速高惯性负载的稳定性，在低速运行时，适当延长微分采样时间可以得到更为稳定的微分项。

LM629 提供了增量式编码器的接口，编码器输出的转速检测信息直接送往 LM629 中，无须人为干预。LM629 的编码器接口提供了三个输入口：编码器 A、B 两相波形输入和一个 IN 零位脉冲信号输入。其中，IN 信号是电动机每转一圈出现的一次低电平。A、B 两相波形信号跟踪电动机的绝对位置和方向，它们组成四个逻辑状态，此逻辑状态的每一次改变，LM629 内部的位置寄存器相应增减一个数，这样，系统分辨率就比编码器条纹数高 4 倍，如图 5-36 所示。

鉴别编码器每个状态的最小时钟周期数为 8 个时钟周期，这决定了编码器信号的最大捕获速率。在 8MHz 的输入时钟下，最大捕获频率可达 1MHz，若采用 500 线的编码器，则电动机的最大速度可达 30000r/min。

LM629 输出 8 位带符号脉宽调制 PWM 信号直接驱动桥式电动机驱动器，图 5-37 为 LM629 的 PWM 输出信号的形式。符号位用于控制

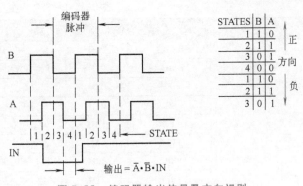

图 5-36　编码器输出信号及方向识别

电动机转向，PWM 具有从最大负驱动到最大正驱动的 8 位分辨率，当调制信号输出为 0 时为停止状态，这对桥式电动机驱动器使电动机停转是很有用的。

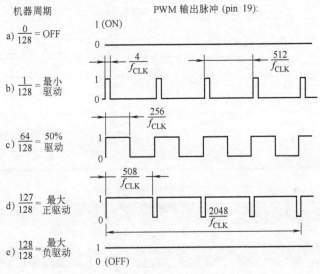

图 5-37　LM629 的 PWM 输出信号的形式

LM629 有 22 条指令，从功能上可分为以下几类：初始化类、中断控制类、PID 控制类、运动控制类以及数据报告类。LM629 的指令集见表 5-1。

LM629 所有的指令均为单字节命令，很多指令后面需要跟随若干字节的数据。PID 控制及运动控制类的指令采用双缓冲结构，对 PID 参数和运动参数的修改也因此分为两个步骤：写入和刷新。修改时，数据首先被装入主寄存器中，此为“写入”；之后必须通过相应的参数有效指令将主寄存器中的数据进一步装入工作寄存器中，此为“刷新”。数据只有在被刷新之后，它才能在实际控制中发挥作用。这样的设计，可以消除一般存在于数据通信上的瓶颈效应，并为多电动机同步操作提供一种解决方法。

在用 LFIL 和 LTRJ 写入 PID 参数和运动参数时，在传入参数前必须先通过两个字节的数据告知 LM629 即将传入的参数信息。这两个字节的内容见表 5-2 和表 5-3。

表 5-1　LM629 的指令集

类　　型	指令名	指令码	说　　明	后带数据字节数
初始化	RESET	00H	复位	0
	PORT8	05H	8 位 PWM 输出	0
	DFH	02H	定义原点	0
中断控制	SIP	03H	设定 Index 位置	0
	LPEI	1BH	误差中断	2
	LPES	1AH	误差停	2
	SBPA	20H	设定绝对断点	4
	SBPR	21H	设定相对断点	4
	MSKI	1CH	屏蔽中断	2
	RSTI	1DH	复位中断	2
PID 控制	LFIL	1EH	装入 PID 参数	2～10
	UDF	04H	PID 参数有效	0
运动控制	LTRJ	1FH	装入运动参数	2～14
	STT	01H	运动参数有效(启动)	0
数据报告	RDSTAT	无	读状态	1
	RDSIGS	0CH	读信息寄存器	2
	RDIP	09H	读 Index 位置	4
	RDDP	08H	读预定位置	4
	RDRP	0AH	读实际位置	4
	RDDV	07H	读预定速度	4
	RDRV	0BH	读实际速度(整数部分)	2
	RDSUM	0DH	读积分和	2

表 5-2　装入 PID 参数指令前两个字节的内容

15	14	13	12	11	10	9	8
微分采样时间间隔 ds 数据							
7	6	5	4	3	2	1	0
不　　用				K_p	K_i	K_d	积分极限

表 5-3　装入运动参数指令前两个字节的内容

15	14	13	12	11	10	9	8
不用			正转	速度方式	慢停	快停	PWM＝0
7	6	5	4	3	2	1	0
不　　用		装加速度	相对加速度	装速度	相对速度	装位置	相对位置

3. 基于计算机技术的机器人运动伺服控制器

机器人运动伺服控制需要进行大量的轨迹差补运算，计算机系统由于其丰富的资源，因此在进行坐标变换、轨迹规划、插补运算等可以由计算机完成，多轴伺服电动机的控制则由以插卡形式插在计算机总线（如 ISA 和 PCI 总线）插槽上的运动控制器实现。这种运动控制可以用以下几种方案构成：

（1）基于通用微型处理器 如由 8088、8031 等为核心部件，加上存储器、编码器信号处理电路及 D-A 转换电路等，其位置环控制算法则由事先编好的程序固化在存储器中，这个方案采用元器件较多，可靠性差，软硬件设计工作量大。

（2）基于专用微型控制器 如采用 LM628 芯片等。用一个芯片完成速度曲线规划、PID 伺服控制算法、编码器信号处理等多种功能。一些需要用户经常更改的参数如电动机位置、速度、加速度、PID 参数等均在芯片内部的 RAM 区内，可由计算机用指令很方便地修改。回路采样时间可以达到 256μs 以内。但由于受运算速度的限制，复杂的控制算法和功能很难实现。

（3）基于 DSP 的控制器 基于 DSP 的控制器前文已经进行了详细的讨论，在此不再重复。

5.8 机器人控制系统举例

下文以 PUMA560 机器人控制系统为例，说明机器人控制系统的构成和工作基本原理。

PUMA560 机器人操作臂控制系统的结构如图 5-38 所示。其控制器是由一个 DECLSI-11 计算机和 6 个 Rock well 6503 微处理器组成的两级控制系统。DECLSI-11 计算机作为上级主控计算机监控下一级的 6 个 Rock well 6503 微处理器。每一个微处理器控制一个关节，采用 PID 控制规律。每一关节上装有一个增量式数码盘，检测关节的角位移。数码盘通过接口与上/下指针连接，使微处理器随时读出关节位置。PUMA560 没有采用测速电动机，而是通过关节位移的微分得到关节速度，进行速度反馈。为了获得直流电动机的指令力矩，微处理器通过接口与 D-A 转换相连，由直流驱动电路供给电动机电流，调节加在电枢上的电压来控制电枢电流，使它维持预期的值。

主控计算机 DECLSI-11 相当于一个监控计算机，有两个主要功能：①与用户进行在线人机对话，并根据用户的 VAL 指令（VAL 是 Unimate 机器人程序语言）进行子任务调度；②与 6 个 6503 微处理器进行子任务协调，以执行用户指令。与用户在线人机对话，除了包括向用户通报各种出错信息外，还包括对 VAL 命令的分析、解释和解码。一旦 VAL 命令被解码，各种内部子程序就被调用来完成调度和协调功能。在 DECLSI-11 计算机的 EPROM 中有如下功能：

1）坐标变换（直角坐标和关节坐标的相互变换等）。

2）关节插补和轨迹规划，每隔 28ms 向每个关节传送与每个设定点相应的增量位置更新值。

3）从 6503 微处理器判明各运动关节是否完成它所需的增量运动。

4）如果机器人是处于连续路径控制方式，则还要预先做好 2）、3）两条指令以完成连续路径插补。

总之，主控级的主要功能是对操作臂动作命令进行处理。VAL 将根据命令说明的动作要求，进行坐标变换、轨迹规划和插补运算，其中路径段时间都为 28ms。运算结果所

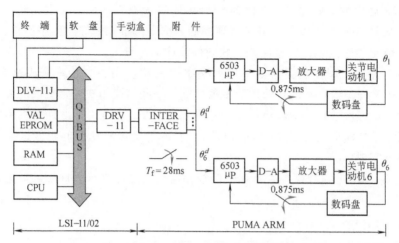

图 5-38 PUMA560 机器人操作臂控制系统的结构

得参数送往相应关节的数字伺服板，然后检测各关节的运行情况，以确定它们是否正常工作。

每个关节有一个关节控制器，它由数字伺服板、模拟伺服板和功率放大器组成。关节控制级的核心部分是数字伺服板上的 6503 微处理器及其 EPROM 和 D-A 转换。6503 微处理器与 DECLSI-11 计算机间的通信是通过一个接口板进行的。接口板的作用相当于一个信号分配器，它向每个关节发送轨迹设定点的信息。接口板还和 16 位 DEC 并行接口板（DRV-11）相连，后者与 LSI-11 的总线交换（接、送）数据。微处理器计算出关节误差信号，并将它送至模拟伺服板。模拟伺服板上带有关节电动机的电流反馈。

关节控制器有两个伺服环。外环提供位置误差信息，由 6503 微处理器大约每 0.875ms 更新一次。内环由模拟器件和补偿器组成，用以微分反馈，起阻尼作用。两个伺服环的增益（相当于前面所述的 K_v 和 K_p）固定不变，并调到在 VAL 程序确定的速度下的"临界阻尼关节系统"处理程序。微处理器的主要功能是：

1）每 28ms 接收一次来自 DECLSI-11 计算机的轨迹设定点，并检测、确认这一信息。然后对关节位置的新值（路径段起点）和当前值（路径段终点）之间进行路径段的插补计算。微处理器把 28ms 内关节应该运动的角度分成 32 等分（步），于是路径段内每一步的时间为 0.875ms。微处理器每隔 0.875ms 还从数码盘的寄存器中读出关节的当前位置，以便在下一步的插补计算时使用。

2）更新由关节插补设定点和数码盘之值所得到的误差驱动信号。

3）用 D-A 转换把误差驱动信号转换成电流，然后把电流传送到驱动关节的模拟伺服板上，驱动相应的关节运动。

可见，PUMA 机器人的控制方案基本上是比例积分微分控制（PID 控制器）。这种方案的主要缺点之一是：反馈增益是常数，且是预先确定的，不能随实际载荷的变化而改变。由于工业机器人是一个高度非线性系统，惯性负载、关节间的耦合以及重力效应都随位姿变化而变化，有的还与速度有关。而且，机器人在高速运行时，惯性负载、哥氏力、离心力变化很大，因而采用上述系统（带有恒定的反馈增益）控制非线性系统，在速度和有效载荷变化的情况下，动态性能是不够理想的。实际上，PUMA 机器人操作臂在减速运动时带有明显的振动。针对这一问题，许多研究者提出了各种改进方案，如计算力矩方法。

DECLSI-11 计算机配备有标准外设：终端和示教盒，另外还可选配软盘驱动器、I/O 模块和附加存储器。

5.9　小结

机器人的控制问题是机器人的核心问题。机器人运动学建模描述机器人末端执行器与各关节之间的运动微分关系，为结构设计提供运动特性分析方法，也是动力学建模与位姿轨迹控制的基础。一般情况下，机器人动力学建模是基于运动学模型和刚体动力学理论，建立驱动力和力矩与关节位移、速度和加速度之间的联系。动力学模型为结构设计提供力学特性分析方法，为控制系统设计提供模型依据。

机器人控制是根据具体的性能指标设计其控制算法和系统，是机器人能够按照要求正常工作的理论和技术方法。机器人控制涉及自动控制、计算机、传感器、人工智能、电子技术和机械工程等学科内容。

本章从机器人控制的数学建模和控制系统的硬件结构及控制方式进行简单介绍。从机器人的直流电动机和交流电动机驱动开始，介绍机器人的机电一体化系统的传递函数关系和控制方法；然后介绍了机器人的控制系统的主控制器、专用运动控制器、运动驱动器等内容。

现代技术的迅速发展、计算机性能的极大提高和人工智能的发展，给机器人控制带来了极其丰富的内容。机器人控制技术包括了机器人轨迹控制、力控制（柔顺控制）、分解运动控制（协调控制）、高级智能动态控制（自适应控制、变结构控制、模糊控制、学习控制、生物控制等）、多机器人协调控制等。这些控制方法本章没有涉及，智能控制方法将在第 8 章探讨。

习题

1. 请简单叙述机器人控制系统有哪些特点？
2. 请简述直流伺服电动机和交流伺服电动机的工作基本原理。
3. 请简述伺服电动机调速的基本原理。
4. 伺服系统有哪几个动态参数？它们分别反映了系统的哪些特性？
5. 机器人电动机伺服的位置和速度反馈增益是如何确定的？为什么要将阻尼比确定为 1？
6. 请简述 PID 控制的基本原理。
7. 交流伺服电动机有哪几种变频调速方式？请分别说明其原理。
8. DSP 有哪些特点？

第6章
机器人的感觉

机器人感觉系统通常由多种机器人传感器或视觉系统组成，第一代具有计算机视觉和触觉能力的工业机器人是由美国斯坦福研究所研制成功的。目前，使用较多的机器人传感器有位移传感器、力觉传感器、触觉传感器、压觉传感器、接近觉传感器等。本章主要介绍机器人常用的传感器及其工作原理，并对其使用要求以及各种传感器的选择方法和评价方法加以介绍。

6.1 机器人传感技术

6.1.1 机器人与传感器

研究机器人，首先从模仿人开始，通过考察人的劳动我们发现，人类是通过五种熟知的感官（视觉、听觉、嗅觉、味觉、触觉）接收外界信息的，这些信息通过神经传递给大脑，大脑对这些分散的信息进行加工、综合后发出行为指令，调动肌体（如手足等）执行某些动作。如果希望机器人代替人类劳动，则发现大脑可与当今的计算机相当，肌体与机器人的机构本体（执行机构）相当，五官可与机器人的各种外部传感器相当。也就是说，计算机是人类大脑或智力的外延，执行机构是人类四肢的外延，传感器是人类五官的外延。机器人要获得环境的信息，同人类一样需要通过感觉器官来得到信息。人类具有五种感觉，即视觉、嗅觉、味觉、听觉和触觉，而机器人则是通过传感器得到这些感觉信息的。其中，传感器处于连接外界环境与机器人的接口位置，是机器人获取信息的窗口。要使机器人拥有智能，对环境变化做出反应，首先，必须使机器人具有感知环境的能力，用传感器采集信息是机器人智能化的第一步；其次，如何采取适当的方法，将多个传感器获取的环境信息加以综合处理，控制机器人进行智能作业，则是提高机器人智能程度的重要体现。因此，传感器及其信息处理系统，是构成机器人智能的重要部分，它为机器人智能作业提供决策依据。

6.1.2　机器人传感器的分类

首先，传感器可分为内部感应的和外部感应的，其中外部感应如视觉或触觉，并不包括在机器人控制器固有部件之中的；而内部感应传感器如转角编码器，则是装在机器人内部的。采用这种分类方法，机器人用传感器也可分为内部传感器和外部传感器。内部传感器是用来确定机器人在其自身坐标系内的位置姿态的，如用来测量位移、速度、加速度和应力的通用型传感器。而外部传感器则用于机器人本身相对其周围环境的定位。外部传感机构的使用使机器人能以柔性方式与环境互相作用。负责检验诸如距离、接近程度和接触程度之类的变量，便于机器人的引导及物体的识别和处理。尽管接近觉、触觉和力觉传感器在提高机器人性能方面具有重大的作用，但视觉被认为是机器人重要的感觉能力。机器人视觉可定义为从三维环境的图像中提取、显示和说明信息的过程。这一过程通常也称为机器视觉或计算机视觉。使用传感技术使机器人在应付环境时具有较高的智能，这是机器人领域中一项活跃的研究和开发课题。

几乎所有的机器人都使用内部传感器，如为测量回转关节位置的编码器、测量速度以控制其运动的测速计。大多数控制器都具备接口能力，所以来自输送装置、机床以及机器人本身的信号，能够被综合利用来完成某一项任务。然而，机器人的感觉系统通常指机器人的外部传感器，如视觉传感器等，这些传感器使机器人能获取外部环境的有用信息，可为更高层次的机器人控制提供更好的适应能力，也就是使机器人增加了自动检测能力，提高其智能。现在，视觉和其他传感器已被广泛应用于各种任务：带有中间检测的加工工程、有适应能力的材料装卸、弧焊和复杂的装配作业等。已经出现了一个由机器人视觉公司组成的新型产业。

另一种分类是根据传感器完成的功能来分的。尽管还有许多传感器有待发明，但现有的已形成通用种类，如在机器人采集信息时不与零件接触的场合，它的采样环节就需使用非接触传感器。用外部传感器如另设的触觉测试器也能检测形状。对于非接触传感器的不同类型，可以划分为只测量一个点的响应和给出一个空间阵列或若干相邻点的测量信息这两种。测点装置使用最普遍的是超声测距装置，这些装置在一个锥形信息收集空间内可测量靠近物体的距离。而照相机是测量空间阵列信息最普通的装置。

对接触传感器也可进行相似的分类，接触传感器可以简单地测定是否接触，也可测量力或力矩。最普通的触觉传感器就是一个简单的开关，当它接触零部件时，开关闭合。力或力矩传感器按牛顿定律公式，即力等于质量与加速度的乘积，而力矩等于惯量与角加速度的乘积。一个简单的力传感器，可用一个加速度仪来测量其加速度，进而得到被测力。这些传感器也可按用直接方法还是间接方法测量来分类。例如，力可以从机器人手上直接测量，也可从机器人对工件表面的作用间接测量。力和触觉传感器还可进一步细分为数字式或模拟式，以及其他类别。

6.1.3　多传感器信息融合技术的发展

20 世纪 80 年代初，多传感器信息融合的研究受到广泛关注，多传感器信息融合的应用土壤是各种实用的传感器系统。多传感器系统与机器人相结合，形成感觉机器人和智能机器人。感觉机器人与智能机器人的界限不是非常明确，一般认为感觉机器人拥有一定的感觉，但只是低级的智能，没有复杂的信息处理系统，只能在结构化的环境中从事简单的工作；智能机器人其本身能认识工作环境、工作对象及其状态，它能根据人给予的指令和"自身"认识外界的结果来独立地决定工作方法，利用操作机构和移动机构实现任务目标，并能适应工作环境的变化。多传感器、多信息融合系统与机器人结合起来，就构成了智能机器人。

多传感器信息融合系统在机器人领域内主要有以下几个方面的应用。

1. 移动机器人的传感器

自主自导的移动机器人需要一些固定式机器人所不需要的特殊传感器。移动机器人对传感器的要求以及使用传感装置时会遇到的一些问题。从安全方面考虑非常必要为移动机器人配备多个传感装置，如使机器人避免碰撞或利用传感器反馈的信息进行导引、定位以及寻找目标等。这些包括接触式触觉传感器、接近传感器、局部及整体位置传感器和水平传感器等。这种机器人属于智能型机器人，它在很多方面得到应用，如工业用材料运输车、军事哨兵、照顾病人、家务劳动，以及平整草坪和真空吸尘等。

移动机器人所需要的最重要也是最困难的传感器系统之一就是定位装置。局部和整体位置信息都可能需要。这种信息的准确度对确定机器人控制对策也是很重要的，因为机器人作业的成功和准确与机器人定位的成功和准确直接有关。事实上，安装轴角编码对短距离可提供准确信息，而由于轮子打滑以及其他因素，对长距离可能造成大的累积误差。所以，一些可修正确定位置的整体方法也是需要的。

在移动式机器人车中，建造了一种整体定位系统，使用整体定位装置时可能还需要把一幅地图编程输入到机器人存储器中，这样即可根据其当前位置和预期位置拟订对策。这种需求已经促使一些研究人员去研发制订机器人环境地图的方法。例如，移动机器人上的测距装置可测出其至周围环境中各物体的距离，经进一步处理，即可得出一幅地图。

2. 传感器与集成控制

因为一台智能机器人可能采用多种传感器，所以把传感的信息和存储的信息集成起来，形成控制规则也是重要的问题。在某些情况下，一台计算机就完全能够控制机器人。但在某些复杂系统中（移动机器人或柔性制造系统），可能要采用分层的、分散的计算机。一台执行控制器可用于总体规划。它把信息传递给一系列专用的处理器以控制机器人各功能，并从传感器系统接收输入信号。不同的层次可用于完成不同的任务。一台只有高级语言能力的大型中心微处理机，与在一条公共总线上的若干台较小的微处理器相联，可提供一种分层控制的执行方式。这样，软件规划可包括在主控制器中，而高速动作可由分散的微处理器控制。

分散的传感器和控制系统在许多方面像人类的中枢神经系统。很多动作可由脊椎神经网络控制，而无须大脑的意识控制。这种局部反应和自主功能对人类的生存是必要的，如何设法在机器人上实现这类功能也是非常重要的。对机器人这类机构的研究能使我们进一步理解如何才能让机器人工作得更像人类一样。

6.2　机器人内部传感器

6.2.1　机器人的位置传感器

位置感觉是机器人最基本的感觉要求，它可以通过多种传感器来实现，常用的机器人位置传感器有电阻式位移传感器、电容式位移传感器、电感式位移传感器、光电式位移传感器、霍尔元件位移传感器、磁栅式位移传感器以及机械式位移传感器等。机器人各关节和连杆的运动定位精度要求、重复精度要求以及运动范围要求是选择机器人位置传感器的基本依据。

典型的位置传感器是电位计（称为电位差计或分压计），它由一个线绕电阻（或薄膜电阻）和一个滑动触点组成。其中滑动触点通过机械装置受被检测量的控制。当被检测的位置量发生变化时，滑动触点也发生位移，改变了滑动触点与电位器各端之间的电阻值和输出电压值，根据这种输出电压值的变化，可以检测出机器人各关节的位置和位移量。

如图 6-1 所示，这是一个位置传感器的实例。在载有物体的工作台下面有同电阻接触的触头，当工作台左右移动时，接触触头也随之左右移动，从而移动了与电阻接触的位置。检测的是以电阻中心为基准位置的移动距离。

假定输入电压为 E，最大移动距离（从电阻中心到一端的长度）为 L，在可动触头从中心向左端只移动 x 的状态，假定电阻右侧的输出电压为 e。若在图 6-1 的电路上流过一定的电流，由于电压与电阻的长度成比例（全部电压按电阻长度进行分压），所以左、右的电压比等于电阻长度比，也就是

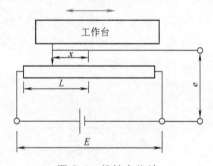

图 6-1　线性电位计

$$(E-e)/e = (L-x)/(L+x)$$

因此，可得移动距离 x 为

$$x = \frac{L(2e-E)}{E} \tag{6-1}$$

把图 6-1 中的电阻元件弯成圆弧形，可动触头的另一端固定在圆的中心，并像时针那样回转时，由于电阻长随相应的回转角而变化，因此基于上述同样的理论可构成角度传感器。如图 6-2 所示，这种电位计由环状电阻器和与其一边电气接触一边旋转的电刷共同组成。当电流沿电阻器流动时，形成电压分布。如果将这个电压分布制作成与角度成比例的形式，则从电刷上提取出的电压值，也与角度成比例。作为电阻器，可以采用两种类型，一种是用导电塑料经成形处理做成的导电塑料型，如图 6-2a 所示；另一种是在绝

缘环上绕上电阻线做成的线圈型，如图 6-2b 所示。

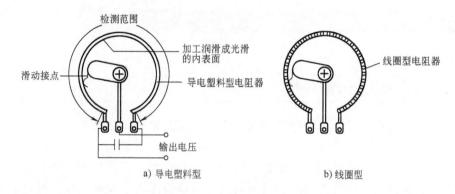

a) 导电塑料型　　　　　　　b) 线圈型

图 6-2　角度式电位计

线圈型电位计，其电压分布成阶段状，所以它的分辨力由可能检测范围（在一周回转型中，可以是 340°）内绕制的电阻线圈数来决定，可以做到（1/100°）～（1/2000°）这一范围。对于导电塑料型来说，因为其电压分布大体上是连续的，所以其分辨力可以取作无穷小。这类传感器的缺点是，在电刷与电阻器表面的多次摩擦中，两者都会受到磨损，从而使平滑的接触变得不可能，因此，会因为接触不好而产生噪声。

图 6-3 所示的位置传感器是利用光电检测元件做成的。如果事先求出光源（LED）和感光部分（光敏晶体管）之间的距离同感光量的关系（见图 6-3b），就能从计测时的感光量 α 检测出位移 x。

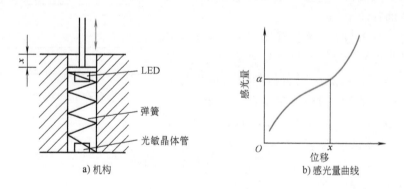

a) 机构　　　　　　　　　　b) 感光量曲线

图 6-3　光电位置传感器

6.2.2　机器人的角度传感器

应用最多的旋转角度传感器是旋转编码器。旋转编码器又称转轴编码器、回转编码器等，它把连续输入的轴的旋转角度同时进行离散化（样本化）和量化处理后予以输出。

把旋转角度的现有值，用 $n$bit 的二进制码表示进行输出，这种形式的编码器称为绝对值型；还有一种形式，是每旋转一定角度，就有 1bit 的脉冲（1 和 0 交替取值）被输出，这种形式的编码器称为相对值型（增量型）。相对值型用计数器对脉冲进行累积计算，从而可以得知从初始角旋转的角度。根据检测方法的不同，可以分为光学式、磁场式和感应式。一般来说，普及型的分辨率能达到 2^{-12} 的程度，对于高精度型的编码器其分辨率可以达到 2^{-20} 的程度。

光学编码器是一种应用广泛的角位移传感器，其分辨率完全能满足机器人技术要求。这种非接触型传感器可分为绝对型和增量型。对前者，只要电源加到这种传感器的机电系统中，编码器就能给出实际的线性或旋转位置。因此，用绝对型编码器装备的机器人关节不要求校准，只要一通电，控制器就知道实际的关节位置。而增量型编码器只能提供与某基准点对应的位置信息。所以用增量型编码器的机器人在获得真实位置信息以前，必须首先完成校准程序。线性或旋转编码器都有绝对型和增量型两类，旋转型器件在机器人中的应用特别多，因为机器人的旋转关节远远多于棱柱形关节。直线编码器成本高，甚至以线性方式移动的关节，如球坐标机器人都用旋转编码器。

1. 光学式绝对型旋转编码器

如图 6-4 所示为一光学式绝对型旋转编码器，在输入轴上的旋转透明圆盘上，设置 n 条同心圆状的环带，对环带上角度实施二进制编码，并将不透明条纹印刷到环带上。

将圆盘置于光线的照射下，当透过圆盘的光由 n 个光传感器进行判读时，判读出的数据变成 n bit 的二进制码。二进制码有不同的种类，但是只有葛莱码是没有判读误差的码，所以它获得了广泛的应用。编码器的分辨率由比特数（环带数）决定，如 12bit 编码器的分辨率为 $2^{-12} = 1/4096$，并对 1 转

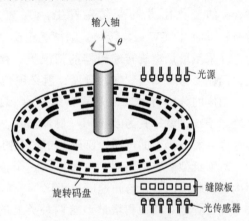

图 6-4　光学式绝对型旋转编码器

360°进行检测。BCD 编码器，设定以十进制作为基数，所以其分辨率变为 $(360/4000)°$。

对绝对型旋转编码器，可以用一个传感器检测角度和角速度。因为这种编码器的输出，表示的是旋转角度的现时值，所以若对单位时间前的值进行记忆，并取它与现时值之间的差值，就可以求得角速度。

2. 光学式增量型旋转编码器

在旋转圆盘上设置一条环带，将环带沿圆周方向分割成 m 等份，并用不透明的条纹印制到上面。把圆盘置于光线下照射，透过去的光线用一个光传感器（A）进行判读。因为圆盘每转过一定角度，光传感器的输出电压 A 在 H（high level）与 L（low level）之间就会交替地进行转换，所以当把这个转换次数用计数器进行统计时，就能够知道旋转过的角度，如图 6-5 所示。

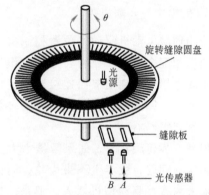

图 6-5　光学式增量型旋转编码器

由于这种方法不论是顺时针方向（CW）旋转时，还是逆时针方向（CCW）旋转时，都同样地会在 H 与 L 间交替转换，所以不能得到旋转方向，因此，从一个条纹到下一个条纹可以作为一个周期，在相对于传感器（A）移动 1/4 周期的位置上增加传感器（B），并提取输出量 B。于是，输出量 A 的时域波形与输出量 B 的时域波形，在相位上相差 1/4 周期，如图 6-6 所示。

通常，顺时针方向（CW）旋转时，A 的变化比 B 的变化先发生，

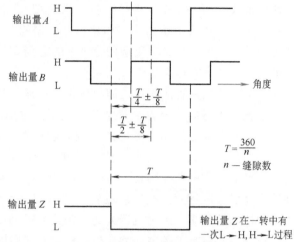

图 6-6　增量型旋转编码器输出波形

逆时针方向（CCW）旋转时，则情况相反，因此可以得知旋转方向。

在采用增量型旋转编码器的情况下，得到的是从角度的初始值开始检测到的角度变化，问题变为要知道现在的角度，就必须利用其他方法来确定初始角度。

角度的分辨力由环带上缝隙条纹的个数决定。例如，在一转（360°）内能形成 600 个缝隙条纹，就称其为 600p/r（脉冲/转）。此外，以 2 的幂乘作为基准，如 $2^{11} = 2048 \text{p/r}$ 等这样一类分辨力的产品，已经在市场上销售。

对增量型旋转编码器，也可以用一个传感器检测角度和角速度。这种编码器单位时间内输出脉冲的数目与角速度成正比。

包含着绝对值型和增量型这两种类型的混合编码器，也已经开发出来了。在使用这种编码器时，在确定初始位置时，用绝对值型来进行，在确定由初始位置开始的变动角的精确位置时，则可以用增量型。

如果不用圆形转盘而是采用一个轴向移动的板状编码器，则称为直线编码器。它是检测单位时间的位移距离，即速度传感器。直线编码器与回转编码器一样，也可做位置传感器和加速度传感器。

3. 激光干涉式编码器

采用伺服电动机驱动的位置控制机器人，其高速旋转的电动机，必须与低速转动关节的速度相配合，为了获得转矩，应设计电动机与关节之间的减速器。因此，当角度传感器不能直接连接到关节而连接到电动机上时，检测关节角度的分辨力，乘以齿轮比后其值会变大，因而是有利的。因为大多数机器人采用了这种形式，所以在伺服电动机中组装上旋转编码器。

但是，齿轮旋转时，如果摩擦力大，则会出现齿隙和偏斜，从而妨碍平滑运行，为了改善这一问题，就产生不带齿轮，而让电动机与关节直接连接的机器人，称这种形式的机器人为直接驱动型机器人。但是，如果采用这种机器人，因为不能用齿轮比去增强对关节角度的检测能力，就必须研究具有高分辨力的传感器。

其中，具有代表性的产品是激光干涉式编码器，这种编码器是一种每转能输出225000 个正弦波的设备。因为这种正弦波的形状非常精确，所以可以利用电气方法进行精细地分割。例如，一个正弦波被分割成 80 份时，则可以获得每转具有 1800 万个脉冲输出的产品。

4. 分相器

分相器是一种用来检测旋转角度的旋转型感应电动机，输出正弦波的相位随着转子旋转角度的变化做相应地变化。根据这种相位变化，可以检测出旋转角度。

通过图 6-7 所示来说明分相器的工作原理。当在两个相互成直角配置的固定线圈上，施加相位差为 90° 的两相正弦波电压 $E\sin\omega t$ 和 $E\cos\omega t$ 时，在内部空间会产生旋转磁场。于是，当在这个磁场中放置两个相互成直角的旋转线圈时，设与固定线圈之间的相对转角为 θ，则在两个旋转线圈上产生的电压分别为

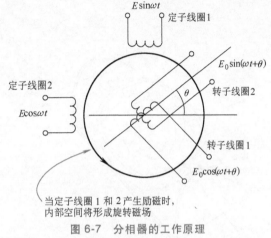

图 6-7　分相器的工作原理

$$E_0\sin(\omega t + \theta) \text{ 和 } E_0\cos(\omega t + \theta)$$

若用识别电路把这个相位差识别出来，就可以实现 2^{-17} 的分辨率。

6.2.3　机器人的姿态传感器

姿态传感器是用来检测机器人与地面相对关系的传感器，当机器人被限制在工厂的地面时，没有必要安装这种传感器，如大部分工业机器人。但是当机器人脱离了这个限制，并且能够进行自由的移动，如移动机器人，安装姿态传感器就成为必要的了。

典型的姿态传感器是陀螺仪，它是利用高速旋转物体（转子）经常保持其一定姿态的性质制作而成的。转子通过一个支承它的、被称为万向接头的自由支持机构，安装在机器人上。如图 6-8 所示为一个速率陀螺仪，当机器人围绕着输入轴以角速度 ω 转动时，与输入轴正交的输出轴仅转过角度 θ。在速率陀螺仪中，加装了弹簧。卸掉这个弹簧后的陀螺仪，称为速率积分陀螺仪，此时输出轴以角速度 $\dot{\theta}$ 旋转，且此角速度与围绕输入轴的旋转角速度 ω 成正比。

姿态传感器设置在机器人的躯干部分，它用来检测移动中的姿态和方位变化，保持机器人的正确姿态，并且实现指令要求的方位。

除此以外，还有气体速率陀螺仪、光陀螺仪，前者利用了姿态变化时，气流也发生变化这一现象；后者则利用了当环路状光径相对于惯性空间旋转时，沿这种光径传播的光，会因向右旋转而呈现速度变化的现象。而另一种形式的压电振动式陀螺传感器的结构如图 6-9 所示。

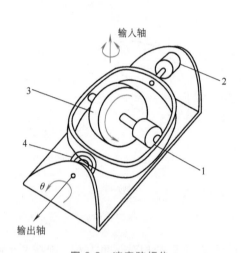

图 6-8　速率陀螺仪

1—电动机　2—角度传感器　3—转子　4—弹簧

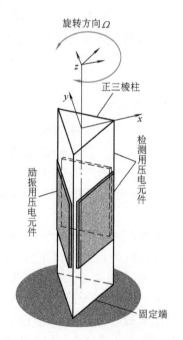

图 6-9　压电振动式陀螺传感器的结构

6.3　机器人外部传感器

6.3.1　机器人的触觉传感器

机器人触觉的原型是模仿人的触觉功能，通过触觉传感器与被识别物体相接触或相互作用来完成对物体表面特征和物理性能的感知。触觉有接触觉、压觉、滑觉、力觉四种，狭义的触觉是指前三种感知接触的感觉。目前还难以实现的材质感觉，如对丝绸的皮肤触感，也包含在触觉中。下面就分别介绍上述这四种触觉传感器。

1. 接触觉传感器

机器人在探测是否接触到物体时有时用开关传感器，传感器接收由于接触产生的柔量（位移等的响应）。机械式的接触觉传感器有微动开关、限位开关等。

微动开关是按下开关就能进入电信号的简单机构。接触觉传感器即使用很小的力也能动作，多采用杠杆原理。限定机器人动作范围的限位开关等也是接触觉传感器。限位开关是为了防止油污染开关部分，把微动开关的控制杆部分（与物体接触的部分）加个罩盖的开关。图 6-10 所示是一种接触觉传感器的机构和使用例。

如在机器人手爪的前端及内外侧面，相当于手掌心的部分装置接触觉传感器，通过识别手爪上接触物体的位置，可使手爪接近物体并准确地完成把持动作。

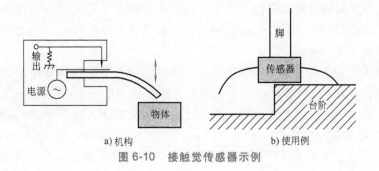

a) 机构　　　　b) 使用例

图 6-10　接触觉传感器示例

2. 压觉传感器

对于人类来说，压觉是指用手指把持物体时感受到的感觉，机器人的压觉传感器就是装在其手爪上面，可以在把持物体时检测到物体同手爪间产生的压力以及其分布情况的传感器。检测这些量要用许多压电元件。压电元件是指某种物质上施加压力就会产生电信号，即产生压电现象的元件。对于机械式检测，可以使用弹簧等。

压电现象的机理是在显示压电效果的物质上施力时，由于物质被压缩而产生极化（与压缩量成比例），如在两端接上外部电路，电流就会流过，所以通过计测这个电流就可构成压力传感器。压电元件可用在计测力 F 和加速度 $a(=F/m)$ 的计测仪器上。将加速度输出通过电阻和电容构成的积分电路可求得速度，再进一步把速度输出积分，就可求得移动距离，因此能够比较容易地构成振动传感器。

如果把多个压电元件和弹簧排列成平面状，就可识别各处压力的大小以及压力的分布。使用弹簧的平面传感器如图 6-11 所示，由于压力分布可表示物体的形状，所以也可作为物体识别传感器。虽然不是机器人形状，但把手放在一种压电元件的感压导电橡胶板上，通过识别手的形状来鉴别人的系统，也是压觉传感器的一种应用。

通过对压觉的巧妙控制，机器人既能抓取豆腐及蛋等软物体，也能抓取易碎的物体。

3. 滑觉传感器

滑觉传感器是检测垂直加压方向的力和位移的传感器。如图 6-12 所示，当用手爪抓取处于水平位置的物体时，手爪对物体施加水平压力，垂直方向作用的重力会克服这一压力使物体下滑。

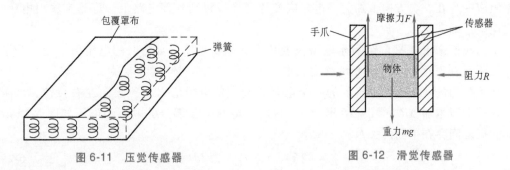

图 6-11　压觉传感器　　　　　图 6-12　滑觉传感器

如果把物体的运动约束在一定面上的力，即垂直作用在这个面的力称为阻力 R（如离心力和向心力垂直于圆周运动方向且作用在圆心方向）。考虑面上有摩擦时，还有摩擦力

F 作用在这个面的切线方向阻碍物体运动，其大小与阻力 R 有关。静止物体刚要运动时，假设 μ_0 为静止摩擦系数，则 $F \leqslant \mu_0 R$（$F = \mu_0 R$ 称为最大摩擦力）；设运动摩擦系数为 μ，则运动时，摩擦力 $F = \mu R$。

假设物体的质量为 m，重力加速度为 g，图 6-12 中所示的物体看作是处于滑落状态，则手爪的把持力 f 为了把物体束缚在手爪面上，垂直作用于手爪面的把持力 f 相当于阻力 R。当向下的重力 mg 比最大摩擦力 $\mu_0 f$ 大时，物体会滑落。重力 $mg = \mu_0 f$ 时的把持力 $f_{\min} = mg/\mu_0$，称为最小把持力。

作为滑觉传感器的例子，可用贴在手爪上的面状压觉传感器（可参见图 6-11）检测感知的压觉分布重心之类特定点的移动。而在图 6-11 的例子中，若设把持的物体是圆柱体，这时其压觉分布重心移动时的情况如图 6-13 所示。

4. 力觉传感器

通常将机器人的力觉传感器分为以下三类：

1）装在关节驱动器上的力觉传感器，称为关节力传感器，它测量驱动器本身的输出力和力矩，用于控制中的力反馈。

2）装在末端执行器和机器人最后一个关节之间的力觉传感器，称为腕力觉传感器。腕力传感器能直接测出作用在末端执行器上的各向力和力矩。

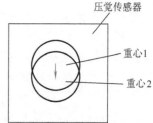

图 6-13 滑觉传感器应用

3）装在机器人手指关节上（或指上）的力觉传感器，称为指力传感器。用来测量夹持物体时的受力情况。

机器人的这三种力觉传感器依其不同的用途有不同的特点，关节力传感器用来测量关节的受力（力矩）情况，信息量单一，传感器结构也较简单，是一种专用的力觉传感器；手（指）力传感器一般测量范围较小，同时受手爪尺寸和重量的限制，指力传感器在结构上要求小巧，也是一种较专用的力觉传感器；腕力传感器从结构上来说，是一种相对复杂的传感器，它能获得手爪三个方向的受力（力矩），信息量较多，又由于其安装的部位在末端执行器和机器人手臂之间，比较容易形成通用化的产品系列。

（1）力觉传感器的工作原理　力觉传感器主要使用的元件是电阻应变片。电阻应变片是利用了金属丝拉伸时电阻变大的现象，如将它粘贴在加力的方向上，如图 6-14 所示，对电阻应变片在左右方向上加力，电阻应变片用导线接到外部电路上，可测定输出电压，算出电阻值的变化。

下面我们来求解图 6-14 所示电阻应变片作为电桥电路一部分时的电阻值变化。为了便于说明，首先看图 6-15 所示的检测状态。

在不加力的状态下，电桥上的 4 个电阻是同样的电阻值 R，假设向左右拉伸，电阻应变片的电阻增加 ΔR（假设 $\Delta R \ll R$）。这时，电路上各部分的电流和电压如图 6-15 所示，它们之间存在下面的关系：

$$V = (2R + \Delta R)I_1 = 2RI_2 \tag{6-2}$$

$$V_1 = (R + \Delta R)I_1 = RI_2 \tag{6-3}$$

$$V_2 = RI_2 \tag{6-4}$$

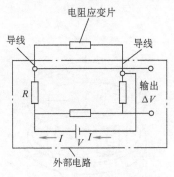

图 6-14　力觉传感器电桥电路

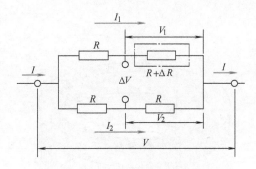

图 6-15　力觉传感器测量时的状态

于是 V_1 和 V_2 之差的输出电压 ΔV，如果忽略泰勒展开式的高次项，则变为

$$\Delta V = V_1 - V_2 = \frac{(V/2)(\Delta R/2R)}{1 + \dfrac{\Delta R}{2R}} \approx \frac{V\Delta R}{4R} \tag{6-5}$$

所以，电阻值的变化可由下式算出

$$\Delta R = \frac{4R\Delta V}{V} \tag{6-6}$$

因为上面所计算的电阻应变片，测定的只是一个轴方向的力。如果力是任意方向时，最好是在三个轴方向分别贴上电阻应变片。

对于力控制机器人，当对来自外界的力进行检测时，根据力的作用部位和作用力的情况，传感器的安装位置和构造会有所不同。例如，当希望检测来自所有方向的接触时，需要用传感器覆盖全部表面。这时，要使用分布型传感器，将许多微小的传感器进行排列，用来检测在广阔的面积内发生的物理量变化，这样组成的传感器，称为分布型传感器。虽然目前还没有对全部表面进行完全覆盖的分布型传感器，但是能为手指和手掌等重要部位设置的小规模分布型传感器已经开发出来。因为分布型传感器是许多传感器的集合体，所以在输出信号的采集和数据处理中，需要采用特殊的技术。

（2）腕力传感器　目前在手腕上配置力传感器的技术，获得了广泛应用。其中六轴传感器，就能够在三维空间内，检测所有的作用力和作用转矩。转矩是作用在旋转物体上的力，也称旋转力。在表示三维空间时，采用三个轴互成直角相交的坐标系。在这个三维空间中，力能使物体做直线运动，转矩能使物体做旋转运动。力可以分解为沿三个轴方向的分量，转矩也可以分解为围绕着三个轴的分量，而六轴传感器就是一种能对这些力和力矩进行检测的传感器。

机器人腕力传感器测量的是三个方向的力（力矩），由于腕力传感器既是测量的载体又是传递力的环节，所以腕力传感器的结构一般为弹性结构梁，通过测量弹性体的变形得到三个方向的力（力矩）。

图 6-16 所示为 Draper 实验室研制的六维腕力传感器。它将一个整体金属环，按 120°周向分布铣成三根细梁。其上部圆环上有螺孔与手臂相连，下部圆环上的螺孔与手爪连接，传感器的测量电路置于空心的弹性构架体内。该传感器结构比较简单，灵敏度较高，但六维力（力矩）的获得需要解耦运算，传感器的抗过载能力较差，容易受损。

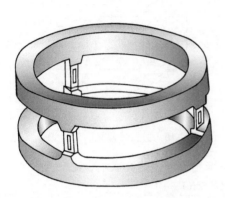

图 6-16 Draper 实验室研制的六维腕力传感器

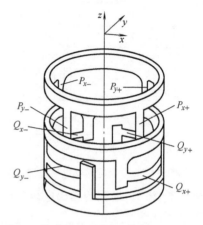

图 6-17 SRI 研制的六维腕力传感器

图 6-17 所示为 SRI（Stanford Research Institute）研制的六维腕力传感器。它由一只直径为 75mm 的铝管铣削而成，具有八个窄长的弹性梁，每一个梁的颈部开有小槽以使颈部只传递力，转矩作用很小。梁的另一头两侧贴有应变片，若应变片的阻值分别为 R_1、R_2，则将其连成图 6-18 所示的形式输出，由于 R_1、R_2 所受应变方向相反，V_{out} 输出比使用单个应变片时大一倍。

用 P_{x+}、P_{x-}、P_{y+}、P_{y-}、Q_{x+}、Q_{x-}、Q_{y+}、Q_{y-} 代表图 6-17 所示 8 根应变梁的变形信号输出，则六维力（力矩）可表示为

$$F_x = k_1(P_{y+} + P_{y-}) \tag{6-7}$$

$$F_y = k_2(P_{x+} + P_{x-}) \tag{6-8}$$

$$F_z = k_3(Q_{x+} + Q_{x-} + Q_{y+} + Q_{y-}) \tag{6-9}$$

$$M_x = k_4(Q_{y+} - Q_{y-}) \tag{6-10}$$

$$M_y = k_5(Q_{x+} - Q_{x-}) \tag{6-11}$$

$$M_z = k_6(P_{x+} - P_{x-} + P_{y-} - P_{y+}) \tag{6-12}$$

式中，k_1、k_2、k_3、k_4、k_5、k_6 为结构系数，由实验测定。

该传感器为直接输出型力传感器，不需要再做运算，并能进行温度自动补偿。主要缺点是维间有一定耦合，传感器弹性梁的加工难度大，且传感器刚性较差。

图 6-19 是日本大和制衡株式会社林纯一在 JPL 实验室研制的腕力传感器基础上提出的一种改进结构。它是一种整体轮辐式结构，传感器在十字架与轮缘连接处有一个柔性环节，因而简化了弹性体的受力模型（在受力分析时可简化为悬臂梁）。在四根交叉梁上总共贴有 32 个应变片（图中以小方块表示），组成 8 路全桥输出，六维力的获得须通过解耦计算。这一传感器一般将十字交叉主杆与手臂的连接件设计成弹性体变形限幅的形式，可有效起到过载保护作用，是一种较实用的结构。

图 6-20 所示为一种非径向三梁中心对称结构的腕力传感器，传感器的内圈和外圈分别固定于机器人的手臂和手爪，力沿与内圈相

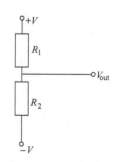

图 6-18 SRI 腕力传感器应变片连接方式

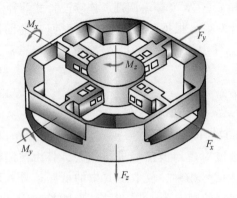

图 6-19　林纯一六维腕力传感器

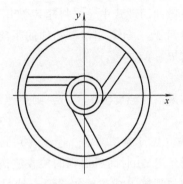

图 6-20　非径向三梁中心对称结构的腕力传感器

切的三根梁进行传递。每根梁的上下、左右各贴一对应变片，这样非径向的三根梁共贴有 6 对应变片，分别组成六组半桥，对这六组电桥信号进行解耦可得到六维力（力矩）的精确解。这种力觉传感器结构有较好的刚性。

因为传感器的安装位置只有在靠近操作对象时才比较合适，所以不设置在肩部和肘部，而设置在手腕上。其理由是：当在传感器与操作对象之间加进多余的机构时，这个机构的惯性、黏性以及弹性等会出现在控制环路以外，因此在不能进行反馈控制的机器人动态特性中，会造成残存的偏差，所以在手腕的前端只安装了惯性较小的手。

6.3.2　机器人的距离传感器

1. 超声波距离传感

超声波距离传感器是由发射器和接收器构成的，几乎所有超声波距离传感器的发射器和接收器都是利用压电效应制成的。其中，发射器是利用给压电晶体加一个外加电场时，晶片将产生应变（压电逆效应）这一原理制成的；接收器的原理是：当给晶片加一个外力使其变形时，在晶体的两面会产生与应变量相当的电荷（压电正效应），若应变方向相反，则产生电荷的极性反向。图 6-21 为一个共振频率在 40kHz 附近的发射接收器结构图。

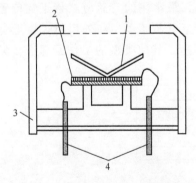

图 6-21　超声波发射接收器结构图
1—锥状体　2—压电元件　3—绝缘体
4—引线

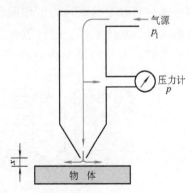

图 6-22　接近觉传感器示例

超声波距离传感器的检测方式有脉冲回波式和 FW-CW（频率调剂、连续波）式两种。

在脉冲回波式中，先将超声波用脉冲调制后发射，根据经被测物体反射回来的回波延迟时间 Δt，计算出被测物体的距离 R，假设空气中的声速为 v，则被测物与传感器间的距离 R（单位：m）为

$$R = v \times \Delta t / 2 \tag{6-13}$$

如果空气温度为 $T(\text{℃})$，则声速 v（单位：m/s）可由下式求得

$$v = (331.5 + 0.607T)\,\text{m/s} \tag{6-14}$$

FW-CW（频率调剂、连续波）式是采用连续波对超声波信号进行调制，将由被测物体反射延迟 Δt 时间后得到的接收波信号与发射波信号相乘，仅取出其中的低频信号就可以得到与距离 R 成正比的差频 f_r 信号，设调制信号的频率为 f_m，调制频率的带宽为 Δf，则可求得被测物体的距离 R 为

$$R = f_r v / (4 f_m \Delta f) \tag{6-15}$$

2. 接近觉传感器

探测非常近物体存在的传感器称为接近觉传感器，相同极性的磁铁彼此靠近时的排斥力与距离的平方成反比，所以探测排斥力就可知道两磁铁的接近程度，这是最为大家熟知的接近觉传感器。可是作为机器人用的接近觉传感器，由于物体大多数不是磁性体，所以不能利用磁铁的传感器。

只要物体存在，一种检测反作用力的方法是检测碰到气体喷流时的压力。如图 6-22 所示，在该机构中，气源送出一定压力 p_1 的气流，离物体的距离 x 越小，气流喷出的面积越窄小，气缸内的压力 p 则越大。如果事先求出距离和压力的关系，即可根据压力 p 测定距离 x。

接近觉传感器主要感知传感器与物体之间的接近程度。它与精确的测距系统虽然不同，但又有相似之处。可以说接近觉传感器是一种粗略的距离传感器。接近觉传感器在机器人中主要有两个用途：避障和防止冲击，前者如移动的机器人如何绕开障碍物，后者如机械手抓取物体时实现柔性接触。接近觉传感器应用场合不同，感觉的距离范围也不同，远可达几米至十几米，近可几毫米甚至 1mm 以下。

接近觉传感器根据不同的工作原理有多种实现方式，最常用的有感应式接近觉传感器、电容式接近觉传感器、超声波接近觉传感器、光接近觉传感器、红外反射式接近觉传感器等几种。图 6-23 所示为电容式接近开关的检测原理，其他类型的工作原理请参见

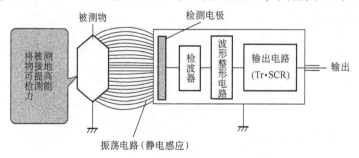

图 6-23　电容式接近开关的检测原理

相关的文献资料。

6.3.3 机器人的听觉传感器

作为外部传感器，接触觉传感器和视觉传感器不能在360°的范围内进行监视。但是，听觉传感器能进行全范围的监视，这意味着，分离人与共用作业空间的机器人是不会存在问题的。

人用语言指挥机器人，比用键盘指挥机器人更方便。机器人对人发出的各种声音进行检测，执行向其发出的命令。如果是在危险时发出的声音，机器人还必须对此产生回避的行动。

音响传感器实际上就是受话器（麦克风）。过去使用的基于各种各样原理的受话器，现在则已经变成了小型、廉价且具有高性能的驻极体电容传声器。

机器人的听觉系统可用图 6-24 所示的框图来粗略地表示。

话音 ➡ 特征提取 ➡ 识别 ➡ 机器人

图 6-24　机器人的听觉系统

在听觉系统中，最重要的是语音的识别。在识别输入的语音时，可以分为特定人说话方式及非特定人说话方式。特定人说话方式的识别率比较高。为了便于存储标准语音波形及选配语音波形，需要对输入的语音波形频带进行适当的分割，将每个采样周期内各频带的语音特征能量抽取出来，如图 6-25 所示。语音波形的选配方式有多种，但由于说话人的说话速度不能一直保持一致。因此，在与标准语音波形进行选配比较时，需要将输入的语音数据按时间轴做扩展或压缩处理，这种操作可通过计算各波形间的距离（表示相似程度）来实现，称其为 DP（动态编程）选配。这是语音识别中的基本选配方法，它是从多个与标准语音波形比较的计算结果中，选择波形间距离最小的作为识别结果。在这一过程中，需要进行大量的数据运算。随着 LSI 技术的进步，现在几乎所有的语音识别电路都是由一片或几片专用的 LSI 构成。为了能更快、更准确地识别连续语音，在硬件上采用能实现高速数字信号处理的 DSP（数字信号处理器）芯片，在软件上对选配算法进行改进以及采用其他语音识别等方法都是研究者不断开发、研究的课题。

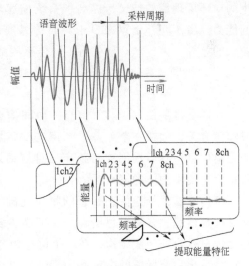

图 6-25　语音分析与特征的提取

应该指出，听觉系统除了用于识别人的声音以外，还可以在工作现场利用传声器捕捉音响来证实一个工序的开始与结束、检测异常声音等。利用超声波听觉系统在测量、检测等方面有广泛的应用。

6.4　多传感器的信息融合

6.4.1　多传感器信息融合分类

机器人从外部采集到的信息是多种多样的，为了使得这些信息得到统一有效的应用，对信息进行分类和处理是必要的。为使信息分类与多传感器信息融合的形式相对应，将传感器信息分为以下三类：冗余信息、互补信息和协同信息。

（1）冗余信息　冗余信息是由多个独立传感器提供的关于环境信息中同一特征的多个信息，也可以是某一传感器在一段时间内多次测量得到的信息，这些传感器一般是同质的。由于系统必须根据这些信息形成一个统一的描述，所以这些信息又被称为竞争信息。冗余信息可以用来提高系统的容错能力和可靠性。冗余信息的融合可以消除或减少测量噪声等引起的不确定性，提高整个系统的精度。由于环境的不确定性，感知环境中同一特征的两个传感器也可能得到彼此差别很大甚至矛盾的信息，冗余信息的融合必须解决传感器间的这种冲突，所以同一特征信息在冗余信息融合前要进行传感数据的一致性检验。

（2）互补信息　在一个多传感器系统中，每个传感器提供的环境特征都是彼此独立的，即感知的是环境各个不同的侧面。将这些特征综合起来就可以构成一个更为完整的环境描述，这些信息称为互补信息。互补信息的融合减少了由于缺少某些环境特征而产生的对环境理解的歧义，提高了系统描述环境的完整性和正确性，增强了系统正确决策的能力。由于互补信息来自于异质传感器，它们在测量精度、范围、输出形式等方面有较大的差异，因此融合前先将不同传感器的信息抽象为同一种表达形式极为重要。

（3）协同信息　在多传感器系统中，当一个传感器信息的获得必须依赖于另一个传感器的信息，或者一个传感器必须与另一个传感器配合工作才能获得所需信息时，这两个传感器提供的信息为协同信息。协同信息的融合在很大程度上与各传感器使用的时间或顺序有关，如在一个配备了超声波传感器的系统中，以超声波测距获得远处目标物体的距离信息，然后根据这一距离信息自动调整摄像机的焦距，使之与物体对焦，从而获得检测环境中物体的清晰图像。

多传感器系统是信息融合的物质基础，传感器信息是信息融合的加工对象，协调优化处理是信息融合的思想核心。为了描述多传感器信息融合的过程，图6-26所示为多传感器信息融合的一般结构，在一个信息融合系统中，多传感器信息的协调管理极为重要，往往是系统性能好坏的决定性因素，在具体的系统中它由多信息融合的各种控制方法来实现。

多传感器信息融合系统中各主要部分的功能如下：

（1）多传感器信息的协调管理　传感器信息协调管理包括时间因素、空间因素和工作因素的全面管理，它由实际应用的信息需要、目标和任务等多种因素所驱动。多传感器信息的协调管理主要通过传感器选择、坐标变换、数据转换和传感器模型数据库来实现。

（2）多传感器信息融合的方法 信息融合通常在一个被称为信息融合处理器或系统中完成，信息融合方法是多传感器信息融合的核心，多种传感信息通过各种融合方法实现融合。目前使用的融合方法很多，使用

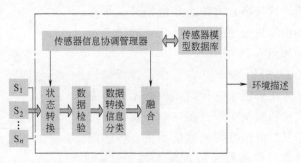

图 6-26 多传感器信息融合的一般结构

哪种融合方法要视具体应用场合而定，但被融合的数据必须是同类或具有一致的表达方式。定量信息融合是将一组同类数据经融合后给出一致的数据，从数据到数据。定性信息融合将多个单一传感器决策融合为集体一致的决策，是多种不确定表达与相对一致表达之间的转换。

（3）多传感器模型数据库 多传感器信息的协调管理和融合方法都离不开传感器模型数据库的支持，传感器模型数据库是为定量地描述传感器特性以及各种外界条件对传感器特性的影响而提出的，它是分析多传感器信息融合系统的基础之一。

6.4.2 多传感器信息融合控制结构

多传感器信息融合控制结构是在多传感器系统中，根据信息的来源、任务目标和环境特点等诸因素，管理或者控制信息源间的数据流动。它主要解决以下几个问题：信息的选择与转换、信息共享、融合信息的再用。现有的控制方法很多，归纳起来可分为以下三类：

（1）自适应学习方法 自适应学习方法简单地说就是指系统先通过对样本数据的学习，确定系统的输入输出关系，然后用于具体的应用过程。该方法由两个相互关联的阶段构成：学习阶段和操作阶段。该方法的最大特点是系统不依赖于有关系统的输入输出关系的先验知识，并与系统的目标无关。

图 6-27 所示为自适应学习控制方法的一般结构，图中双线代表操作阶段信息流动的方向，单线表示学习阶段信息流动的方向，知识库由实际的学习阶段训练形成，并在操作过程中不断修正和补充。正因为该方法有这种特点，它在信息融合的应用中具有较大的吸引力。

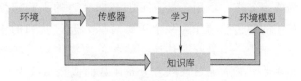

图 6-27 自适应学习控制方法的一般结构

（2）面向目标的方法或目标驱动法 面向目标的方法是将多传感器信息融合目标分解为一系列子目标，通过对子目标的求解完成信息融合。目标驱动法由"期望""规划""解释"三个功能模块组成，"期望"模块根据系统掌握的知识做出有关目标模型的假设，并以此对"规划"模块提出信息要求；"规划"模块则确定多传感器系统的最优感觉控制策略，以获得要求的信息；"解释"模块针对期望的目标模型假设对多传感器信息进行分

析，选择融合方法，并根据其结果对知识库进行更新。目标驱动的融合控制如图 6-28 所示。

（3）分布式黑板系统 黑板结构是人工智能中一种常用的技术，分布式黑板系统实际上是一个链接各分散子系统或信息源的通信系统。各不同类别的传感信息源对应于各子系统，

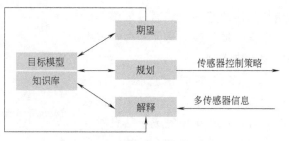

图 6-28 目标驱动的融合控制

子系统中每个专家根据他所能获得的部分信息独立地做出决策，并将其带有时间标记的信息写到黑板上。专家之间相互独立，但黑板上的信息可以被所有专家共同利用。每个专家根据他从黑板上不断获得的新信息再结合原有的知识，不断地更新其决策，并将更新后的结果再次写在黑板上，这样信息被不断地利用和更新，信息表达的层次和正确性不断地提高，最终得到关于问题的一致解答。

6.4.3 多传感器信息融合的常用方法

多传感器信息融合要靠各种具体的融合方法来实现，在一个多传感器系统中，各种信息融合方法将对系统所获得的各类信息进行有效的处理或推理，形成一致的结果。目前尚无一种通用的方法对各种传感器都能进行融合处理，一般要根据具体的应用场合而定。目前主要的融合算法有：

（1）加权平均法 加权平均法是一种最简单的实时处理信息的融合方法，该方法将来自不同传感器的冗余信息进行加权，得到的加权平均值即为融合的结果，应用该方法必须先对系统和传感器进行详细的分析，以获得正确的权值。

（2）基于参数估计的信息融合方法 该方法包括最小二乘法、极大似然估计法、贝叶斯估计法和多贝叶斯估计法等。数理统计是一门成熟的学科，当传感器采用概率模型时，数理统计中的各种技术为传感器的信息融合提供了丰富的内容。极大似然估计法是静态环境中多传感器信息融合的一种常用方法，它将融合信息取为使似然函数达到极值的估计值。贝叶斯估计法同样是静态环境中多传感器信息融合的一种方法，其信息描述为概率分布，适用于具有可加高斯噪声的不确定性信息的处理。多贝叶斯估计法是将系统中的各传感器作为一个决策者队，通过队列的一致性观察来描述环境，首先把每个传感器作为一个贝叶斯估计，将各单独物体的关联概率分布结合成一个联合的后验概率分布函数，然后通过使联合分布函数的似然函数为最大，提供多传感器信息的最终融合值。基于参数估计的融合法作为多传感器信息的定量融合非常合适。

（3）Shafer-Dempster 证据推理 该方法是贝叶斯估计法的扩展，它将前提严格的条件从仅是条件的可能成立中分离开来，从而使任何涉及先验概率的信息缺乏得以显式化。它用信任区间描述传感器的信息，不但表示了信息的已知性和确定性，而且能够区分未知性和不确定性。多传感器信息融合时，将传感器采集的信息作为证据，在决策目标集上建立一个相应的基本可信度，使得证据推理能在同一决策框架下用 Dempster 合并规则

将不同的信息合并成一个统一的信息表示。证据推理的这些优点使其在传感器信息的定性融合中广泛应用。

（4）产生式规则　该规则采用符号表示目标特征和相应的传感器信息之间的联系，与每个规则相联系的置信因子表示其不确定性程度，当在同一个逻辑推理过程中的两个或多个规则形成一个联合的规则时，可产生融合。产生式规则存在的问题是每条规则的可行度与系统的其他规则有关，这使得系统的条件改变时，修改相对困难，如系统需要引入新的传感器，则需要加入相应的附加规则。

（5）模糊理论和神经网络　多传感器系统中，各信息源提供的环境信息都具有一定程度的不确定性，对这些不确定信息的融合过程实质是一个不确定性推理过程。模糊逻辑是一种多值型逻辑，制订一个从0到1之间的实数表示其真实度。模糊融合过程直接将不确定性表示在推理过程中，如果采用某种系统的方法对信息融合中的不确定性建模，则可产生一致性模糊推理。

神经网络根据样本的相似性，通过网络权值标书在融合的结构中，首先通过升级网络特定的学习算法来获取知识，得到不确定性推理机制，然后根据这一机制进行融合和再学习。神经网络的结构本质上是并行的，这为神经网络在多传感器信息融合中的应用提供了良好的前景。

（6）卡尔曼滤波　卡尔曼滤波用于动态环境中冗余传感器信息的实时融合。如果系统具有线性动力学模型，且系统和传感器噪声是高斯分布的白噪声，则卡尔曼滤波为融合信息提供一种统计意义下的最优估计。

6.5　机器人传感器的选择要求

给机器人装备什么样的传感器，对这些传感器有哪些要求，这是在设计机器人感觉系统时遇到的首要问题。选择机器人传感器应当完全取决于机器人的工作需要和应用特点，对机器人感觉系统的要求是选择机器人传感器的基本依据。尽管某些传感器具有相当高的性能，但是如果它不满足机器人的设计要求或者远远超过设计要求，则也不一定能够入选，因为它或者是不实用的，或者是不经济的。在介绍机器人传感器的选择方法之前，有必要分析一下传感器的使用要求。

6.5.1　机器人对传感器的要求

1. 机器人对传感器的需要

为了说明机器人对传感器的需要，可以把机器人和人类进行工作的情况做一个比较。人类具有相当强的对外感觉能力，尽管有时人的动作并不十分准确，但是人可以依靠自己的感觉反馈来调整或补偿自己动作的误差，从而能够完成各种简单的或复杂的工作任务。由此可见，感觉能力能够补偿动作精度的不足。另一方面，人们的工作对象有时是很复杂的。例如，当人抓取一个物体时，该物体的大小和软硬程度不可能是绝对相等的，有时差别甚至比较大，但人能依靠自己的感觉能力用恰当的夹持力抓起这个物体并且不损坏它，所以有感觉能力才能适应工作对象的复杂性，才能有效地完成工作任务。过去，由于机器人没有感觉能力，唯一的办法就是提高它的动作精度并限制工作对象不能很复杂。但是，动作精度的提高受到了各方面的限制，不可能无限制的提高，工作对象有时也是很难限制的。所以，要使机器人完成更多的任务或者工作得更好，使机器人具有感觉能力是十分必要的。

机器人也和人一样，必须收集周围环境的大量信息，才能更有效地工作。在捡拾物体时，它们需要知道该物体是否已经被捡起，否则下一步的工作就无法进行。当机器人手臂在空间运动时，它必须避开各种障碍物，并以一定的速度接近工作对象。机器人所要处理的工作对象有时质量很大，有时容易破碎，或者有时温度很高，所有这些特征和环境情况一样，都要机器人进行识别并通过计算机处理确定相应的对策，使机器人更好地完成工作任务。

机器人需要的最重要的感觉能力可分为以下几类：

（1）简单触觉　确定工作对象是否存在。

（2）复合触觉　确定工作对象是否存在以及它的尺寸和形状等。

（3）简单力觉　沿一个方向测量力。

（4）复合力觉　沿一个以上方向测量力。

（5）接近觉　对工作对象的非接触探测等。

（6）简单视觉　孔、边、拐角等的检测。

（7）复合视觉　识别工作对象的形状等。

除了上述能力以外，机器人有时还需要具有温度、湿度、压力、滑动量、化学性质等的感觉能力。

2. 机器人对传感器的一般要求

1）精度高、重复性好。机器人传感器的精度直接影响机器人的工作质量。用于检测和控制机器人运动的传感器是控制机器人定位精度的基础。机器人是否能够准确无误地正常工作往往取决于传感器的测量精度。

2）稳定性好、可靠性高。机器人传感器的稳定性和可靠性是保证机器人能够长期稳定可靠地工作的必要条件。机器人经常是在无人照管的条件下代替人工操作的，万一它在工作中出现故障，轻则影响生产的正常进行，重则造成严重的事故。

3）抗干扰能力强。机器人传感器的工作环境往往比较恶劣，机器人传感器应当能够承受强电磁干扰、强振动，并能够在一定的高温、高压、高污染环境中正常工作。

4）重量轻、体积小、安装方便可靠。对于安装在机器人手臂等运动部件上的传感器，重量要轻，否则会加大运动部件的惯性，影响机器人的运动性能。对于工作空间受到某种限制的机器人，体积和安装方向的要求也是必不可少的。

5）价格便宜。

3. 机器人控制对传感器的要求

机器人控制需要采用传感器检测机器人的运动位置、速度、加速度等。除了较简单的开环控制机器人外，多数机器人都采用了位置传感器作为闭环控制中的反馈元件。机器人根据位置传感器反馈的位置信息,对机器人的运动误差进行补偿。不少机器人还装备有速度传感器和加速度传感器。加速度传感器可以检测机器人构件受到的惯性力,使控制能够补偿惯性力引起的变形误差。速度检测用于预测机器人的运动时间,计算和控制由离心力引起的变形误差。

4. 安全方面对传感器的要求

从安全方面考虑,机器人对传感器的要求包括以下两个方面:

1) 为了使机器人安全地工作而不受损坏,机器人的各个构件都不能超过其受力极限。为了机器人的安全,也需要监测其各个连杆和各个构件的受力,这就需要采用各种力传感器。现在多数机器人是采用加大构件尺寸的办法来避免其自身损坏的。如果采用上述力监测控制的方法,就能大大改善机器人的运动性能和工作能力,并减小构件尺寸和减少材料的消耗。

机器人自我保护的另一个问题是要防止机器人和周围物体的碰撞。这就要求采用各种触觉传感器。目前,有些工业机器人已经采用触觉导线加缓冲器的方法来防止碰撞的发生。一旦机器人的触觉导线和周围物体接触,立刻向控制系统发出报警信号,在碰撞发生以前,使机器人停止运动。防止机器人和周围物体碰撞也可以采用接近觉传感器。

2) 从保护机器人使用者的安全出发,也要考虑对机器人传感器的要求。工业环境中的任何自动化设备都必须装有安全传感器,以保护操作者和附近的其他人,这是劳动安全条例所规定的。要检测人的存在可以使用防干扰传感器,它能够自动关闭工作设备或者向接近者发出警告。有时并不需要完全停止机器人的工作,在有人靠近时,可以暂时限制机器人的运动速度。在对机器人进行示教时,操作者需要站在机器人旁边和机器人一起工作,这时操作者必须按下安全开关,机器人才能工作。即使在这种情况下,也应当尽可能设法保护操作者的安全。例如,可以采用设置安全导线的办法限制机器人不能超出特定的工作区域。另外,在任何情况下,都需要安排一定的传感器检测控制系统是否正常工作,以防止由于控制系统失灵而造成意外事故。

6.5.2 传感器的评价和选择

传感器的评价和选择包括两个方面。一方面是不同类型传感器的评价和选择,如结构型传感器和物理型传感器、接触型传感器和非接触型传感器之间的选择;位移传感器、速度传感器、加速度传感器、力传感器、力矩传感器、触觉传感器(又分简单触觉传感器和复合触觉传感器)、接近觉传感器等的选择。它主要取决于机器人的工作需要,同时又要考虑不同类型传感器的特点;另一方面是对某种传感器性能的评价和选择,包括对传感器的灵敏度、线性度、工作范围、分辨力、精度、响应时间、重要性、可靠性以及重量、体积、可插接性等参数指标的评价和选择。

1. 传感器的评价

(1) 结构型传感器和物理型传感器 利用运动定律、电磁定律以及气体压力、体积、温度等物理量间的关系制成的传感器都属于结构型传感器。这种传感器的特点是传感器原理明确，不易受环境影响，且传感器的性能受其结构材料的影响不大，但是结构比较复杂。常用的结构型传感器有电子开关、电容式传感器、电感式传感器、测速码盘等。物理型传感器是利用物质本身的某种客观性质制成的传感器。这类传感器的性能受材料性质和使用环境的影响较大。物理型传感器的优点是结构简单，灵敏度高。光电传感器、压电传感器、压阻传感器、电阻应变传感器等都是机器人常用的物理型传感器。

（2）接触型传感器和非接触型传感器　接触型传感器在正常工作时需要和被检测对象接触，如开关、探针和触点等。非接触型传感器则必须离被检测对象一段距离，通过某种中间传递介质进行工作。磁场、光波、声波、红外线、X射线等是常见的中间传递介质。

接触型传感器主要是将被测量对象的机械运动量转变成电量输出，在实际使用中，经常需要把这些输出电量转换成电子计算机所要求的数字信号，然后输入电子计算机进行分析计算，实现对机器人的感觉反馈控制。接触型传感器常见的工作方式有电子开关的关闭、电位计触点的移动、压电材料的电压变化、压阻材料的电阻变化等。接触型传感器工作比较稳定可靠，受周围环境的干扰较小。

对电磁信号或声波信号进行检测是非接触型传感器的主要工作方式。磁场、电场、可见光、红外线、紫外线和X射线都属于电磁现象，通过检测这些电磁波的存在状态及其变化情况就是非接触型传感器工作的基本原理。声波传感器则是靠发射某种频率的声波信号，检测周围物体的反射回波和声波的传播时间来获得某种感觉能力的传感器。由于非接触型传感器不和被测物体接触，所以它不会影响被测物体的状态，这是非接触型传感器的主要优点。

2. 传感器的常用性能指标

选择机器人传感器时，最重要的是确定机器人需要传感器做些什么事情，达到什么样的性能要求。根据机器人对传感器的工作类型要求，选择传感器的类型。根据这些工作要求和机器人需要某种传感器达到的性能要求，选择具体的传感器。同时还要根据具体的传感器性能参数来选择，下面就介绍一下传感器的常用参数。

（1）灵敏度　指传感器的输出信号达到稳态时，输出信号变化与传感器输入信号变化的比值。假如传感器的输出和输入呈线性关系，其灵敏度可表示为

$$S = \Delta y / \Delta x \tag{6-16}$$

式中，S为传感器的灵敏度；Δy为传感器输出信号的增量；Δx为传感器输入信号的增量。

假如传感器的输出和输入呈曲线关系，其灵敏度就是该曲线的导数，即

$$S = \mathrm{d}y / \mathrm{d}x \tag{6-17}$$

传感器输出的量纲和输入的量纲不一定相同。若输出和输入具有相同的量纲，则传感器的灵敏度也称为放大倍数。一般来说，传感器的灵敏度越大越好，这样可以使传感器的输出信号精确度更高，线性程度更好。但是，过高的灵敏度有时会导致传感器输出的稳定性下降，所以应该根据机器人的要求选择适中的传感器灵敏度。

（2）线性度　线性度是衡量传感器的输出信号和输入信号之比值是否保持为常数的指标。假设传感器的输出信号为y，输入信号为x，y和x之间的关系为

$$y = bx \tag{6-18}$$

如果 b 是一个常数，或者接近于一个常数，则传感器的线性度较高；如果 b 是一个变化较大的量，则传感器的线性度较差。机器人控制系统应该采用线性度较高的传感器。实际上，只有在少数理想情况下，传感器的输出和输入才呈直线关系。大多数情况下，b 都是 x 的函数，即

$$b = f(x) = a_0 + a_1 x + a_2 x^2 + \cdots \tag{6-19}$$

如果传感器的输入量变化不大，且 a_1、a_2、$\cdots$ 都远小于 a_0，那么可以取 $b = a_0$，近似地把传感器的输出和输入关系看成线性关系。这种使传感器的输出输入关系近似化的过程称为传感器的线性化，它对于机器人控制方案的简化具有重要的意义。常用的线性化方法有割线法、最小二乘法、最小误差法等。

（3）测量范围　指传感器被测量的最大允许值和最小允许值之差。一般要求传感器的测量范围必须覆盖机器人有关被测量的工作范围。如果无法达到这一要求，则可以设法选用某种转换装置。但是，这样会引入某种误差，传感器的测量精度将受到一定影响。

（4）精度　指传感器的测量输出值与实际被测值之间的误差。应该根据机器人的工作精度要求，选择合适的传感器精度。假如传感器的精度不能满足检测机器人工作精度的要求，机器人则不可能完成预定的工作任务。但是如果对传感器的精度要求过高，不但制造比较困难，而且成本也较高。应注意传感器精度的适用条件和测试方法。所谓适用条件应当包括机器人所有可能的工作条件，如不同温度、湿度，不同的运动速度、加速度以及在可能范围内的各种负载作用等。用于检测传感器精度的测试仪器必须具有高一级的精度，精度的测试也要考虑到最坏的工作条件。

（5）重复性　指传感器在其输入信号按同一方向进行全量程连续多次测量时，相应测试结果的变化程度。测试结果的变化越小，传感器的测量误差就越小，重复性越好。对于多数传感器来说，重复性指标都优于精度指标。这些传感器的精度不一定很高，但是只要它的温度、湿度、受力条件和其他使用参数不变，传感器的测量结果也没有多大变化。同样，传感器重复性也应当考虑适用条件和测试方法的问题。对于示教再现型机器人，传感器的重复性是至关重要性的，它直接关系到机器人能否准确地再现其示教轨迹。

（6）分辨力　指传感器在整个测量范围内所能辨别的被测量的最小变化量，或者所能辨别的不同被测量的个数。如果它辨别的被测量最小变化量越小，或被测量个数越多，则它的分辨力越高；反之，分辨力越低。无论是示教再现型机器人，还是可编程型机器人，都对传感器的分辨力有一定的要求。传感器的分辨力直接影响机器人的可控程度和控制质量。一般需要根据机器人的工作任务规定传感器分辨力的最低限度要求。

（7）响应时间　这是一个动态特性指标，指传感器的输入信号变化以后，其输出信号变化到一个稳态值所需要的时间。在某些传感器中，输出信号在到达某一稳定值以前会发生短时间的振荡。传感器输出信号的振荡，对于机器人的控制来说是非常不利的，它有时会造成一个虚设位置，影响机器人的控制精度和工作精度。所以总是希望传感器的响应时间越短越好。响应时间的计算应当以输入信号开始变化的时刻为始点，以输出信号达到稳态值的时刻为终点。事实上，还需要规定一个稳定值范围，只要输出信号的变化不再超出该范围，即可认为它已经达到了稳态值。对于具体的机器人传感器应规定

响应时间的允许上限。

（8）可靠性　对于所有机器人来说，可靠性都是十分重要的。在工业应用领域，人们要求在98%～99%的工作时间里，机器人系统都能够正常工作。由于一个复杂的机器人系统通常是由上百个元件组成的，每个元件的可靠性要求就应当更高。必须对机器人传感器进行例行试验和老化筛选，凡是不能经受工作环境考验的传感器都必须尽早剔除，否则将给机器人可靠的工作留下隐患。可靠性的要求还应当考虑维修的难易程度，对于安装在机器人内部不易更换的传感器，应当提出更高的可靠性要求。

3. 传感器的选择

（1）尺寸和重量　这是机器人传感器的重要物理参数。机器人传感器通常需要装在机器人手臂上或手腕上，随机器人手臂一起运动，它也是机器人手臂驱动器负载的一部分。所以，它的尺寸和重量将直接影响机器人的运动性能和工作性能。

（2）输出形式　传感器的输出可以是某种机械运动，也可以是电压和电流，还可以是压力、液面高度或量度等。传感器的输出形式一般是由传感器本身的工作原理所决定的。由于目前机器人的控制大多是由计算机完成的，一般希望传感器的输出最好是计算机可以直接接收的数字式电压信号，所以应该优先选用这一输出形式的传感器。

（3）可插接性　传感器的可插接能力不但影响传感器使用的方便程度，而且影响机器人结构的复杂程度。如果传感器没有通用外插口，或者需要采用特殊的电压或电流供电，在使用时不可避免地需要增加一些辅助性设备和工件，机器人系统的成本也会因此而提高。另外，传感器输出信号的大小和形式也应当尽可能地和其他相邻设备的要求相匹配。

6.6　小结

为了让机器人工作，必须对机器人末端执行器的位置、速度、姿态等进行测量和控制，还要了解操作对象所处的环境。当机器人直接对目标进行操作时，如果改变了外部环境，就可能进入预料不到的工况，从而导致意外的结果。因此，必须掌握变化的动态环境，使得机器人相应的工作顺序和操作内容能自然地适应工况的变化。从机器人内部和外部获取有用的信息，实现机器人信息检测和分析，对提高机器人的运动效率和工作效率、节省能源、防止危险都是非常重要的。

本章主要介绍了机器人感知内部状况的内部传感器和感知外部环境的外部传感器，分别介绍了这些传感器的基本工作原理。内部传感器是测量机器人自身状态的传感器，可用于伺服控制中，具体检测的对象有关节的线位移、角位移等几何量，速度、角速度、加速度等运动量，还有倾斜角、方位角、振动等物理量。对各种传感器的要求是精度高、响应速度快、测量范围宽。内部传感器中的位置传感器是机器人伺服控制中不可缺少的元件。外部传感器通常用来构成机器人的感知系统，通过这些传感器，机器人获得其所处环境的有关信息。这类传感器通常有视觉传感器（由于其在工业中的特殊地位，将在后续章节专门介绍）、触觉/滑觉传感器、力/力矩传感器、接近觉传感器、听觉传感器等。

通过传感器获得的机器人信息，通常并不能直接利用，这是因为信号中通常混有各种噪声，所以对获得的信息只有经过必要的分析和处理才能比较准确地获取它所含的有用信息。由于机器人感知系统是多传感器系统，一个功能强大的智能机器人通常配置有立体视觉、听觉、距离和接近觉传感器、力/力矩传感器、多功能触觉传感器等，因此还需要进行多传感器信息融合。

　　感知、思维和动作是机器人具有智能的三个要素，是衡量机器人是否具备智能的标准。智能机器人应该具备感知环境的能力、执行某种任务而对环境施加影响的能力和将感知与行为联系起来进行思维的能力。因此，机器人感知系统在机器人学中占有重要的地位。

 习题

　　1. 试详细推导公式：$\Delta R = \dfrac{4R\Delta V}{V}$ [本章式（6-6）]。

　　2. 机器人的内部传感器有哪些？请说明光学式旋转编码器的工作原理。

　　3. 机器人的外部传感器有哪些？

　　4. 试确认在力觉传感器中，当在电桥的对角线位置（图 6-15 中，原来的右上方和新的左下方位置）各设置一个电阻应变片，总计两个电阻应变片时，比在右上方仅设置一个电阻应变片的场合灵敏度增加二倍。

　　5. 请写出机器人传感器的分类。请列举机器人常用的传感器名称及所属类型。

第7章
机器人视觉及其应用

7.1 概述

每个人都能体会到，眼睛对人来说是多么的重要。可以说人类从外界获得的信息，大多数都是通过眼睛得到的。人类视觉细胞的数量大约在 10^8 数量级，是听觉细胞的 3000 多倍，是皮肤感觉细胞的 100 多倍。从这个角度来说，也可以看出视觉系统的重要性。至于视觉的应用范围，简直可以说是包罗万象。

智能机器人为了具有人的一部分智能，像前文所述的必须了解周围的环境，获取机器人周围世界的信息。人们为了从外界环境获取信息，一般是通过视觉、触觉、听觉等感觉器官来进行的，也就是说如果想要赋予机器人较为高级的智能，那么离开视觉系统是无法做到的。第一代工业机器人只能按照预先规定的动作往返操作，一旦工作环境变化，机器就不能胜任工作。这是因为第一代机器人没有视觉系统，无法感知周围环境和工作对象的情况。因此对于智能机器人来说，视觉系统是必不可少的。从 20 世纪 60 年代开始，人们便着手研究机器人的视觉系统。一开始只能识别平面上的类似积木的物体。到了 20 世纪 70 年代，已经可以认识某些加工部件，也能认识室内的桌子、电话等物品了。当时的研究工作虽然进展很快，但无法应用于实际。这是因为视觉系统的信息量极大，处理这些信息的硬件系统十分庞大，花费的时间也很长。随着大规模集成电路技术的发展，计算机内存的体积不断缩小，价格急剧下降，速度不断提高，视觉系统也走向了实用化。随着计算机技术、传感器技术和数字化技术飞速发展，实用的视觉系统已经进入各个领域。现阶段，利用机器视觉技术，机器人可以取代人工完成一些在恶劣工况条件下的作业任务（如焊接、喷涂等）和一些重复性的作业（如包装、码垛等）。

众所周知，人的视觉通常是识别环境对象的位置坐标、物体之间的相对位置、物体的形状颜色等，由于人们生活在一个三维的空间里，所以机器人的视觉也必须能够理解三维空间的信息，即机器人的视觉与文字识别或图像识别是有区别的，它们的区别在于机器人视觉系统需要处理三维图像，不仅需要了解物体的大小、形状，还要知道物体之间的关系。为了实现这个目标，要克服很多困难。因为视觉传感器只能得到二维图像，那么从不同角度上来看同一物体，就会得到不同的图像。光源的位置不同，得到的图像的明暗程度与分布情况也不同；实际的物体虽然互不重叠，但是从某一个角度上看，却能得到重叠的图像。为了解决这个问题，人们采取了很多的措施，并在不断地研究新方法。

机器人视觉按照摄像机的数目不同，可分为单目视觉、双目视觉和多目视觉；按照摄像机放置位置的不同，可分为固定摄像机系统（Eye-to-hand 结构）和手眼系统（Eye-in-hand 结构）。

7.2　机器人视觉系统的组成及其原理

7.2.1　机器人视觉系统的硬件

机器人视觉是指用视觉传感器，结合计算机技术实现人类的视觉功能，也就是对三维场景进行感知、识别和理解。机器人视觉的主要目标是建立机器人视觉系统，完成各种视觉任务。

机器人视觉系统的硬件由下述几个部分组成：

1) 景物和距离传感器。常用的有摄像机、CCD 图像传感器、超声波传感器和结构光设备等。

2) 视频信号数字化设备。其任务是把摄像机或 CCD 输出的信号转换成方便计算和分析的数字信号。

3) 视频信号快速处理器。其是视频信号实时、快速、并行算法的硬件实现设备，如 DSP 系统。

4) 计算机及其外设。根据系统的需要可以选用不同的计算机及其外设来满足机器人视觉信息处理及机器人控制的需要。

5) 机器人及其控制器。

机器人视觉系统的软件由以下几个部分组成：

1) 计算机系统软件。选用不同类型的计算机，就有不同的操作系统和它所支持的各种语言、数据库等。

2) 机器人视觉信息处理算法。图像预处理、分割、描述、识别和解释等算法。

3) 机器人控制软件。

7.2.2　CDD 原理

视觉信息通过视觉传感器转换成电信号。在空间采样和幅值化后，这些信号就形成了一幅数字图像。机器人视觉使用的主要部件是电视摄像机，它由摄像管或固态成像传感器及相应的电子线路组成。这里我们只介绍光导摄像管的工作原理，因为它是普遍使用的并有代表性的一种摄像管。固态成像传感器的关键部分有两种类型，一种是电荷耦合器件（CCD），另一种是电荷注入器件（CID）。与具有摄像管的摄像机相比，固态成像器件有若干优点：它重量轻、体积小、寿命长、功耗低。不过，某些摄像管的分辨率仍比固态摄像机高。

由图7-1a可以看出，光导摄像管外面是一圆柱形玻璃外壳2，内部有位于一端的电子枪7以及位于另一端的屏幕1和靶。加在图7-1a所示线圈6、9上的电压将电子束聚焦并使其偏转。偏转电路驱使电子束对靶的内表面扫描以便"读取"图像，具体过程如下所述。玻璃屏幕的内表面镀有一层透明的金属薄膜，它构成一个电极，视频电信号可从此电极上获得。一层很薄的光敏"靶"附着在金属膜上，这一层由一些极小的球状体组成，球状体的电阻反比于光的强度。在光敏靶的后面有一个带正电荷的细金属网，它使电子枪发射出的电子减速，以接近于零的速度到达靶面。在正常工作时，将正电压加在屏幕的金属镀膜上。在无光照时，光敏材料呈现绝缘体特性，电子束在靶的内表面上形成一个电子层以平衡金属膜上的正电荷。当电子束扫描靶内表面时，光敏层就成了一个电容器，其内表面具有负电荷，而另一面具有正电荷。光投射到靶层，它的电阻降低，使得电子向正电荷方向流动并与之中和。由于流动的电子电荷的数量正比于投射到靶的某个局部区域上的光的强度，因此其效果是在靶表面上形成一幅图像，该图像与摄像管屏幕上的图像亮度相同。也就是说，电子电荷的剩余浓度在暗区较高，而在亮区较低。电子束再次扫描靶表面时，失去的电荷得到补充，这样就会在金属层内形成电流，并可从一个管脚上引出此电流。电流正比于扫描时补充的电子数，因此也正比于电子束扫描处的发光强度。经摄像机电子线路放大后，电子束扫描运动时所得到的变化电流便形成了一个正比于输入图像强度的视频信号。图7-1b所示为美国使用的基本扫描标准。电子束以每秒30次的频率扫描靶的整个表面，每次完整的扫描称为一帧，它包含525行，其中的480行含有图像信息。若依次对每行扫描并将形成的图像显示在监视器上，图像将是抖动的。克服这种现象的办法是使用另一种扫描方式，即将一帧图像分成两个隔行场，每场包含262.5行，并且以两倍帧扫描频率进行扫描，每秒扫描60行。每帧的第一场扫描奇数行（见图7-1a中虚线），第二场扫描偶数行。这种扫描方式称为RETMA（美国无线电、电子管、电视机制造商协会）扫描方式。在美国的广播电视系统中，这是一种标准方式。还有一种可以获得更高行扫描速率的标准扫描方式，其工作原理与前一种基本相同。例如，在计算机视觉和数字图像处理中常用的一种扫描方式是每帧包含559行，其中512行含有图像数据。行数取为2的整数幂，优点是软件和硬件容易实现。

讨论CCD器件时，通常将传感器分为两类：行扫描传感器和面阵传感器。行扫描CCD传感器的基本元件是一行硅成像元素，称为光检测器。光子通过透明的多晶硅门由硅晶体吸收，产生电子空穴对，产生的光电子集中在光检测器中，汇集在每个光检测器中电荷的数量正比于那个位置的照明度。图7-2a所示为一典型的CCD行扫描传感器，它由一行前面所说的成像元素组成。两个传送门按一定的时序将各成像元素的内容送往各自的移位寄存器。输出门用来将移位寄存器的内容按一定的时序关系送往放大器，放大

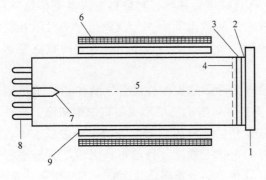

a) 光导摄像管示意图

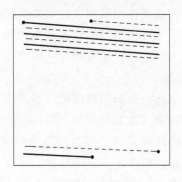

b) 电子束扫描方式

图 7-1　光导摄像管工作原理

1—屏幕　2—玻璃外壳　3—光敏层　4—网格　5—电子束　6—光束聚焦线圈

7—电子枪　8—管脚　9—光束偏转线圈

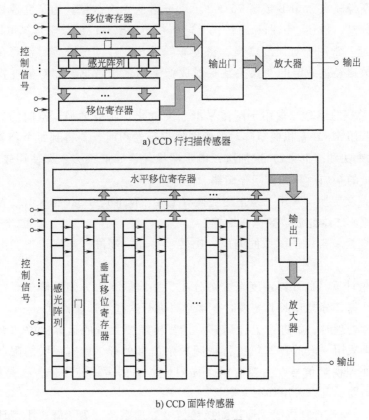

a) CCD 行扫描传感器

b) CCD 面阵传感器

图 7-2　CCD 传感器

器的输出是与这一行光检测器中内容成正比的电压信号。

CCD 面阵传感器与 CCD 行扫描传感器相似，不同之处在于 CCD 面阵传感器的光检测是按矩阵形式排列的，且在两列光检测器之间有一个门—移位寄存器组合，如图 7-2b 所示。奇数光检测器的数据依次通过门进入垂直移位寄存器，然后再送入水平移位寄存器。水平移位寄存器的内容加到放大器上，放大器的输出即为一行视频信号。对于各偶数行重复上述过程，便可获得一帧电视图像的第二个隔行场。这种扫描方式的重复频率是每秒30帧。

显然，行扫描摄像机只能产生一行输入图像。这类器件适合于物体相对于传感器运动的场合（如传送带）。物体沿传感器的垂直方向运动便可形成一幅二维图像。分辨率在256和2048像素之间的行扫描传感器比较常用。面阵传感器的分辨率分成低、中、高三种。低分辨率为32×32像素，中分辨率为256×256像素。目前市场上较高分辨率器件的分辨率为2048×2048像素，正在研制的CCD传感器分辨率已达5000×5000像素甚至更高。

7.2.3 视频数字信号处理器

图像信号一般是二维信号，一幅图像通常由512×512个像素组成（当然有时也有256×256或者1024×1024个像素），每个像素有256级灰度，或者是3×8bit，红黄蓝16M种颜色，一幅图像就有256KB或者768KB（对于彩色）个数据。为了完成视觉处理的传感、预处理、分割、描述、识别和解释，上述前几项主要完成的数学运算可以归纳为：

（1）点处理　常用于对比度增强、密度非线性校正、阈值处理、伪彩色处理等。每个像素的输入数据经过一定的变换关系映射成像素的输出数据，如对数变换可实现暗区对比度扩张。

（2）二维卷积的运算　常用于图像平滑、尖锐化、轮廓增强、空间滤波、标准模板匹配计算等。若用 $M×M$ 卷积核矩阵对整幅图像进行卷积时，要得到每个像素的输出结果就需要做 M^2 次乘法和（M^2-1）次加法，由于图像像素一般很多，即使用较小的卷积核，也需要进行大量的乘加运算和访问存储器。

（3）二维正交变换　常用二维正交变换有FFT、Walsh、Haar和K-L变换等，常用于图像增强、复原、二维滤波、数据压缩等。

（4）坐标变换　常用于图像的缩放、旋转、移动、配准、几何校正和由投影值重建图像等。

（5）统计量计算　如计算密度直方图分布、平均值和协方差矩阵等。在进行直方图均衡化、面积计算、分类和K-L变换时，常常要进行这些统计量计算。

在视觉信号处理时，要进行上述运算，计算机需要大量的运算次数和大量的访问存储器次数。如果采用一般的计算机进行视频数字信号处理，就有很大的限制。所以在通用的计算机上处理视觉信号，主要有两个局限性：一是运算速度慢，二是内存容量小。为了解决上述问题，可以采用如下方案：

1）利用大型高速计算机组成通用的视频信号处理系统。为了解决小型计算机运算速度慢、存储量小的缺点，人们自然会使用大型高速计算机，但是缺点是成本太高。

2）小型高速阵列机。采用大型计算机的主要问题是设备成本太高，为了降低视频信号处理系统的造价，提高设备的利用率，有的厂家在设计视频信号处理系统时，选用造价低廉的中小型计算机为主机，再配备一台高速阵列机。

3）采用专用的视觉处理器。为了适应微型计算机视频数字信号处理的需要，不少厂家设计了专用的视觉信号处理器，它的结构简单、成本低、性能指标高。多数采用多处理器并行处理，流水线式体系结构以及基于 DSP 的方案。

7.3 视觉信息的处理

如何从视觉传感器输出的原始图像中得到景物的精确三维集合描述和定量地确定景物中物体的特性是非常困难的，也是目前计算机视觉，或称为图像理解的主要研究课题。但是对于完成某一特定的任务所用的机器视觉系统来说，则不需要全面地"理解"它所处的环境，而只需要提取为完成该任务所必需的信息。

视觉信息的处理如图 7-3 所示，包括预处理、图像分割、图像特征提取和图像模式识别四个模块。预处理是视觉处理的第一步，其任务是对输入图像进行加工，消除噪声，改进图像的质量，为以后的处理创造条件。为了给出物体的属性和位置的描述，必须先将物体从其背景中分离出来，因此对预处理以后的图像首先要进行分割，就是把代表物体的那一部分像素集合提取出来。一旦这一区域提取出来以后，就要检测它的各种特性，包括颜色、纹理，尤其重要的是它的几何形状特性，这些特性构成了识别某一物体和确定它的位置和方向的基础。物体识别主要基于图像匹配，即根据物体的模板、特征或结构与视觉处理的结果进行匹配比较，以确认该图像中包含的物体属性，给出有关的描述，输出给机器人控制器完成相应的动作。

图 7-3 视觉处理过程及方法

7.3.1 预处理

预处理的主要目的是清除原始图像中各种噪声等无用的信息，改进图像的质量，增强感兴趣的有用信息的可检测性，从而使后面的分割、特征提取和模式识别处理得以简化，并提高其可靠性。机器视觉常用的预处理包括图像颜色处理、图像增强和锐化等。

1. 图像颜色处理

进行图像处理时，一般采用对真彩色图进行减色处理，如转换成 256 色位图或直接转换为灰度图、二值图，以提高图像处理的速度。

（1）真彩色图转换为 256 色位图　将真彩色图像转换为 256 色位图时，必须从真彩色所能表现的大约 16M 种颜色中选择最具代表性或出现频率最高的 256 种颜色。目前广泛使用的方法主要有流行色算法、中位切分算法和八叉树颜色量化算法。

（2）256色位图转换为灰度图　通常将256色位图调色板转换成灰度图调色板的方法主要有平均值法、加权平均法和最大值法。

平均值法：$f(x, y) = [R(x, y) + G(x, y) + B(x, y)] / 3$

加权平均法：$f(x, y) = 0.3R(x, y) + 0.59G(x, y) + 0.11B(x, y)$

最大值法：$f(x, y) = \max\{R(x, y), G(x, y), B(x, y)\}$

其中，$f(x, y)$ 表示灰度图像的像素亮度值；$R(x, y)$、$G(x, y)$、$B(x, y)$ 分别表示彩色图像一个像素的R、G、B三个通道的灰度值。

2. 图像增强

在实际的工业应用过程中，通常采用图像增强来使目标工件的某些特征更加突出，尤其是在缺陷检测中。图像增强包括灰度变换、滤波消噪等方式，通常根据实际情况合理选择图像增强方式。

（1）灰度变换　在图像的采集过程中，相机曝光时间不足、视觉系统硬件自身动态范围较小等原因会导致图像的对比度较弱，导致目标工件在图像上的边缘特征、轮廓特征显示的比较模糊，使得后续的图像特征提取与匹配处理变得更加困难。对比度增强是对每一个像素点的灰度值进行操作，依据是按照特定的灰度变换关系改变像素灰度值。通过这样的运算，目标图像的灰度值动态范围得到增强和扩大。通常使用的方法有线性灰度变换与直方图均衡化。

1）线性灰度变换。线性灰度变换是按照一定的线性关系，将原图像的灰度值扩展到指定区间或整个动态范围。如式（7-1）所示，其中 $f(x, y)$ 和 $g(x, y)$ 分别为 (x, y) 位置上像素对比度增强前后的灰度值。原图像灰度级别的最小值用 s_1 表示，灰度级别的最大值用 s_2 表示；经过线性映射，增强后的图像灰度级的最小值为 t_1，最大值为 t_2。

$$g(x, y) = \begin{cases} t_1 & [0, s_1) \\ \dfrac{t_2 - t_1}{s_2 - s_1} f(x, y) + c & [s_1, s_2] \\ t_2 & (s_2, 255] \end{cases} \quad (7\text{-}1)$$

如图7-4所示，按照式（7-1）的线性变换关系，将原图像的灰度级范围从 $[s_1, s_2]$ 扩展到 $[t_1, t_2]$。线性灰度变换是增强图像对比度最简单的方法。

2）直方图均衡化。图像的灰度直方图是反映一幅图像的灰度级与出现这种灰度级的概率之间的关系的图形。对于一幅8bit灰度图像，可能有256种不同的灰度级，因此直方图会以图形的方式显示256个灰度级像素数量的分布情况。在图像的灰度直方图中，横轴表示灰度变化区间，纵轴表示落在该灰度变化区间内像素的数目。直方图均衡化是一种通过重新均匀地分布各灰度值来增强图像对比度的方法。经过直方图均衡化的图

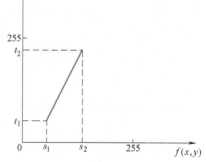

图7-4　线性灰度变换

像对二值化阈值选取十分有利。该方法通常可以提高图像的全局对比度，特别是当图像的有用数据是由彼此接近的灰度值表示时。通过这样的调整，该强度值可以更好地分布在直方图中，同时允许具有较低局部对比度的区域获得更高的对比度。直方图均衡化对于灰度分布范围很窄的图像具有明显的改善效果，它将该图像的灰度直方图以均匀的方式整体扩充到整个灰度级的范围，从而在整体上增强了图像的对比度，对于图像的细节信息显示得更加完善。

直方图均衡化的具体方法如下：

① 统计图像各灰度值的像素数，即得到图像的灰度直方图。

② 利用式 (7-2) 计算图像各灰度值的累积分布函数值。

③ 在原始图像上遍历所有像素，对于每一个像素，该位置处的灰度值计算方式为该像素灰度值对应的累积分布函数值与图像直方图上的最大灰度值的乘积。

累积分布函数定义为

$$g_k = \sum_{i=0}^{k} \frac{n_i}{n} = \sum_{i=0}^{k} p_f(f_i) \tag{7-2}$$

式中，$i = 0, 1, \cdots, k$；$k = 0, 1, \cdots, L-1$；L 表示灰度级范围；$p_f(f_i)$ 表示图像中具有第 i 级灰度值的像素出现的概率；n 为图像的像素总数。

（2）滤波去噪　原始图像中不可避免地会包括许多噪声，如传感器噪声、量化噪声等。根据干扰的不同，噪声会对图像产生不同程度的影响，要消除噪声的影响首先要确定噪声的种类，然后再采用不同的算法来消除噪声。图像噪声可分为脉冲噪声（椒盐噪声）、放大器噪声（高斯噪声）、散粒噪声、量化噪声（均匀噪声）、胶片颗粒噪声、各向同性噪声、乘性噪声（斑点噪声）和周期噪声。目前已有很多滤波去噪的算法，最好的去噪算法应该在完全去除噪声的同时保留更多的图像细节。去噪滤波的方法主要有均值滤波、高斯滤波与中值滤波。

1）均值滤波。在灰度连续变化的图像中，如果出现了与相邻像素的灰度相差很大的点，这种情况被认为是一种噪声。滤波作用就是滤掉高频分量，从而达到减少图像噪声的目的。

平滑模板的思想是通过一点和周围 8 个点的平均来去除突然变化的点，从而滤掉一定的噪声，其代价是图像有一定程度的模糊。均值滤波的模板如图 7-5 所示。

中间的 "＊" 表示中心元素，即用那个元素作为处理后的元素。通常，模板不允许移出边界，所以结果图像会比原图小，在编程中不处理图像最外面的两列与两行像素。

2）高斯滤波。均值滤波考虑了邻域点的作用，但并没有考虑各点位置的影响，对于所有的 9 个点都一视同仁，所以平滑的效果并不理想。

$$\frac{1}{9}\begin{bmatrix} 1 & 1 & 1 \\ 1 & 1^* & 1 \\ 1 & 1 & 1 \end{bmatrix} \qquad \frac{1}{16}\begin{bmatrix} 1 & 2 & 1 \\ 2 & 4^* & 2 \\ 1 & 2 & 1 \end{bmatrix}$$

图 7-5　均值滤波的模板　　　　　　　　图 7-6　高斯滤波的模板

实际上，离某点越近的点对该点的影响应该越大，为此引入了加权系数，将原来的模板改为图7-6所示的模板。

可以看出，距离越近的点，加权系数越大。新的模板其实也是一个常用的平滑模板，称为高斯（Gauss）模板。

3）中值滤波。中值滤波是指把以某点 (x, y) 为中心的小窗口内的所有像素的灰度按从大到小的顺序排列，将中间值作为 (x, y) 处的灰度值。中值滤波的原理如图7-7所示。

图7-7中左边是原图，数字代表该处的灰度。可以看出中间的6和周围的灰度相差很大，是一个噪声点。经过3×1窗口的中值滤波，得到右边那幅图，可以看出，噪声点被去除了。中值滤波不仅能较好地过滤掉图像噪声干扰，还能保持图像边缘信息的完整性，适用于一些边角、点线较多的图像，能够较好地保留图像细节信息。

```
原图                          处理后的图

0 0 0 0 0 0 0                  0 0 0 0 0

0 0 1 1 1 0 0                  0 1 1 1 0

0 0 1 6 1 0 0      →           0 1 1 1 0

0 0 1 1 1 0 0                  0 1 1 1 0

0 0 0 0 0 0 0                  0 0 0 0 0
```

图7-7　中值滤波的原理

3. 锐化

图像增强方法实际上都是对灰度取平均，这对滤除噪声是有益的，但容易造成图像模糊。为了使一幅图像的边缘更加鲜明，有时也需要对图像进行尖锐化处理。

图像模糊的实质是图像受到平均或积分造成的，因此锐化可对图像进行逆运算，如做微分运算。从频谱角度来看，图像模糊的实质是其高频分量被衰减，因而可以通过高能滤波操作来清晰图像。要注意的是在对图像进行锐化处理时，图像必须具有较高的信噪比，否则锐化后噪声的增加比信号还要多。因此，一般是先去除或减弱噪声后再进行锐化处理。

常用的微分锐化模板是拉普拉斯（Laplacian）模板，模板的形式如图7-8所示。拉普拉斯模板先将自身与周围的4个像素相减，表示自身与周围像素的差别，再将这个差别加上自身作为新像素的灰度。可见，如果一片暗区出现了一个亮点，那么锐化处理的结果是这个亮点变得更亮，增加了图像的高频分量。因为图像中的边缘就是那些灰度发生跳变的区域，所以锐化模板在边缘检测中很有用。

$$\begin{bmatrix} 0 & -1 & 0 \\ -1 & 5^* & -1 \\ 0 & -1 & 0 \end{bmatrix}$$

图7-8　拉普拉斯模板

7.3.2　图像分割

1. 图像的边沿检测

边沿检测的实质是采用某种算法来提取出图像中对象与背景间的交界线。边沿定义为图像中灰度发生急剧变化的区域边界。图像灰度的变化情况可以用图像灰度分布的梯度来反映，因此可以用局部图像微分技术来获得边缘检测算子。

边沿检测方法划分为两类：基于查找和基于零穿越。基于查找的方法通过寻找图像一阶导数中的最大值和最小值来检测边界，通常是将边界定位在梯度最大的方向；基于零穿越的方法通过寻找图像二阶导数零穿越来寻找边界，通常是 Laplacian 过零点或者非线性差分表示的过零点。

（1）边沿检测的常用算子

1）梯度算子。梯度对应一阶导数，因而梯度算子是一阶导数算子。在图像边沿灰度值过渡比较尖锐而且图像噪声较小时，梯度算子的检测结果比较让人满意。

最简单的梯度算子是 Roberts 算子，常用的还有 Sobel 算子和 Prewitt 算子，分别介绍如下。

① Roberts 算子。Roberts 边沿检测算子是一种利用局部差分方法寻找边沿的算子。它采用两个 2×2 模板 $\begin{pmatrix} 1 & 0 \\ 0 & -1 \end{pmatrix}$ 和 $\begin{pmatrix} 0 & 1 \\ -1 & 0 \end{pmatrix}$，Roberts 边沿检测算子是一种平方根运算，对具有陡峭的低噪声图像响应最好。

② Sobel 算子。Sobel 算子，一个是检测水平边沿的 $S_H = \begin{pmatrix} -1 & -2 & -1 \\ 0 & 0^* & 0 \\ 1 & 2 & 1 \end{pmatrix}$，一个是

检测垂直边沿的 $S_V = \begin{pmatrix} -1 & 0 & 1 \\ -2 & 0^* & 2 \\ -1 & 0 & 1 \end{pmatrix}$，图像中的每个点都用这两个核做卷积，前一个核对水平边沿响应最大，后一个核对垂直边沿响应最大。两个模板各自计算，然后把两个卷积结果的最大值作为该点的输出值。Sobel 边沿检测算子对灰度渐变和噪声较多的图像处理得较好。

③ Prewitt 算子。Prewitt 边沿检测算子使用两个有向算子，一个是水平的，一个是垂直的，每一个逼近一个偏导数，即

$$P_H = \begin{pmatrix} -1 & -1 & -1 \\ 0 & 0^* & 0 \\ 1 & 1 & 1 \end{pmatrix} \text{ 和 } P_V = \begin{pmatrix} 1 & 0 & -1 \\ 1 & 0^* & -1 \\ 1 & 0 & -1 \end{pmatrix}$$

相对于 Sobel 算子，如果在每个点噪声都是相同的，那么 Prewitt 算子是比较好的；如果靠近边沿的噪声是沿着边沿的二倍，那么 Sobel 算子是比较好的。也就是算子的好坏取决于噪声的结构。

梯度算子虽然简单，编程容易实现，但都对噪声有一定的敏感性。由于噪声的影响，常常需要对梯度算子的结果进一步选取阈值做二值化处理，以区分真假边沿点。

2）方向算子。方向算子利用一组模板分别计算不同方向上的差分值，取其中的最大值作为边沿强度，将与之对应的方向作为边沿方向。常用的方向算子有平移和差分算子、梯度方向算子、Kirsch 算子等几种。

① 平移和差分算子。其包括垂直边沿算子、水平边沿算子和水平与垂直边沿算子三种，它们分别使用下面的卷积核：

$$\begin{pmatrix} 0 & 0 & 0 \\ -1 & 1^* & 0 \\ 0 & 0 & 0 \end{pmatrix} \begin{pmatrix} 0 & -1 & 0 \\ 0 & 1^* & 0 \\ 0 & 0 & 0 \end{pmatrix} \begin{pmatrix} -1 & 0 & 0 \\ 0 & 1^* & 0 \\ 0 & 0 & 0 \end{pmatrix}$$

该方法的实现思路是首先将图像平移一个像素，然后用原图像减去平移后的图像。用相减的结果来反映原图像亮度变化率的大小。如果原图像某个区域中的像素值保持不变，相减的结果为零，即像素点为黑；如果原图像某个区域中的像素变化剧烈，相减后的结果就会较大，即得到较大的变化率，对应的像素就会较亮。如果相减后得到的像素值为负，则取其绝对值，以保证原图像像素比平移后图像更亮或更黑时，都能得到有效的增强。

② 梯度方向算子。梯度方向算子增强根据边沿检测方向的不同可以有 8 个不同的卷积核，分别是北、东北、东、东南、南、西南、西和西北方向。以东北方向算子举例说明，其卷积核为 $\begin{pmatrix} 1 & 1 & 1 \\ -1 & -2^* & 1 \\ -1 & -1 & 1 \end{pmatrix}$，其梯度变化方向为东北，如果在卷积核方向（即东北方向）上存在着正的像素亮度变化率，则输出图像上的像素变亮。变化率越大，则图像越亮。由于卷积核中所有卷积系数之和为 0，因此，图像中亮度基本不变的区域，即频率较低的区域，变化后的像素值将很小，即这些部分经处理后将变黑。

③ Kirsch 算子。使用 8 个模板来确定梯度和梯度方向。其 3×3 模板如下所示。

$$\begin{pmatrix} +5 & +5 & +5 \\ -3 & 0^* & -3 \\ -3 & -3 & -3 \end{pmatrix} \begin{pmatrix} -3 & +5 & +5 \\ -3 & 0^* & +5 \\ -3 & -3 & -3 \end{pmatrix} \begin{pmatrix} -3 & -3 & +5 \\ -3 & 0^* & +5 \\ -3 & -3 & +5 \end{pmatrix} \begin{pmatrix} -3 & -3 & -3 \\ -3 & 0^* & +5 \\ -3 & +5 & +5 \end{pmatrix}$$

$$\begin{pmatrix} -3 & -3 & -3 \\ -3 & 0^* & -3 \\ +5 & +5 & +5 \end{pmatrix} \begin{pmatrix} -3 & -3 & -3 \\ +5 & 0^* & -3 \\ +5 & +5 & -3 \end{pmatrix} \begin{pmatrix} -5 & -3 & -3 \\ +5 & 0^* & -3 \\ +5 & -3 & -3 \end{pmatrix} \begin{pmatrix} -5 & +5 & -3 \\ +5 & 0^* & -3 \\ -3 & -3 & -3 \end{pmatrix}$$

图像中的每个像素点都用这 8 个卷积核进行卷积，每个卷积核都对某个特定方向做出最大响应，所有 8 个方向中的最大值作为边沿幅度图像的输出。Kirsch 边沿检测算子也对灰度渐变和噪声较多的图像处理得较好。

3）其他算子。其他边沿检测算子有拉普拉斯算子、高斯-拉普拉斯（LOG）算子、边界闭合算子等。其中拉普拉斯算子是一种二阶算子，对图像中的噪声相当敏感，因而处理的效果不好，而 LOG 算子是用高斯平滑滤波器先滤掉图像中的噪声，然后再用拉普拉斯算子进行边沿检测，但由于此算子也是二阶算子，受噪声影响大，因而效果也不好。而边界闭合方法是使用图像像素梯度的幅度和方向并行地进行边界闭合，即比较图像的梯度中的每一个像素和它 8 个领域像素点的幅度和方向角，如果这两者都小于其设定的阈值，则把这些点连接起来，以得到闭合边沿的方法。

（2）阈值化　边沿检测计算出导数之后，下一步要做的就是给出一个阈值来确定哪里是边缘位置。阈值越低，能够检测出的边线越多，结果也就越容易受到图像噪声的影响，并且越容易从图像中挑出不相关的特性。与此相反，一个高的阈值将会遗失细的或者短的线段。

图 7-9a 所示的强度直方图对应于一幅图像 $f(x, y)$，该图像是在暗背景上有亮的物体，这使得物体像素和背景像素的强度分成两个不同的区域。从背景中提取物体的一种直观方法是选择一阈值 T 将两个强度分开，然后，将所有 $f(x, y) > T$ 的点 (x, y) 称为

物体点，其他点则称为背景点。在这种情况下，图像的直方图形成三个聚集区（如在暗背景上有两种亮物体），如图 7-9b 所示。这里，我们可以使用同样的方法对物体加以分类，若 $T<f(x, y)<T_2$，则点属于一类物体；若 $f(x, y)>T_2$，则点属于另一类物体；若 $f(x, y)<T_1$，则点属于背景。一般地说，这种多级阈值化要比单一阈值化的可靠性低，这是因为当直方图中大的聚集区较多时，很难找到可以有效划分这些区域的多个阈值。如果要用阈值化技术处理这类问题，最好是使用单个可变阈值的方法。

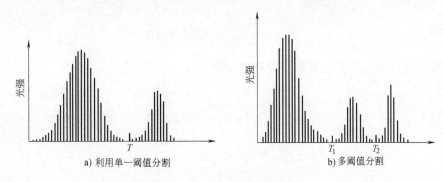

a) 利用单一阈值分割   b) 多阈值分割

图 7-9 可分割的强度直方图

将阈值化看作是对函数 T 的一种检测运算，即

$$T = T \left[x, y, p(x, y), f(x, y) \right]$$

式中，$f(x, y)$ 是点 (x, y) 的强度；$p(x, y)$ 表示该点的某种局部性质。

例如，以点 (x, y) 为中心的邻域内的平均强度可用式（7-3）求得阈值化图像

$$g(x, y) = \begin{cases} 1, & f(x, y) > T \\ 0, & f(x, y) \leq T \end{cases} \tag{7-3}$$

考察 $g(x, y)$ 可知，标记为 1（或任何其他的约定强度级）的像素对应于物体，而标记为 0 的像素对应于背景。

当 T 只与 $f(x, y)$ 有关时，阈值称为整体阈值（图 7-9 即是整体阈值的示例）。若 T 取决于 $f(x, y)$ 和 $p(x, y)$ 两者，则称之为局部阈值。此外，若 T 与空间坐标 x 和 y 有关，则称之为动态阈值。

在进行阈值化时，关键是分割阈值的选择。分割阈值的选择有很多种方法，在此介绍最优阈值的选择。

由概率密度函数之和所形成的直方图是双峰直方图，其函数表达式可近似表示为

$$p(z) = P_1 p_1(z) + P_2 p_2(z) \tag{7-4}$$

式中，z 为表示强度的随机变量；$p_1(z)$ 和 $p_2(z)$ 为概率密度函数；P_1 和 P_2 称为先验概率。

先验概率就是图像中两种类型强度级出现的概率。例如，考虑图 7-10a 所示直方图对应的图像，整个直方图可以用两个概率密度函数之和近似表示，如图 7-10b 所示。若已知亮的像素代表物体，并且图像面积的 20% 为物体像素所占有，则 $P_1 = 0.2$。还应有

$$P_1 + P_2 = 1$$

结果表明，其余的 80% 应为背景像素。

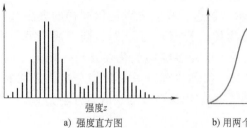

a) 强度直方图   b) 用两个概率密度函数之和近似该直方图

图 7-10 图像发光强度直方图

假设 $p_1(z)$ 和 $p_2(z)$ 为高斯概率密度函数，即

$$p_1(z) = \frac{1}{\sqrt{2\pi}\,\sigma_1}\exp\frac{-(z-m_1)^2}{2\sigma_1^2} \tag{7-5}$$

$$p_2(z) = \frac{1}{\sqrt{2\pi}\,\sigma_2}\exp\frac{-(z-m_2)^2}{2\sigma_2^2} \tag{7-6}$$

式中，m_1、m_2 分别为两部分灰度的数学期望；σ_1^2、σ_2^2 为方差。

因此，式（7-5）和式（7-6）中的 $p(z)$ 中含有 5 个参数，如果参数都是已知的，那么很容易求出最优阈值。

现在假设亮的部分是背景，暗的部分是物体，且 $m_1 < m_2$。在进行图像分割时，把背景当作物体和把物体当作背景的错误概率分别由式（7-7）和式（7-8）给出

$$E_1(t) = \int_{-\infty}^{t} p_2(x)\,\mathrm{d}x \tag{7-7}$$

$$E_2(t) = \int_{t}^{\infty} p_2(x)\,\mathrm{d}x \tag{7-8}$$

误差总概率为

$$E(t) = P_2 E_1(t) + P_1 E_2(t) \tag{7-9}$$

寻找 $E(t)$ 的最小值，则可以求阈值 t。因此，将 $E(t)$ 对 t 微分，并令其等于 0，则有

$$P_1 p_1(t) = P_2 p_2(t) \tag{7-10}$$

将 $p_1(t)$ 和 $p_2(t)$ 代入上式，整理可得

$$At^2 + Bt + C = 0 \tag{7-11}$$

式中，$A = \sigma_1^2 + \sigma_2^2$；$B = 2(m_1\sigma_2^2 - m_2\sigma_1^2)$；$C = \sigma_1^2 m_2^2 - \sigma_2^2 m_1^2 + 2\sigma_1^2\sigma_2^2\ln(\sigma_2 P_1/\sigma_1 P_2)$。

若 $\sigma_1^2 = \sigma_2^2 = \sigma^2$，则

$$t = \frac{m_1 + m_2}{2} + \frac{2\sigma^2}{m_1 - m_2}\ln(P_2/P_1) \tag{7-12}$$

若 $\sigma = 0$ 或 $P_1 = P_2$，则最优阈值恰好是两个均值的平均值，条件 $\sigma = 0$ 意味着物体和背景的强度在整幅图像内都是常数；而条件 $P_1 = P_2$ 则意味着物体和背景出现的概率相同，也就是图像中物体的像素个数等于背景的像素个数。

2. 图像的边沿连接

在理想情况下，前面的边沿检测方法给出的只是那些位于物体与背景之间边界处的像素。实际上，噪声的存在，不均匀照明引起的边界中断，以及其他因素造成的意外强度不连续性，都会使得检测出的像素难以完全表征边界。因此，在边沿检测算法之后，通常要进行连接和用其他边界检测的方法进行处理，以便使边沿像素形成一个有意义的物体边界。可用的方法有很多，这里仅介绍用局部分析方法进行边沿连接。

用局部分析方法进行边沿连接是最简单的一种方法。在已进行边沿检测处理的图像的每一点 (x, y) 附近小邻域（如 3×3 或 5×5）内，分析像素的特性，将所有相似的点连接在一起，这样便形成了具有某些共同特性的像素边界。

在这类分析方法中，有两种基本特性可用于建立边沿像素的相似性：①用于检测边沿像素对梯度算子的响应速度；②梯度的方向。

图像 $f(x, y)$ 在位置 (x, y) 处的梯度，定义为二维矢量

$$\boldsymbol{G}[f(x,y)] = \begin{pmatrix} G_x \\ G_y \end{pmatrix} = \begin{pmatrix} \dfrac{\partial f}{\partial x} \\ \dfrac{\partial f}{\partial y} \end{pmatrix} \tag{7-13}$$

根据式（7-13），矢量 $\boldsymbol{G}$ 的大小为

$$G[f(x,y)] = [G_x^2 + G_y^2]^{1/2} = \left[\left(\frac{\partial f}{\partial x} \right)^2 + \left(\frac{\partial f}{\partial y} \right)^2 \right]^{1/2} \tag{7-14}$$

实际上，通常用绝对值来近似梯度

$$G[f(x,y)] \approx |G_x| + |G_y| \tag{7-15}$$

第一个特性可以由式（7-14）或式（7-15）所定义的 $G[f(x, y)]$ 值给出。如果

$$|G[f(x,y)] - G[f(x',y')]| \leqslant T \tag{7-16}$$

式中，T 为阈值。

则可以说，在 (x, y) 点预先确定的邻域中，坐标为 (x', y') 的边沿像素在幅值上与位于 (x, y) 点的像素相似。

根据式（7-13），梯度矢量角可以确定梯度的方向，即

$$\theta = \arctan \frac{G_y}{G_x} \tag{7-17}$$

式中，θ 为一角度（相对于 x 轴测量）。

沿差该角度，变化率具有最大值。因此，若

$$|\theta - \theta'| < A \tag{7-18}$$

式中，A 为一角度阈值。

则可以说，在 (x, y) 的预定领域内，坐标为 (x', y') 的边沿像素与坐标为 (x, y) 的像素在角度上相似。应当注意，实际上，(x, y) 点的边沿方向垂直于该点梯度矢量的方向。

基于上述概念，若 (x, y) 的邻域内一点与 (x', y') 点同时满足幅值和方向准则，

我们便可连接这两点。对图像中每个位置重复上述处理，逐个像素地移动邻域中心，记录所有连接点。分类记录的简单过程是对每组连接的边沿像素赋予不同的灰度等级。

【例 7-1】 为了说明上述过程，研究图 7-11a 所示的汽车后部的图像。我们的目的是从图像中找出那些适于安置汽车牌照的矩形框。检测高响应的水平和垂直边沿，便可获得所需的矩形。图 7-11b、c 所示为 Sobel 算子的水平和垂直分量。图 7-11d 所示为梯度值大于 25 并且梯度方向差小于 15° 的所有点的连接结果。应用上述准则于图 7-11c 的每一行，便求得所需水平线，然后再应用图 7-11b 的每一列便可得到垂直线。进一步的处理包括连接具有小间断区间的边沿线段和删除孤立的短线。

a) 输入图像

b) 梯度水平分量

c) 梯度垂直分量

d) 边沿连接的结果

图 7-11 汽车尾部的边沿连接

7.3.3 图像特征提取

图像特征指图像中的物体所具有的特征，图像特征是区分不同目标类别的依据。图像特征主要有颜色、纹理和几何形状等。

1. 颜色特征

颜色特征是人类认识世界的最基本视觉特征。颜色特征具有较好的稳定性，不易因大小或方向等的变化而发生改变，具有较高的鲁棒性。特征提取及计算方法相对简单。颜色特征属于全局特征。目前常用的表示方法有颜色直方图、颜色矩、颜色聚合向量、颜色相关图等。

（1）颜色直方图 颜色直方图不考虑每种颜色在图像中的具体位置，描述的是各种颜色在整幅图像中所占的比例。每幅图像都会有一个唯一的颜色直方图与其对应，不因尺度缩放或方向旋转而发生改变，但由于其不能确定颜色的具体空间位置，因此只适合那些无须考虑位置、无须考虑划分的图像。

（2）颜色矩 颜色特征提取一般都需要对颜色空间进行量化，而空间量化一方面容易造成误检，另一方面容易产生较高的维数，增加计算量，不利于图像识别。针对这两方面的问题，颜色矩是一种简单可行的方法，它不需空间量化，特征向量维数低。另外，颜色信息集中分布在低阶矩中，故而采用一阶矩、二阶矩、三阶矩就足以完成颜色信息描述。但此种方法在检索时效率不是很高，只适合进行图像的初步过滤。

（3）颜色聚合向量 颜色聚合向量方法解决了颜色直方图和颜色矩无法确定颜色的

空间位置的问题。它在连通区域的计算过程中将每一柄的像素分为聚合和非聚合两部分，使得同一区域内的像素具有同类量化值，并且同一区域的任意两个像素之间存在通路。进行图像比较时，对于每一个颜色簇的两个部分甄别其相似度，根据综合比对情况给出结论。

（4）颜色相关图　颜色相关图既刻画了颜色的统计信息，也刻画了不同颜色之间的空间关系，即距离与颜色的空间相关性。

2. 纹理特征

纹理也是识别物体的一个重要特征。纹理在图像中表现为不同的亮度与颜色。纹理很直观，但由于对纹理的认识和考察角度不同，纹理并没有一个准确的定义，从而也导致对于纹理特征提取的方法有很多种。目前，纹理特征提取的方法主要有统计方法、模型方法、结构方法和信号处理方法，针对每种方法的特性又产生了各种各样的算法。

（1）统计方法　纹理貌似繁乱，实则具有一定的规律性。统计方法以像元及领域的灰度属性为基础，依此思想所提出的算法主要有：自相关函数、灰度共生矩阵法、灰度-梯度共生矩阵分析法等。

（2）模型方法　模型方法是通过建立模型解决实际问题。基本想法是先假定纹理符合某种模型分布，此时，特征提取就转化为参数估计。经常使用的模型方法有随机场方法和分形方法两种。随机场方法参考概率模型作为建立模型依据，通过定量的信息计算，推测所需模型参数，在聚类的基础上再形成模型参数，而后进行概率估计确定其归属可能性。分形方法是因自然纹理在图像尺度变化过程中所保有的自相似性而产生的，该方法所需解决的核心问题是分形维数的准确估计，其是各种算法设计的关键。

（3）结构方法　结构方法将复杂纹理分解为相对简单的纹理基元。很多人工纹理是比较规则的，可以从中找到其纹理基元及纹理基元的有序排列，从而以图状、树状等结构对其描述。由于结构方法对规则性的要求，所以，它较适合高层检索，而对于不容易得到基元的自然纹理求解相对困难。比较有代表性的结构方法有句法纹理描述法和数学形态学法两种。

（4）信号处理方法　信号处理方法即滤波法，这种方法一般都基于纹理可被能量分布所识别。常使用的有离散余弦变换法、傅里叶级数方法、小波方法、Gabor 滤波方法等。

3. 几何形状特征

形状的描述对于物体的识别起着不可忽视的影响作用。形状特征一般从轮廓特征和区域特征两个角度描述。轮廓特征关注的是外边界，区域特征关注的是整个区域。任何一个物体可以把它分解为若干个点、线、面，这样，对其形状特征的提取又更多地关注在点、线、面的提取方法上。

（1）点特征提取方法　特征提取的点通常是那些明显点，如角点、交叉点、圆点等。角点是图像的重要局部特征，角点包含了丰富的图像信息。普遍认为角点为两个边沿的交点或两个主方向的特征点。目前角点检测有很多算法，这些算法依据其检测原理分为利用图像的边沿特征进行角点检测和利用图像灰度变化的大小进行角点检测两大类。前一种方法可利用的边沿特征主要有边界链码、边界曲率等，典型代表有 Freeman 链码角点检测算法；后一种方法是通过模板匹配或根据图像的几何特征完成，典型代表有 Harris 角点检测算法。

（2）线特征提取方法　线特征包含了边沿和线，边沿是区分不同特征的局部区域，而线则是划定相同特征区域的边沿对。边沿对人们辨别物体有很重要的意义，它所形成的连续完整的边界在很多时候可以直接识别物体。

（3）面特征提取方法　面积、周长、重心等都是一种面特征，都明确显示了一些区域信息，这些区域信息也是在进行特征提取时所针对的要素。其中，重心由于其自身所具有的不变性及稳定性，常常将它作为区域特征。面特征提取经常采用的方法是分割方法，以分割精度作为匹配指标。

7.3.4　图像模式识别

图像模式识别方法主要有模板匹配方法、特征匹配方法和结构匹配方法。本书重点介绍模板匹配方法。

1. 模板匹配

模板匹配方法的基本原理可表述为：提供一个物体的参考图像（模板图像）和待检测图像（输入图像），按照一定的度量准则，在像素精度上计算模板图像与待检测图像的相似程度，根据相似程度确定待检测图像中是否存在与模板相匹配的区域，并且找到它们的位置。根据实际需要，有时还需要识别出可能存在的模板旋转或缩放情况。模板匹配方法主要有基于灰度值的模板匹配方法和基于边沿的模板匹配方法。

（1）基于灰度值的模板匹配　基于灰度值的模板匹配方法的基本思想是通过某种度量准则计算物体参考图像（模板图像）与待检测图像之间在灰度值信息上的相似度，并根据相似度判断待检测图像上是否存在目标物体。这种匹配方法的原理并不复杂且计算量相对较小，在良好的光照条件下可以得到理想的匹配结果。但由于匹配时采用的是图像灰度值信息，因此光照条件会影响最终的匹配结果，且对目标遮挡与信息缺失等情况处理不好，通过匹配可以得出目标物体在图像中的位置坐标信息与匹配的相似程度。

模板图像与待检测图像之间灰度值差值的平方和（SSD）是反映模板图像和待检测图像之间差别的最简单的相似性度量方法。设 $f(x, y)$ 为 $M \times N$ 的模板图像，$t(j, k)$ 为 $J \times K(J \leqslant M, K \leqslant N)$ 的模板图像，则 SSD 定义为

$$S(x, y) = \sum_{j=0}^{J-1} \sum_{k=0}^{K-1} [f(x+j, y+k) - t(j, k)]^2 \tag{7-19}$$

其中，(j, k) 为模板图像中某点的像素位置坐标，该像素的灰度值用 $t(j, k)$ 表示。待检测图像中与之对应的像素点坐标为 $(x+j, y+k)$，该像素的灰度值用 $f(x+j, y+k)$ 表示。式（7-19）计算在每一子图像 $S(x, y)$ 处的相似性度量值，并根据 $S(x, y)$ 的值来推测图像中是否存在与模板图像相同或相近的目标。

将式（7-19）展开得

$$S(x, y) = \sum_{j=0}^{J-1} \sum_{k=0}^{K-1} [f(x+j, y+k)]^2 -$$
$$2 \sum_{j}^{J-1} \sum_{k}^{K-1} t(j, k) \cdot f(x+j, y+k) + \sum_{j=0}^{J-1} \sum_{k=0}^{K-1} [t(j, k)]^2 \tag{7-20}$$

令

$$DS(x, y) = \sum_{j=0}^{J-1} \sum_{k=0}^{K-1} \left[f(x + j, y + k) \right]^2 \tag{7-21}$$

$$DST(x, y) = 2 \sum_{j=0}^{J-1} \sum_{k=0}^{K-1} \left[t(j, k) \cdot f(x + j, y + k) \right] \tag{7-22}$$

$$DT(x, y) = \sum_{j=0}^{J-1} \sum_{k=0}^{K-1} \left[t(j, k) \right]^2 \tag{7-23}$$

$DS(x, y)$ 与 $DT(x, y)$ 称为待检测图像与模板图像重合部分各自的强度值。$DS(x, y)$ 随着像素位置 (x, y) 的变化而变化，但是变化较小。$DT(x, y)$ 不随像素位置变化而变化，在运算过程中为一常数值。$DST(x, y)$ 为待检测图像与模板图像对应区域的互相关系数，与图像像素位置 (x, y) 有关。当完全匹配时 $DST(x, y)$ 取最大值。

根据上面的推论，如果 $DS(x, y)$ 在运算过程中也为一常数值，那么仅仅依靠 $DST(x, y)$ 的值便能完成匹配过程。但是这种假设会带来误差，甚至可能导致无法匹配。归一化互相关可以有效地解决由于 $DS(x, y)$ 变化带来的不确定性因素，其定义为

$$R(x, y) = \frac{\displaystyle\sum_{j=0}^{J-1} \sum_{k=0}^{K-1} t(j, k) \cdot f(x + j, y + k)}{\sqrt{\displaystyle\sum_{j=0}^{J-1} \sum_{k=0}^{K-1} \left[f(x + j, y + k) \right]^2} \cdot \sqrt{\displaystyle\sum_{j=0}^{J-1} \sum_{k=0}^{K-1} \left[t(j, k) \right]^2}} \tag{7-24}$$

归一化互相关系数 $R(x, y)$ 的值域范围为 $[-1, 1]$，当 $R(x, y) = \pm 1$ 时，说明此时在待检测图像中找到与模板图像完全匹配的实例。通常，$R(x, y)$ 的绝对值越接近于 1，说明模板图像与待检测图像越相近；$R(x, y)$ 的绝对值越接近于 0，则说明模板图像与待检测图像越不匹配。基于归一化互相关系数的模板匹配方法原理简单，对噪声及外部干扰的鲁棒性较强，匹配的精度较高，但是由于所有像素点均参与匹配过程，因此速度较慢。

如图 7-12 所示，在基于灰度值的图像匹配过程中，待检测图像 $f(x, y)$ 与模板图像 $t(j, k)$ 的坐标系分别用 $O\text{-}xy$ 与 $o\text{-}jk$ 表示。在 $f(x, y)$ 中每一个像素位置 (x, y) 处，通过式（7-24）均有一个 $R(x, y)$ 与之对应。随着模板图像 $t(j, k)$ 滑动并计算所有 $R(x, y)$ 的值，在 $R(x, y)$ 最大值处便可得到匹配图像。

（2）基于边沿的模板匹配　基于边沿的模板匹配方法通过图像微分算子与模板图像和待检测图像进行卷积运算提取出两者的轮廓信息，如边沿、角点、重心等。然后采用一定的度量准则对两者的轮廓特征进行相似性比较，通过相似性度量值与设定阈值的关系，判断模板实例是否存在于待检测图像中。该方法抗干扰能力强，

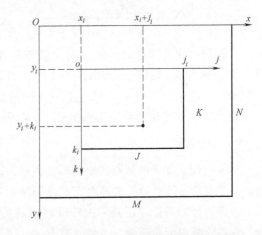

图 7-12　基于灰度值的模板匹配示意图

对光照影响鲁棒，能处理一定的目标遮挡与信息缺失现象，但它的算法复杂，计算量较大，不适合直接用于实时性较强的系统。

模板图像与待检测图像各自经过边沿特征提取处理后，模板图像与待检测图像由边沿点表示，在每一个边沿点处均有一个梯度方向向量与之对应，如图7-13所示。对于模板图像，其点集设为 $\boldsymbol{p}_i = (x_i, y_i)^{\mathrm{T}}$，$i = 1, 2, 3, \cdots, n$，梯度方向向量为 $\boldsymbol{d}_i = (t_i, u_i)^{\mathrm{T}}$；对于待检测图像，计算出图像中每个点 (x, y) 的方向向量 $\boldsymbol{e}_{x,y} = (v_{x,y}, w_{x,y})^{\mathrm{T}}$，进行边沿匹配时，模板图像与待检测图像的子图像进行相似度检验。经旋转变换 $R(\theta)$ 后的模板边沿梯度方向向量可表示为

$$d'_i = R(\theta)d_i \tag{7-25}$$

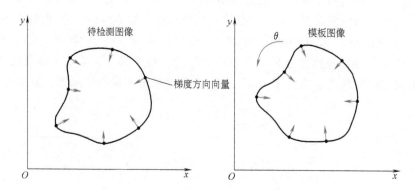

图 7-13　基于边沿的模板匹配示意图

待检测图像某一像素位置 $\boldsymbol{q} = [x, y]^{\mathrm{T}}$ 处的匹配度量函数可以表示为

$$s = \frac{1}{n}\sum_{i=1}^{n} d'_i e_{q+p'} = \frac{1}{n}\sum_{i=1}^{n}(t'_i v_{x+x'_i, y+y'_i} + u'_i w_{x+x'_i, y+y'_i}) \tag{7-26}$$

以上计算公式未经过归一化处理，梯度方向向量容易受光照的影响，由此得到的度量值不适合作为判断模板与子图像相似的依据。根据以往的经验，需要一个阈值来度量，因此将上式归一化处理得

$$s = \frac{1}{n}\sum_{i=1}^{n}\frac{d'_i e_{q+p'}}{\|d'_i\| \cdot \|e_{q+p'}\|} = \frac{1}{n}\sum_{i=1}^{n}\frac{t'_i v_{x+x'_i, y+y'_i} + u'_i w_{x+x'_i, y+y'_i}}{\sqrt{{t'_i}^2 + {u'_i}^2} \cdot \sqrt{v_{x+x'_i, y+y'_i}^2 + w_{x+x'_i, y+y'_i}^2}} \tag{7-27}$$

经过归一化处理后的梯度方向向量不受光照变化的影响，且对噪声不敏感。式（7-27）的值域为 $[-1, 1]$，当取值为1时，表明待检测图像中存在模板实例并且达到最大匹配度。不同于灰度模板匹配，使用该度量值的边沿匹配对于目标出现遮挡等情况也能很好的处理。该算法的主要流程如图7-14所示。

2. 特征匹配

特征匹配最基本的问题在于特征的表征，以英文字母"L"为例，识别的依据是两条直线、一个直角。这种特征描述对于字符和基本几何图形识别起来很容易，但在复杂图中，不仅要考虑特征的表征，还要考虑特征之间的关系，而特征之间的关系是一个非常复杂的问题，它们之间可能有重叠，也可能有干扰，这种关系的复杂性给视觉识别带来很大影响。

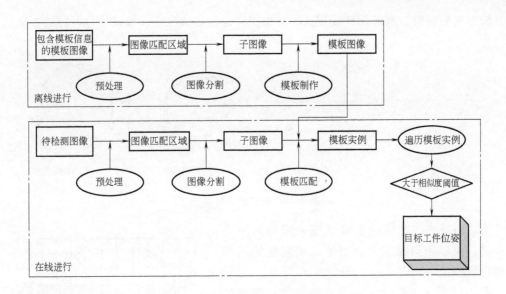

图 7-14 基于边沿的模板匹配流程图

3. 结构匹配

结构匹配是一种结构化的模式，图像识别时将图像划分成几个部分进行处理，一种描述方法对应一类物体，次级模式通常存在于其他模式或与其他模式的联系中，此种模式与特征分析模式相反，是一种自上而下的处理过程。这种模式可以将最重要的信息提取出来，并且可以用于进一步推理，是一个比较适合实际应用的模式。

7.4 数字图像的编码

如前所述，数字图像要占用大量的内存，实际使用时，总是希望用尽可能少的内存保存数字图像。为此，可以选用适当的编码方法来压缩图像数据，目的不同，编码的方法也不相同。例如，在传送图像数据时，应选用抗干扰的编码方法；在恢复图像时，因为不要求完全恢复原来的画面，特别是机器人视觉系统，只要求认识目标物体的某些特征或图案。在这种情况下，为了使数据处理简单、快速，只要保留目标物体的某些特征，能达到区别各种物体的程度就可以了。这样做可以使数据量大为减少。

常用的编码方法有轮廓编码和扫描编码。所谓轮廓编码是在画面灰度变化较小的情况下，用轮廓线来描述图形的特征。具体地说，就是用一些方向不同的短线段组成多边形，用这个多边形来描绘轮廓线。各线段的倾斜度可用一组码来表示，称为方向码。简单情况下，只使用二位 BCD 码表示四个方向（见图 7-15a）；一般情况下，使用三位 BCD 码来表示八个方向（见图 7-15b）。一小段轮廓线可以用一个有方向的短线段来近似，每个线段对应一个码，一组线段组成链式码，这种编码方法称为链式编码。用四方向码编码时，每个线段都取单位长度。用八方向码编码时，水平和垂直方向的线段取单位长度 d。对角线方向的线段长度取为 $2d$。当然，也可以选用其他的方法编码。如图 7-16 所示，用方格分割轮廓线，取离轮廓线最近的方格交点进行链式编码，也是一种可行的办法。

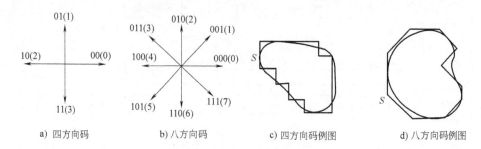

a) 四方向码　　　　　b) 八方向码　　　　　c) 四方向码例图　　　　　d) 八方向码例图

图 7-15　链式编码说明图

所谓扫描法，是将一个画面按一定的间距进行扫描，在每条扫描线上找出浓度相同区域的起点和长度。

图 7-17 所示的画面是一个二值图像，即图像的灰度只分明暗二级。平行的横线是扫描线，在第 3、4、…条线上存在物体的图像，依次编号为①、②、…。一条扫描线上如果有几段物体图像，则分别编号，将编好号的扫描线段的起点、长度连同号码按先后顺序存入内存（见图 7-18）。扫描线没有碰到图像时，不记录数据。由此可见，用扫描编码的方法也可以压缩图像数据。

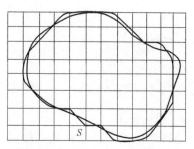

链式码:3433211100077076665554434

图 7-16　方格分割链式编码方式

用扫描编码的数据恢复图像时，要注意将各个独立的图像分离出来，这里需要用一种成形算法。在多值图像中，还要区分图像的灰度等级。

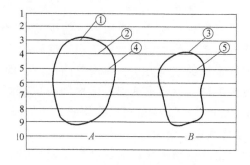

图 7-17　扫描编码方式示意图

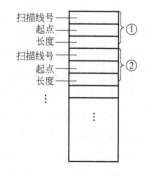

图 7-18　扫描编码的数据存储方式

7.5　双目视觉和多目视觉

单目视觉是利用单一视觉传感器（相机）获取图像的，利用图像信息提取目标物体的轮廓、位置等信息，单目配置形式结构简单，使用方便灵活，适应性广。单目视觉系统多用于平面视觉，其对深度信息的恢复能力较弱；当相机运动条件已知时，通过对运动前后相机拍摄的两张图片进行匹配，也能得到目标物体的三维信息，但这种方法实时性不佳，实际应用较少。

双目和多目视觉系统比较复杂，但具备获取三维空间信息的能力，在障碍物识别、机器人导航等领域中具有明显的优势。

7.5.1　双目视觉

双目视觉理论是 20 世纪 80 年代由麻省理工学院的 Marr 提出的一种视觉理论，是在单目视觉的基础上进行的一种扩展，其基本原理是：利用两台相机从不同视点对同一目标物体进行观察，得到目标物体的立体图像对，再通过立体匹配得到若干对同名像点，计算出各对像点的视差，最后由三角测量原理算出目标物体的深度坐标，从而恢复出该物体的三维信息。

双目视觉系统一般由图像获取、相机标定、图像预处理、特征提取、立体匹配和三维重建这六大部分组成，具体流程如图 7-19 所示。

（1）图像获取　立体图像对的获取是图像预处理的前提，同时也是双目视觉的基础。目前常用的图像采集设备有相机、扫描仪以及视频采集卡等。双目相机采用平行模式（两光轴平行）和汇聚模式（两光轴交于一点）两种放置方式。在获取图像对时必须考虑光照条件、两个相机的视点差异、图像平面以及同步性等问题。

（2）相机标定　相机标定是通过实验确定相机在成像几何模型中的内外参数的过程，其中，内参数是指相机固有的几何和光学特性参数，而外参数则是相机坐标系相对于世界坐标系的位置和方向。得到内外参数后，就可以确定世界坐标系中的物体点在相机图像坐标系中的位置。

（3）图像预处理　相机在采集图像时，往往会受到各种因素的干扰，因此得到的原始图像会有随机噪声及各种畸变。为了改善图像质量以便于后续操作，需要先对原始图像进行预处理。在双目视觉中用到的图像预处理方法主要有图像滤波、图像灰度化以及图像对比度增强等。

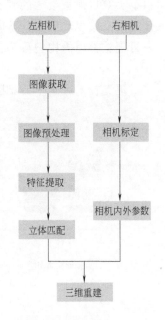

图 7-19　双目视觉系统流程

（4）特征提取　特征提取是对图像中的特征点进行检测和提取，为立体匹配提供匹配基元。常用到的匹配特征主要有点状特征、线状特征和区域特征等。点状特征提取和描述比较方便，但其数量较多而包含的信息少，导致匹配效率低且容易产生误匹配，因此需要引入较强的约束准则。线状特征和区域特征所含信息多且数量少，易于获得较高的匹配速度，但其定位精度不佳，特征提取和描述比较困难。因此，匹配时需要综合考虑各种因素来选择合适的匹配特征。

（5）立体匹配 立体匹配是对提取的图像特征建立某种对应关系，将空间中的同一个点在一对图像中的像点对应起来，并由此得到相应的视差图。立体匹配是双目视觉技术的重点和难点，目前，提出了不同的立体匹配算法，根据匹配基元的不同，立体匹配算法可分为区域匹配、特征匹配和相位匹配三种方法。

（6）三维重建 三维重建是根据相机标定和立体匹配得到信息恢复出目标物体三维坐标的过程。三维重建的精确程度受多方面因素的影响，如相机的标定精度、特征点的提取精度以及立体匹配的准确度等。因此，为了保证三维重建的质量，在设计双目视觉系统时必须充分考虑各个环节的精度问题。

双目视觉技术应用于机器人避障、工件定位、视觉测距以及虚拟现实等领域。

7.5.2 多目视觉

多目视觉是采用三台或三台以上相机相互配合，从不同角度获取同一目标物体的图像，通过图像间的关联性达到视野拼接和融合的目的，或者通过视野间的视差关系，可以还原出目标特征空间 3D 形貌。

多目视觉中应用较广的是三目视觉，由于具有更大的视野空间覆盖率，三目视觉系统可以解决双目视觉系统的视野局限性问题，同时，三目视觉系统可以通过第三个相机引入的约束来减少双目视觉立体匹配中产生的误匹配。

三目视觉常用的构型分为三种：矩形共面构型、共线构型和自由非线性构型，如图 7-20 所示。

多目视觉技术应用于工业检测、航天遥测、虚拟现实以及生物医学等领域。

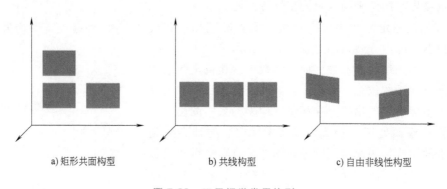

a) 矩形共面构型　　　　b) 共线构型　　　　c) 自由非线性构型

图 7-20　三目视觉常用构型

7.6　手眼视觉系统

7.6.1 概述

机器人的视觉传感器采用摄像机，将摄像机固定在机器人手臂的末端执行器上，这种配置相当于将"眼"放在"手"上,这样手移动到哪儿,摄像机就能跟着移动到哪儿,并测定手爪与目标物体的相对位置。这种模拟人的"Look and Move"智能,组成所谓机器人手眼视觉系统。

机器人控制平台可以将手爪平台控制到任意方位,以使手爪处于能抓取物体的姿态与位置,当手爪还没有达到这个方位时,机器人必须知道物体相对于平台坐标系的位置,这个相对位置由摄像机测量出来。将物体坐标系看作世界坐标,物体相对于摄像机坐标系的位置就是摄像机外参数,可用摄像机标定方法求得。摄像机坐标系相对平台坐标系的方位即"手眼"相对位置,假如知道摄像机坐标系相对平台坐标系的方位,摄像机所测量的物体相

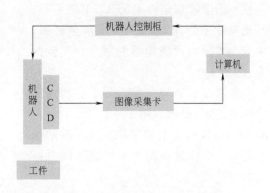

图 7-21 手眼视觉系统的一般结构

对于摄像机坐标系的方位就可以转换成相对于平台的方位。将该信息传输给机器人,机器人就可以规划或控制下一步工作。图 7-21 所示为手眼视觉系统的一般结构。摄像头获取目标图像,通过视频信号线及图像采集卡将图像转换为数字图像传输给计算机,计算机进行图像处理获得目标的图像坐标,图像坐标与空间坐标有对应关系,通过这一关系可确定目标的空间位置。这种对应关系是由摄像机成像的几何模型和手眼关系决定的,这些几何模型参数就是摄像机参数,一般摄像机参数和手眼关系通过实验与计算获得。

精确的系统标定是机器人手眼视觉系统精确定位的核心问题,手眼视觉系统的标定主要包括摄像机标定和手眼相对关系的标定。

7.6.2 视觉系统模型建立

为了将物体在三维直角坐标空间中的位置与其在图像中的位置联系起来,需要定义一系列的坐标系。图 7-22 所示为摄像机成像模型,在该成像模型中存在三个不同的坐标系。

1. 坐标系

(1) 世界坐标系($O\text{-}X_wY_wZ_w$) 原则上摄像机可以固定安装在场景中的任何位置处,为了描述摄像机的位置,由用户在场景中指定一个基准坐标系,并用其来描述工作空间中所有物体的位置,该坐标系称为世界坐标系。

(2) 摄像机坐标系($o\text{-}xyz$) 以摄像机的光心 o 为原点,以摄像机的光轴为 oz 轴建立的三维直角坐标系。x、y 一般与图像物理坐标系的 X、Y 平行。其中 oO 为光学中心到图像平面的空间距离,表示摄像机的有效焦距。

(3) 图像坐标系 图像坐标系分为图像像素坐标系和图像物理坐标系两种。

图像物理坐标系($O\text{-}XY$):以光轴与图像的交点为原点,X、Y 轴与摄像机坐标系的 x、y 轴平行而建立的一种坐标系统。

图像像素坐标系（$o_{uv}uv$）：该坐标系以图像水平边缘与垂直边缘在左上的交点为原点。如图 7-23 所示，u、v 两轴分别与图像物理坐标系的 X、Y 轴平行，其是以像素为单位的平面直角坐标系，主点为图像物理坐标系的原点，其坐标为（u_0，v_0）。

像素在水平与垂直方向上的物理尺寸用 d_x、d_y 表示，用 $s_x = 1/d_x$，$s_y = 1/d_y$ 表示单位长度上像素的数量，则图像中任意一个像素在两个坐标系下的坐标有如下关系

$$\begin{cases} u - u_0 = X/d_x = s_x X \\ v - v_0 = Y/d_y = s_y Y \end{cases}$$

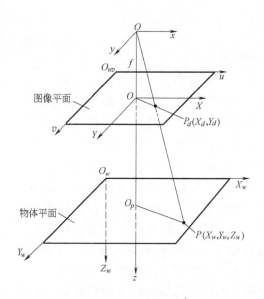

图 7-22　摄像机成像模型

2. 坐标系之间的转换关系

（1）世界坐标系与摄像机坐标系之间的变换　如图 7-22 所示，物体特征点的世界坐标为（X_w，Y_w，Z_w），通过成像关系，其摄像机坐标为（x，y，z），根据坐标变换理论，经过旋转变换和平移变换，将该物体的世界坐标转化为摄像机坐标，其转换关系为

$$\begin{pmatrix} x \\ y \\ z \\ 1 \end{pmatrix} = \begin{pmatrix} \boldsymbol{R} & \boldsymbol{T} \\ \boldsymbol{0} & 1 \end{pmatrix} \begin{pmatrix} X_w \\ Y_w \\ Z_w \\ 1 \end{pmatrix} = \begin{pmatrix} r_{11} & r_{12} & r_{13} & t_x \\ r_{21} & r_{22} & r_{23} & t_y \\ r_{31} & r_{32} & r_{33} & t_z \\ 0 & 0 & 0 & 1 \end{pmatrix} \begin{pmatrix} X_w \\ Y_w \\ Z_w \\ 1 \end{pmatrix} \tag{7-28}$$

其中，$\boldsymbol{T}$ 是 3×1 的平移矢量，$\boldsymbol{R}$ 是 3×3 的正交旋转矩阵，分别表示世界坐标系相对于摄像机坐标系的平移与旋转关系。$\boldsymbol{R}$ 满足式（7-29）的约束条件

$$\begin{cases} r_{11}^2 + r_{12}^2 + r_{13}^2 = 1 \\ r_{21}^2 + r_{22}^2 + r_{23}^2 = 1 \\ r_{31}^2 + r_{32}^2 + r_{33}^2 = 1 \end{cases} \tag{7-29}$$

正交矩阵 $\boldsymbol{R}$ 是光轴相对于世界坐标系坐标轴的方向余弦组合，实际只含有三个独立的角度变量（欧拉角）：绕 x 轴的旋转角 Rx（偏航）；绕 y

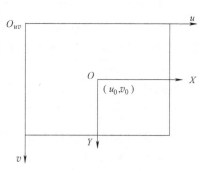

图 7-23　图像坐标系

轴的旋转角 Ry（俯仰）；绕 z 轴的旋转角 Rz（侧倾）。与之前的平移矢量 t_x、t_y、t_z 加在一起共 6 个参数被称为摄像机的外参数。只要知道这 6 个参数，就可以在两个坐标系之间进行坐标变换。

（2）图像坐标系与摄像机坐标系之间的变换　在获得世界坐标系与摄像机坐标系的

转换关系之后，要实现图像坐标与世界坐标的一一对应，还需要知道图像坐标与摄像机坐标的转换关系。

f 表示摄像机的焦距，图像坐标与摄像机坐标的关系为

$$\begin{cases} X = fx/z \\ Y = fy/z \end{cases} \tag{7-30}$$

用齐次坐标表示为

$$z \begin{pmatrix} X \\ Y \\ 1 \end{pmatrix} = \begin{pmatrix} f & 0 & 0 & 0 \\ 0 & f & 0 & 0 \\ 0 & 0 & 1 & 0 \end{pmatrix} \begin{pmatrix} x \\ y \\ z \\ 1 \end{pmatrix} \tag{7-31}$$

根据前述图像物理坐标系与图像像素坐标系之间的转换关系，将式（7-31）做进一步的转换

$$\begin{cases} u - u_0 = f s_x x/z = f_x x/z \\ v - v_0 = f s_y y/z = f_y y/z \end{cases} \tag{7-32}$$

式（7-32）表示摄像机坐标系中的一点与其在图像对应像点的像素坐标的变换关系。令 $f_x = f s_x$，$f_y = f s_y$，称 f_x 与 f_y 为图像 X 和 Y 方向上的当量焦距。摄像机的光学结构只由 f_x、f_y、u_0、v_0 这 4 个参数决定，故这 4 个参数被称为摄像机的内参数。

（3）世界坐标系与图像坐标系之间的变换　联立式（7-30）～式（7-32），得到最终由世界坐标系转换到图像坐标系的关系式为

$$z \begin{pmatrix} u \\ v \\ 1 \end{pmatrix} = \begin{pmatrix} f_x & 0 & u_0 & 0 \\ 0 & f_y & v_0 & 0 \\ 0 & 0 & 1 & 0 \end{pmatrix} \begin{pmatrix} \boldsymbol{R} & \boldsymbol{T} \\ \boldsymbol{0} & 1 \end{pmatrix} \begin{pmatrix} X_w \\ Y_w \\ Z_w \\ 1 \end{pmatrix} = \boldsymbol{M}_1 \boldsymbol{M}_2 \boldsymbol{X} = \boldsymbol{M} \boldsymbol{X} \tag{7-33}$$

式（7-33）为世界坐标系中的一点与该点在图像像素坐标系中的像点的转换关系公式。式（7-33）可以改写为

$$z \begin{pmatrix} u \\ v \\ 1 \end{pmatrix} = \begin{pmatrix} m_{11} & m_{12} & m_{13} & m_{14} \\ m_{21} & m_{22} & m_{23} & m_{24} \\ m_{31} & m_{32} & m_{33} & m_{34} \end{pmatrix} \begin{pmatrix} X_w \\ Y_w \\ Z_w \\ 1 \end{pmatrix} \tag{7-34}$$

$\boldsymbol{M}$ 为 3×4 的矩阵，它表征了二维图像坐标与三维世界坐标间的基本关系。摄像机标定就是要获取 $\boldsymbol{M}$ 矩阵中的参数，经过标定后的摄像机模型可以从已知物点的世界坐标利用该矩阵就可以求出相应的图像坐标。

7.6.3　手眼系统标定

1. 摄像机标定

空间物体表面某点的三维几何位置与其在图像中对应点之间的相互关系是由摄像机

成像的几何模型决定的，这些几何模型参数就是摄像机参数，必须由实验和计算来确定，这个实验与计算的过程称为摄像机标定。

摄像机标定分为内部参数标定和外部参数标定。内部参数指的是摄像机成像的基本参数，如主点（图像中心）、焦距、径向镜头畸变和其他系统误差参数。外部参数指的是摄像机在空间坐标系中的方位角和位置。内外参数标定的结合可以建立目标物体的3D坐标和2D图像坐标的关系，这种关系是进行目标物体位姿测量所需要的。

实际中，常用数学模型来描述摄像机模型，摄像机模型有很多，一般分为针孔模型（线性模型）和非线性模型。最简单的摄像机模型是针孔成像模型，针孔模型假设物体表面的反射光都经过一个针孔而投影到像平面上，即满足光的直线传播条件。

摄像机的线性模型快速简单，但没有考虑到镜头畸变，当计算精度要求较高时，特别是采用广角镜头时，线性模型不能准确地描述摄像机的成像几何关系，在远离图像中心处会有较大的畸变，这时摄像机模型采用考虑到镜头畸变的非线性模型。摄像系统成像的几何畸变误差产生的主要原因有：

1）镜头畸变误差。由于实际的摄像系统采用镜头来聚焦光纤，而任何透镜都有一定的孔径和视场，不可能严格满足小孔成像模型，因而存在镜头畸变误差。这类误差一般分为轴堆成畸变误差和非轴堆成畸变误差，其中轴堆成畸变是最主要的镜头畸变。

2）感光像元排列误差。指成像设备的感光像元在制造中存在的误差。

3）透视误差。由于CCD芯片平面与摄像机光轴不严格垂直而产生的误差，以及二维测量中物体表平面与摄像机光轴不垂直产生的误差。

另外，图像在成像、数字化和传输过程中会受到各种干扰，形成噪声，这些噪声使获得的图像上像素点灰度值不能正确反映实际物体对应点的光强值，这是摄像系统随机误差的主要来源。

摄像机标定的方法有很多，一般分为三类：

（1）传统的标定技术　此类标定方法需要提供较多的已知条件，如特定的标定物以及一组已知坐标的特征基元，结合拍摄所得的二维图像中特定标定物以及提供的特征基元之间的投影关系进行几何运算完成摄像机定标。传统的标定技术已经相当成熟，已经提出了很多比较好的方法，具体计算和操作可参考相关文献。

（2）自标定技术　采用与传统标定技术完全不同的标定方式，放弃使用定标物仅通过对摄像机获取的图像序列求解。虽然自标定技术不需要使用标定物减少了一些工作量，但是总体来说摄像机自标定方法过程增加了计算难度和计算量，实时性不高并且结果精度不理想。

（3）基于主动视觉的标定技术　基于主动视觉的标定技术利用摄像机获得二维图像以及摄像机的运动过程中的轨迹等运动参数来计算摄像机的内外参数。

2. 手眼相对关系标定

手眼标定求取的是摄像机坐标系与机器人末端执行器坐标系之间的相对关系。目前，一般采用的方法是：在机器人末端处于不同位置和姿态下，对摄像机相对于靶标的外参数进行标定，根据摄像机相对于靶标的外参数和机器人末端的位置和姿态，计算获得摄像机相对于机器人末端的外参数。摄像机坐标系与机器人末端执行器坐标系的相对关系具有非线性和不稳定性，如何获取手眼关系的有意义解成为研究关注的焦点之一。由于求解的方法不同，出现了许多不同的手眼标定方法，读者可参阅相关文献。

3. 基于恒定旋转矩阵的标定算法

基于恒定旋转矩阵的标定算法将摄像机标定和手眼标定同时实现，把摄像机参数和手眼关系旋转部分作为一个整体来获得，不通过计算内部每个参数值来实现，很大程度上简化了传统的机器人手眼关系的求取过程，并且由于需要的参数比较少，标定的精度也相应地得到提高。

恒定旋转矩阵的含义是指通过某种途径，使末端关节坐标系相对于基坐标系的旋转矩阵在机器人的运动过程中保持恒定。

（1）手眼标定关系求解　假设在摄像机坐标系中存在一点 ^cS，其在机器人末端关节坐标系下的坐标为 ^eS，则根据坐标系的变换关系有

$$^eS = \begin{pmatrix} ^eR_c & ^eP_{xyz} \\ 0 & 1 \end{pmatrix} {}^cS \tag{7-35}$$

式中，^eR_c 为 3×3 旋转矩阵；$^eP_{xyz}$ 为 3×1 平移矢量。

通过旋转矩阵与平移矢量确定了摄像机坐标系相对于机器人末端关节坐标系的转换关系。对于手眼视觉系统，摄像机相对于机器人末端关节位姿关系为一固定值，即 ^eR_c 与 $^eP_{xyz}$ 在整个标定过程中保持恒定。

将末端关节坐标系下的 ^eS 点通过空间变换转化到世界坐标系下的 ^oS 点，可以用式（7-36）表示为

$$^oS = \begin{pmatrix} ^oR_e & ^oP_{xyz} \\ 0 & 1 \end{pmatrix} {}^eS \tag{7-36}$$

式中，^oR_e 为 3×3 旋转矩阵；$^oP_{xyz}$ 为 3×1 平移矢量。这两个参数描述了末端关节在机器人世界坐标系下的姿态与位置。

通过上述两式的求解，摄像机坐标系中的参考点 ^cS 映射到机器人世界坐标系中的参考点 ^oS 的方程式为

$$\begin{pmatrix} ^oS_{xyz} \\ 1 \end{pmatrix} = \begin{pmatrix} ^oR_e & ^oP_{xyz} \\ 0 & 1 \end{pmatrix}\begin{pmatrix} ^eR_c & ^eP_{xyz} \\ 0 & 1 \end{pmatrix}{}^cS = \begin{pmatrix} ^oR_e{}^eR_c & ^oR_e{}^eP_{xyz} + {}^oP_{xyz} \\ 0 & 1 \end{pmatrix}\begin{pmatrix} ^cS_{xyz} \\ 1 \end{pmatrix} \tag{7-37}$$

式中，$^oS_{xyz}$ 表示 ^oS 点在机器人世界坐标系中的位置坐标。由式（7-37）可得 $^oS_{xyz}$ 的表达式为

$$^oS_{xyz} = {}^oR_e{}^eR_c{}^cS_{xyz} + {}^oR_e{}^eP_{xyz} + {}^oP_{xyz} \tag{7-38}$$

由式（7-32）可得

$$\begin{cases} u = fs_x \dfrac{x}{z} + u_0 \\[2mm] v = fs_y \dfrac{y}{z} + v_0 \end{cases} \tag{7-39}$$

其中，(u, v) 为 ^cS 点映射到图像平面后的坐标值，(x, y, z) 为 ^cS 点在摄像机坐标系中的三维坐标值，这里用 $(^cS_x, {}^cS_y, {}^cS_z)$ 来代替 (x, y, z)。

令 $f^{-1} = \dfrac{1}{f}$，则式（7-39）可以表示为

$$^{c}S_{xyz} = {}^{c}S_{z} \cdot f^{-1}(s_x^{-1}(u-u_0), s_y^{-1}(v-v_0), f)^{\mathrm{T}} \tag{7-40}$$

将式（7-38）与式（7-40）联立可得

$$
\begin{aligned}
^{o}S_{xyz} &= {}^{o}R_e{}^{e}R_c{}^{c}S_{xyz} + {}^{o}R_e{}^{e}P_{xyz} + {}^{o}P_{xyz}\\
&= {}^{o}R_e{}^{e}R_c S_z f^{-1}(s_x^{-1}(u-u_0), s_y^{-1}(v-v_0), f)^{\mathrm{T}}\\
&\quad + {}^{o}R_e{}^{e}P_{xyz} + {}^{o}P_{xyz}\\
&= {}^{o}R_e{}^{e}R_c{}^{c}S_z f^{-1}
\begin{pmatrix}
s_x^{-1} & 0 & 0\\
0 & s_y^{-1} & 0\\
0 & 0 & 1
\end{pmatrix}
((u,v,0)^{\mathrm{T}} + (-u_0, -v_0, f)^{\mathrm{T}})\\
&\quad + {}^{o}R_e{}^{e}P_{xyz} + {}^{o}P_{xyz}
\end{aligned}
\tag{7-41}
$$

令

$$K = {}^{o}R_e{}^{e}R_c f^{-1}
\begin{pmatrix}
s_x^{-1} & 0 & 0\\
0 & s_y^{-1} & 0\\
0 & 0 & 1
\end{pmatrix} \in 3\times3 \tag{7-42}$$

$$L = K(-u_0, -v_0, f)^{\mathrm{T}} \in 3\times1 \tag{7-43}$$

$$M = {}^{o}R_e{}^{e}P_{xyz} \in 3\times1 \tag{7-44}$$

将 K、L、M 代入式（7-41）简化可得

$$^{o}S_{xyz} = {}^{c}S_z \cdot K(u,v,0)^{\mathrm{T}} + {}^{c}S_z L + M + {}^{o}P_{xyz} \tag{7-45}$$

即

$$^{o}S_{xyz} = {}^{c}S_z \cdot K_{3\times2}(u,v)^{\mathrm{T}} + {}^{c}S_z L + M + {}^{o}P_{xyz}$$

（2）标定参数求解过程　在手眼视觉构型中，$^{e}R_c$、$^{e}P_{xyz}$ 保持不变，对于确定类型的摄像机，s_x、s_y、u_0、v_0、f 也都是常数值。因此在 K、L、M 的表达式中，由于所有的元素均为常数值，则它们也都是恒定矩阵。这样，由于 K、L、M 为常量，决定机器人基坐标系中目标位置坐标 $^{o}S_{xyz}$ 的因素只剩下 $^{c}S_z$、$(u, v)^{\mathrm{T}}$、$^{o}P_{xyz}$。$^{c}S_z$ 表示目标的深度值，通常由立体视觉环节计算得出；$(u, v)^{\mathrm{T}}$ 为目标参考点的图像坐标，可经图像处理后得出；$^{o}P_{xyz}$ 为机器人末端关节原点在机器人基坐标系中的笛卡尔坐标值，可通过机器人控制器直接读出。计算过程如下：

保持目标参考点在空间中的位置不变并将 $^{c}S_z$ 设定为固定值，通过在直角坐标空间控制机器人末端执行器运动到三个不同的位置采集目标图像并进行图像处理，因为目标位置不变，则根据式（7-45）有如下等式

$$^{o}S_{xyz} = {}^{c}S_z \cdot K(u_1, v_1)^{\mathrm{T}} + {}^{c}S_z L + M + {}^{o}P_{xyz}{}^{1} = {}^{c}S_z \cdot K(u_2, v_2)^{\mathrm{T}} + {}^{c}S_z L + M + {}^{o}P_{xyz}{}^{2} \tag{7-46}$$

简化上式得

$$^{c}S_z \cdot K((u_1, v_1)^{\mathrm{T}} - (u_2, v_2)^{\mathrm{T}}) = {}^{o}P_{xyz}{}^{2} - {}^{o}P_{xyz}{}^{1} \tag{7-47}$$

同理可得

$$^{c}S_z \cdot K((u_2, v_2)^{\mathrm{T}} - (u_3, v_3)^{\mathrm{T}}) = {}^{o}P_{xyz}{}^{3} - {}^{o}P_{xyz}{}^{2} \tag{7-48}$$

由式（7-47）和式（7-48）可得

$$^cS_z \cdot K = \Delta P_z (\Delta U_z)^{-1} \tag{7-49}$$

式中，$\Delta U_z = \begin{pmatrix} u_1-u_2 & u_2-u_3 \\ v_1-v_2 & v_2-v_3 \end{pmatrix}$；$\Delta P_z = ({}^oP_{xyz}{}^2 - {}^oP_{xyz}{}^1, {}^oP_{xyz}{}^3 - {}^oP_{xyz}{}^2)$。

同上所述，ΔU_z 由图像处理结果获得，ΔP_z 由机器人控制器读取。

保持摄像机的姿态不变，垂直向上移动机器人末端到 $^cS'_z = {}^cS_z + h$ 处，保持高度不变，同样在三个不同位置采集目标图像并进行图像处理过程，得

$$({}^cS_z + h) \cdot K = \Delta P_{z+h} (\Delta U_{z+h})^{-1} \tag{7-50}$$

式中，$\Delta U_z = \begin{pmatrix} u_4-u_5 & u_5-u_6 \\ v_4-v_5 & v_5-v_6 \end{pmatrix}$；$\Delta P_z = ({}^oP_{xyz}{}^5 - {}^oP_{xyz}{}^4, {}^oP_{xyz}{}^6 - {}^oP_{xyz}{}^5)$。

联立式（7-49）与式（7-50）可计算出 K 与两个 ^cS_z 的值，比较这两个 ^cS_z 的值，如果它们比较相近，则说明相机的光轴与传送带平面较为垂直，这时取两个 ^cS_z 的平均值作为最终的 ^cS_z 值。如果相差较大则说明垂直度不好，光轴与基坐标系法向夹角较大，因此要重新调整与标定。将计算得出的 ^cS_z、K 带入式（7-46）可得

$$^oS_{xyz} = {}^cS_z \cdot K (u_1, v_1)^T + {}^cS_z L + M + {}^oP_{xyz}{}^1 = ({}^cS_z + h) \cdot K (u_4, v_4)^T + ({}^cS_z + h) L + M + {}^oP_{xyz}{}^4 \tag{7-51}$$

由上式可解得 L 的表达式为

$$L = \frac{{}^cS_z \cdot K (u_1, v_1)^T - ({}^cS_z + h) \cdot K (u_4, v_4)^T + {}^oP_{xyz}{}^1 - {}^oP_{xyz}{}^4}{h} \tag{7-52}$$

通过上述求解，计算出 ^cS_z、K、L，机器人末端执行器定位后在机器人控制器读出 $^oS_{xyz}$，则可由式（7-46）计算出 M 的值。

7.7 机器人视觉伺服系统

视觉伺服控制系统的运动学闭环由视觉反馈与相对位姿估计环节构成，摄像机不断采集图像，通过提取某种图像特征并进行视觉处理后得出机器人末端与目标物体的相对位姿估计。视觉伺服控制器根据任务描述和机器人及目标物体的当前状态，决定机器人相应的操作，并进行轨迹规划，产生相应的控制指令，最后驱动机器人运动。

根据视觉系统反馈的误差信号定义在三维笛卡尔空间还是图像特征空间，可将视觉伺服系统分为基于位置的视觉伺服控制模式（PBVS）和基于图像的视觉伺服控制模式（IBVS）。

7.7.1 基于位置的视觉伺服控制

基于位置的视觉伺服系统是反馈信号在三维任务空间中以直角坐标形式定义，其视觉伺服控制结构如图 7-24 所示。原理是通过对图像特征的提取，并结合已知的目标几何模型及摄像机模型，在三维笛卡尔坐标系中对目标位姿进行估计，然后以机械手当前位姿与目标位姿之差作为视觉控制器的输入，进行轨迹规划并计算出控制量，驱动机械手

向目标运动,最终实现定位、抓取功能。这类系统将位姿估计与控制器的设计分离开来,实现起来更加容易。但控制精度在很大程度上依赖于目标位姿的估计精度,因此需要精确地标定摄像机及手眼关系。

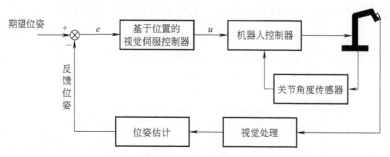

图 7-24　基于位置的视觉伺服控制结构

7.7.2　基于图像的视觉伺服控制

基于图像的视觉伺服系统是误差信号直接用图像特征来定义,是以图像平面中当前图像特征与期望图像特征间的误差量来设计控制器的,其视觉伺服控制结构如图 7-25 所示。基本原理是由该误差信号计算出控制量,并将其变换到机器人运动空间中去,从而驱动机械手向目标运动,完成伺服任务。

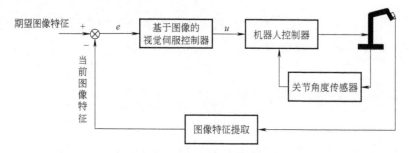

图 7-25　基于图像的视觉伺服控制结构

图像特征可以是简单的几何特性,如点、线、圆、正方形、区域面积等。最经常使用的是点特征,点对应于物体的拐点、洞、物体或区域的质心。为快速提取图像特征,多数系统采用特殊设计的目标、有明显特征的物体等。实际应用中依赖于寻找图像上的明显突变处,它对应于物体的拐点或边缘。由于并不是整个图像的数据都是有用的,所以提取特征的过程可只对感兴趣的区域进行操作。区域的大小可依据实际情况,如由跟踪或处理速度来决定,区域的位置则可实时估计。

与基于位置的视觉伺服系统相比,基于图像的视觉伺服系统中的误差信号与图像特征参数相关联,定义在图像空间中。这种系统不需要精确的物体模型,并且对摄像机及手眼标定的误差鲁棒,缺点是控制信息定义在图像空间,因此末端的轨迹不再是直线,而且会出现奇异现象。除此之外,由于需要计算反映图像特征变化速度与机器人关节速度之间关系的图像雅可比矩阵,计算量较大,实时性较差。

7.8 机器人视觉系统应用举例

机器人的视觉应用主要为视觉检验、视觉导引、过程控制，以及近年来迅速发展的移动机器人视觉导航。

例如，机器人在完成装配、分类或搬运作业时，如果没有视觉反馈，给机器人提供的零件就必须保持精确固定的位置和方向，为此对每一特定形状的零件要用专门的振动斗式上料器供料，这样才能保证机器人准确地抓取零件。但由于零件的形状、体积、重量等原因，有时不能保证提供固定的位置和方向，或者对于多种零件、小批量的产品用上料器是不经济的，这时用机器视觉系统完成零件的识别、定位和定向，引导机器人完成零件分类、取放，以至拧紧和装配，则是一种经济有效的方法。

这种视觉导引的机器人很大一部分是用于由传送带或货架上取放零件，主要完成零件跟踪和识别任务，要求的分辨率比视觉检验可以低，一般在零件宽度的 1%～2%。最关键的问题是选择合适的照明方式和图像获取方式，以达到零件和背景间足够的对比度，从而可简化后面的视觉处理过程。典型的例子是 20 世纪 80 年代初美国通用汽车公司（GM）研制的 CONSIGHT 视觉系统，到 1985 年该系统已在 GM 所属各工厂安装 300 多套。该系统用狭缝光照射物体，用线阵 CCD 摄像机提取零件的轮廓，计算其几何特征，辨识和确定在传送带上移动的零件位置和方向，控制机械手将其抓取放入相应的料箱中。

另一种视觉导引的应用也是起始于汽车工业，即焊接机器人的视觉导引——焊缝跟踪。汽车工业使用的机器人大约一半是用于焊接。与手工焊接相比，自动焊接更能保证焊接质量的一致性。但自动焊接的关键问题是要保证被焊工件位置的精确性。利用传感器反馈可以使自动焊接具有更大的灵活性，但各种机械式或电磁式传感器需要接触或接近金属表面，因此工作速度慢、调整困难。机器视觉作为非接触式传感器技术用于焊接机器人的反馈控制具有极大的优点。它可以直接用于动态测量和跟踪焊缝的位置和方向，因为在焊接过程中工件可能发生热变形，引起焊缝位置变化。它还可以检测焊缝的宽度和深度，监视熔池的各种特性，通过计算机分析这些参数以后，则可以调整焊枪沿焊缝的移动速度、焊枪离工件的距离和倾角，以至焊丝的供给速度。通过调整这些参数，视觉导引的焊机可以使焊接的熔深、截面以及表面粗糙度等指标达到最佳。

应用实例一：焊缝跟踪

一种典型的应用是荷兰 Oldelft 公司研制的 Seampilot 视觉系统。该系统已被许多机器人公司用于组成视觉导引焊接机器人。它由三个功能部件组成：激光扫描器/摄像机、摄像机控制单元（CCU）、信号处理计算机（SPC）。图 7-26 所示为视觉导引焊接机器人系统，将激光扫描器/摄像机装在机器人的手上。激光聚焦到由伺服控制的反射镜上，形成一个垂直于焊缝的扇面激光束，线阵 CCD 摄像机检出该光束在工件上形成的图像，利用三角法由扫描的角度和成像位置就可以计算出激光点的 Y-Z 坐标位置，即得到了工件的剖面轮廓图像，并可在监视器上显示。

剖面轮廓数据经摄像机控制单元（CCU）送给信号处理计算机（SPC），将这一剖面

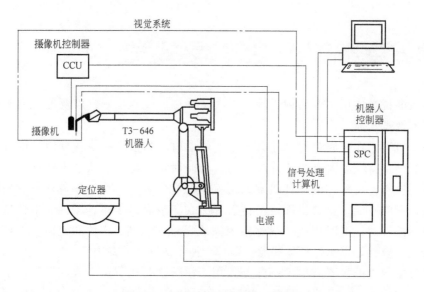

图 7-26　视觉导引焊接机器人系统

数据与操作手预先选定的焊接接头板进行比较，一旦匹配成功即可确定焊缝的有关位置数据，并通过串口将这些数据送到机器人控制器。

应用实例二：机器人智能雕刻

机器人智能雕刻与传统手工雕刻和机械仿形雕刻相比，其生产率、产品精度及成品率等都能达到更高的要求，且可以满足多品种小批量的个性化需求的柔性制造。

基于视觉的智能数控雕刻系统的生产流程如图 7-27 所示。系统首先对摄像机或扫描仪等获取的原始图像进行一系列的图像处理，以提取图像轮廓的坐标数据点，然后将这些坐标数据点经相关的变换转换为机器人的加工代码，将该代码导入到机器人控制系统中，便可实现雕刻产品的自动加工。

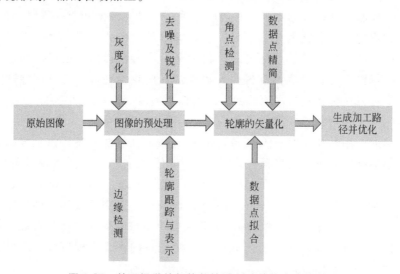

图 7-27　基于视觉的智能数控雕刻系统的生产流程

图 7-28 所示为各阶段的图像处理结果。在雕刻之前，雕刻系统首先对获取的原始图像（图 7-28a）进行一系列的图像处理，这些处理包括彩色图像的灰度化（图 7-28b）、图像噪声的去除（图 7-28c）及边缘的锐化（图 7-28d）、图像的边缘检测（图 7-28e）、轮廓提取（图 7-28f）、角点检测（图 7-28g）及轮廓的矢量化（图 7-28f）等，然后对矢量化后的轮廓数据点进行加工路径的优化（图 7-28i），优化后的数据点经相应转换后便能进行机器人的雕刻加工。

a) 原始彩色图像　　　　　　b) 灰度化处理后图像　　　　　　c) 中值滤波处理后图像

d) 边缘锐化后图像　　　　　　e) 边缘检测效果　　　　　　f) 轮廓跟踪后图形

g) 角点检测结果　　　　　　h) 轮廓矢量化结果　　　　　　i) 机器人加工路径规划图

图 7-28　各阶段的图像处理结果

应用实例三：机器人运动目标的识别与跟踪

将工业相机固定安装在机器人末端关节上，建立了一套手眼视觉系统。该系统如图

7-29 所示，由主控计算机、ABB 公司的 IRB120 机器人本体、IRC5 机器人控制器、SMC 6480 运动控制器、CCD 相机和传送带组成。采用基于位置的视觉伺服控制方法，实现机器人在未知的环境下根据已知目标模型自主识别目标物体并进行定位或跟踪。

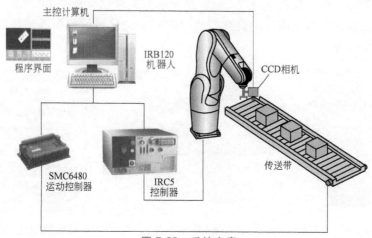

图 7-29　系统方案

系统各模块之间的关系如图 7-30 所示。视觉模块主要负责实时采集包含目标工件的图像，并通过工业以太网传输到主控计算机。系统视觉模块由光源、光学镜头、工业摄像机、图像采集卡、图像分析处理软件、通信接口等组成。通过摄像机实时采集目标图像，然后传输到主控计算机进行图像分析处理并提取出目标有用的特征信息，将经过运算处理后得出的检测结果，如尺寸、位置数据发送到机器人控制器，机器人控制器根据检测结果生成机器人的控制指令并制订运动轨迹规划，最后驱动机器人完成定位抓取或跟踪操作。

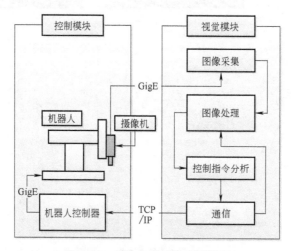

图 7-30　系统各模块之间的关系

机器人识别和跟踪传送带上的目标工件，目标工件模板图像如图 7-31 所示，目标检测与识别如图 7-32 所示。机器人视觉伺服系统跟踪运动目标如图 7-33 所示。

a) 原始模板

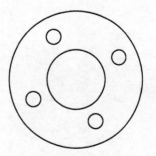

b) 模板边缘图像

图 7-31 目标工件模板图像

a) 工件原始图像(一)

b) 工件识别结果(一)

c) 工件原始图像(二)

d) 工件识别结果(二)

图 7-32 目标检测与识别

a) 原位等待

b) 识别目标

图 7-33 机器人视觉伺服系统跟踪运动目标

c) 开始跟踪　　　　　　　　　　　　d) 跟踪结束

图 7-33　机器人视觉伺服系统跟踪运动目标（续）

7.9　小结

本章介绍了机器人视觉系统的原理与应用，主要从以下几个方面对机器人视觉进行讨论。

1）机器人视觉是机器人智能化最重要的标志之一，其应用对于提高工业生产柔性与自动化程度、扩大机器人的应用领域具有重要意义。

2）智能机器人的视觉系统由硬件和软件两大部分构成。硬件一般由景物和距离传感器、视频信号数字化设备、视频信号快速处理器、计算机及其外设和机器人及其控制器组成；而软件一般包括计算机系统软件、机器人视觉信号处理算法和机器人控制软件三部分。

3）机器人视觉系统的工作包括图像的获取、图像的处理和分析、输出和显示，核心任务是图像分割、图像特征提取和图像模式识别。

4）单目视觉系统结构简单，但是其在非特定的环境中只能获得二维空间的信息，而双目和多目视觉系统比较复杂，但具备获取三维空间信息的能力，在障碍物识别、机器人导航等领域中具有明显的优势。

5）双目视觉是用双摄像机（一般为 CCD 摄像机）从不同的角度，甚至不同的时空获取同一三维场景的两幅数字图像，通过立体匹配计算两幅图像像素间的位置偏差（即视差）来获取该三维场景的三维几何信息与深度信息，并重建该场景的三维形状与位置。双目视觉主要包括图像获取、相机标定、图像预处理、特征提取、立体匹配和三维重建六大技术。

6）由摄像机和机械手构成机器人视觉系统，摄像机安装在机械手末端并随机械手一起运动的视觉系统称为手眼视觉系统。精确的系统标定是机器人手眼视觉系统精确定位的核心问题，手眼系统的标定主要包括摄像机内部参数的标定和手眼相对关系的标定。

7）视觉伺服则是包括了从视觉信号处理，到机器人控制的全过程，所以视觉伺服比视觉反馈能更全面地反映机器人视觉和控制的有关研究内容。按照机器人的空间位置或图像特征，视觉伺服系统分为基于位置的视觉伺服系统和基于图像的视觉伺服系统。

8）基于位置的视觉伺服系统中，对图像进行处理后计算出目标相对于摄像机和机器人的位姿，控制时将需要变化的位姿转化成机器人关节转动的角度，由关节控制器来控制机器人关节转动。基于图像的视觉伺服系统中，控制误差信息来自于目标图像特征与期望图像特征之间的差异。控制的关键是建立反映图像差异变化与机械手位姿速度变化之间关系的图像雅可比矩阵。

 习题

1. 请简述 CCD 的工作原理。
2. 机器人的视觉硬件系统有哪些部分？它们的功能如何？
3. 机器人视觉的图像预处理有哪几个步骤？
4. 图像的数字编码的基本原理是怎么样的？
5. 请简述机器人的单目成像和双目成像的基本原理。
6. 请简述手眼视觉系统标定的原理。
7. 分析基于位置的视觉伺服系统和基于图像的视觉伺服系统的工作原理和各自的优缺点。

第8章
机器人的智能化与智能控制

8.1 概述

机器人可分为一般机器人和智能机器人。一般机器人是指不具有智能，只具有一般编程能力和操作功能的机器人。到目前为止，智能机器人还没有一个确切的定义，但是大多数专家认为智能机器人应该具备以下四种机能：①运动机能，用来施加于外部环境的相当于人的手、脚的动作机能；②感知机能，用来获取外部环境信息以便进行自我行动监视的机能；③思维机能，用来求解问题实现认识、推理、判断的机能；④人机通信机能，用来理解指令、输出内部状态，与人进行信息交换的机能。

我们知道，视觉、触觉、听觉、嗅觉等对人类是极其重要的，因为这些感觉器官对我们适应周围的环境变化起着至关重要的作用。同样地，对于智能机器人来说，类似的传感器也是十分重要的。形形色色的内部信息传感器和外部信息传感器已经应用到智能机器人上，使其具备上述的四种机能。近年来，随着传感器技术和人工智能技术的不断发展，智能机器人得到了十足的发展。智能机器人是工业机器人从无智能发展到有智能、从低智能水平发展到高度智能化的产物。

在智能机器人的研究中，许多内容和人工智能（Artificial Intelligence）所研究的一致。实际上智能机器人与人工智能息息相关，人工智能是智能机器人的核心。长期以来，人工智能领域的研究一直把机器人作为研究人工智能理论的载体，将智能机器人看作是一个纯软件的系统。但是，从智能机器人的基本功能可知，智能机器人并不是单纯的软件体。作为智能机器人，它必须具有思维和决策能力，而不是简单地由人以某种方式来命令它干什么就会干什么。它还必须具有自身学习问题、解决问题，并根据具体情况进行思维决策的能力。因此，智能机器人是具有可以自主完成作业的结构和驱动装置，它应该是软件、硬件和本体组成的一个统一体。

尽管机器人人工智能取得了显著的成绩，但由于人们对自身智能行为的认识还很不够，人工智能的能力还十分有限，感知环境的能力也还很有限。问题不光在于计算机的运算速度不够和感觉传感器种类太少，而且在于其他方面，如缺乏编制机器人理智行为程序的设计思想。我们的大脑是如何控制我们的身体的呢？人类的思维过程是怎样的呢？人类的自我认知的问题成了机器人发展道路的绊脚石。如何让机器人变得更聪明是智能机器人发展的重要方向。人工智能专家指出：计算机不仅应该去做人类指定它做的事，还应该独自以最佳方式去解决许多问题。例如，核算水费和从事银行业务的普通计算机的全部程序就是准确无误地完成指令表，而某些科研中心的计算机却会"思考"问题。前者运转迅速，但没有智能；后者存储了比较复杂的程序，计算机里塞满了信息，能模仿人类的许多能力。

　　人类社会和生产对智能机器人有着强烈的需求，人类需要这种智能机器人去拓宽生产和活动领域，要它们去深水、地下、太空、核电站等恶劣环境中，希望机器人能够取代人们完成一些危险的工作。同时也期待智能机器人在工业、农业和服务业中逐步把人解放出来，提高生产率。智能机器人的广泛应用，将会使人类从"人—机器人—自然界"的生产模式过渡到"人—机器人—机器—自然界"的生产模式。

　　人类社会对智能机器人的要求既是切实的，也是实际的，不断发展的。早期的机器人并没有智能，如点焊机器人、弧焊机器人、喷涂机器人等，它们被广泛地应用于工业领域并取得极大的成功。但随着机器人应用领域的推广，从传统的工业应用扩展到家政服务、医疗护理、救援救灾、国防军事等领域，对机器人的智能性提出了更多的要求，如对周围环境的感知和适应，对工件状态的感知等。为了使机器人具有更多的智能，能够适应更多的工作环境，许多科研工作者对智能机器人进行了大量的研究，并取得了大量的成果。美国国防部高级计划研究所（DARPA）举行的机器人挑战赛（Robot Challenge）每年都吸引了世界上顶尖的智能机器人参赛，促进了智能机器人的发展。

　　科学家们认为，智能机器人的研发方向是给机器人装上"大脑芯片"，从而使其智能性更强，在认知学习、自动组织、对模糊信息的综合处理等方面前进一大步。虽然有人表示担忧：这种装有"大脑芯片"的智能机器人将来是否会在智能上超越人类，甚至会对人类造成威胁？但不少科学家认为，这类担心是完全没有必要的。就智能而言，目前机器人的智商相当于4岁儿童的智商，而机器人的"常识"比起正常成年人就差得更远了。美国科学家罗伯特·斯隆教授日前说："我们距离能够以8岁儿童的能力回答复杂问题的、具有常识的人工智能程序仍然很遥远。"日本科学家广濑茂男教授也认为：即使机器人将来具有常识并能进行自我复制，也不可能对人类造成威胁。值得一提的是，中国科学家周海中教授在1990年发表的《论机器人》一文中指出：机器人并非无所不能，它在工作强度、运算速度和记忆功能方面可以超越人类，但在意识、推理等方面不可能超越人类。另外，机器人会越来越"聪明"，但只能按照制订的原则纲领行动，服务人类、造福人类。

　　那么，什么是机器人的智能化？如何实现机器人的智能化呢？机器人学界给出了一个定位，如图8-1所示。机器人的智能化主要体现在机器人的运动规划和智能控制上。机器人的运动规划就是从机器人、障碍物、作业对象物的形状和机构中去掉不可能实现的路径、动作，并选择最佳（一般为最短且无障碍物）的路径和动作。智能控制就是施行包括机器人动力学的控制，不仅决定位置，而且也决定速度和加速度的时间序列，并考虑摩擦和碰撞一类的不确定因素的控制。

基于上述的定义，智能机器人要能够感知环境，学习、推理和判断，并自主做出动作响应。随着智能机器人应用的扩大，它的研究将会不断深入，对人类社

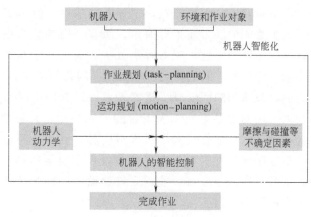

图 8-1　机器人智能化的定位

会的贡献也将不断增加。本章将从智能机器人的运动规划、智能控制基础、智能控制方法和机器人学习等方面介绍机器人的智能化与智能控制。

8.2　机器人运动规划

机器人的一个基本任务就是在一些静态障碍物中规划一条最短无碰撞的路径。虽然几何路径规划相对简单，但是它却是一个计算较难的问题。而且，实际的机器人受到机械和传感的限制，如不确定性、反馈、微分约束等，使机器人的路径规划变得更加困难。这一节将介绍机器人路径规划的基本概念、主要方法以及一些最新研究成果。

8.2.1　运动规划基本概念

机器人路径规划就是在机器人的位形空间（Configuration space，C-space）中找到一条无碰撞的路径使机器人从初始位姿运动到目标位姿。位形空间也称为关节空间（Joint Space），它是和机器人工作空间（Workspace）相对应的。由机器人运动学（Kinematics）和逆运动学（Inverse Kinematics）建立机器人工作空间与位姿空间的对应关系。影响机器人路径规划的因素主要是机器人的自由度数和地图的有无。机器人的自由度数将影响机器人位形空间的大小，从而影响路径搜索空间的大小；而地图的有无将影响路径规划的方法。一般来说，有地图时的路径规划称为基于模型的路径规划（model-based path-planning），无地图时的路径规划称为基于传感器的路径规划（sensor-based path-planning）。这是因为地图一般是根据机器人和障碍物的模型做成的。基于模型的路径规划在机器人开始动作之前就完成了路径规划，机器人沿着其路径运动。因此，基于模型的路径规划也称为离线路径规划。相对地，没有地图时的路径规划，机器人用外部传感器（视觉、触觉等）实时获得障碍物的信息，并进行避让，从而达到目标位姿。因此，基于传感器的路径规划也称为在线路径规划。

8.2.2　基于模型的路径规划

前面已介绍过，在工作空间中机器人与障碍物发生碰撞的领域，在位姿空间中也形成障碍物。这种位姿空间的障碍物形状复杂，不能用简单的函数来表示。因此，通常把位姿空间进行细化分割，用单元的集合来表示。这样位姿空间就由具有两种属性的单元（有障碍物的单元与无障碍物的单元）组成。可以将这些单元的组成用图来表示，这样就可以用图的数据结构来表示机器人路径规划的地图。所谓的图就是用弧连接节点的数据结构，节点表示机器人的位姿，弧表示两个位姿间的移动。在图中找出从初始位姿到目标位姿之间的最佳（取决于目标函数的设定）路径就是机器人的路径规划。机器人路径规划中常用的图有切线图（tangential graph）和 Voronoi 图（voronoi graph）。切线图是管理从起始节点 ns 到目标节点 ng 的最短路径，而 Voronoi 图是连接这些节点的安全路径，即管理尽量离开障碍物的路径。切线图侧重于寻找最短路径，而 Voronoi 图侧重于寻找安全回避障碍物的路径。在确定选用哪种图来描述地图时，还需要使用合适的路径搜索算法来获得最佳路径。

1. 切线图

切线图用障碍物的切线来表示弧，由此可选择从起始节点 ns 到目标节点 ng 的最佳（最短）路径，如图 8-2 所示。这种图是把障碍物之间的切线图形化后获得的。所以用节点表示切点，用弧表示连接两切点的路径，同时，可以把弧上两端点之间的欧几里得距离作为目标函数值（如能量、费用等）。这种路径规划首先把对应起始点 S 和目标点 G 的两个节点 ns 和 ng 标注在新的切线图上；然后用搜索算法找出最佳（最短）路径 P；最后，使点机器人 R（一般可以把机器人抽象为一个点）沿着路径 P 进行 PTP（point-to-point）控制和 CP（continuous path）控制。由于机器人运动的路径是沿着障碍物的切线，如果在机器人的运动控制过程中产生位置误差，那么机器人碰撞到障碍物的可能性会很高。

2. Voronoi 图

Voronoi 图用尽可能远离障碍物的路径来表示弧，使机器人在远离障碍物的路径上运动，从而保证机器人能安全地避开障碍物，如图 8-3 所示。Voronoi 图用弧表示距两个以上障碍物表面等距离

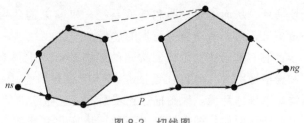

图 8-2　切线图

的点阵，用节点表示它们的交叉位置。这样，可以用连接节点点阵的欧几里得距离来评价弧的长度。基于 Voronoi 图获得的机器人路径由于是远离障碍物的，即使在机器人的运动控制过程中产生位置误差，机器人碰撞到障碍物的可能性也会很低。但是，获得的机器人路径就不一定是最短的。这种路径规划也是首先把对应起始点 S 和目标点 G 的两个节点 ns 和 ng 标注在新的切线图上；然后用搜索算法找出最佳（最短）路径 P；最后，使点机器人 R（一般可以把机器人抽象为一个点）沿着路径 P 进行 PTP（point-to-point）控制和 CP（continuous path）控制。

3. 路径搜索算法

无论是哪一种图都是由节点和弧
构成的，用节点表示起始点、经过点、
目标点；用无向弧表示节点之间的路
径；并用节点间的欧几里得距离表示
节点间的长度。无论哪个图，都需要
用搜索算法来找出最佳路径。

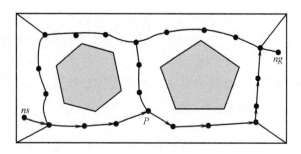

图 8-3　Voronoi 图

机器人路径搜索算法有很多，大量
研究者在这方面也做了很多的创新与应
用。大体上，搜索算法可以分为单点搜索算法和群体搜索算法。单点搜索算法就是每一次迭
代过程中只有一个解被找到，最优解随着算法的收敛而被找到。该方法原理简单、容易实
现，但是也容易陷入局部最优解。群体搜索算法则是受自然界动植物的群体活动的启发，在
每一次迭代过程中有一组解被找到，然后从找到的这组解中选取最优的解作为当前迭代中的
最好解，全局最优解也将随着算法的收敛而被找到。群体搜索算法的计算量比较大，但是相
对容易跳出局部最优解，有利于全局最优解的搜索。常用的单点搜索算法有贪婪算法、爬山
算法、模拟退火算法等。常用的群体搜索算法有遗传算法、粒子群优化算法、蚁群算法等。
目前，也有很多学者对搜索算法进行了改进，提高其收敛性和收敛速度。限于篇幅，基于搜
索算法的机器人路径规划的例子没有给出，感兴趣的读者可以参考相关文献。

8.2.3　基于传感器的路径规划

基于传感器的机器人路径规划是在没有事先建立地图的情况下，机器人利用外部传
感器得到一边回避障碍物一边到达目的地的路径。目前，在机器人路径规划中应用最多
的传感器是视觉传感器。基于视觉传感器进行机器人路径规划就是通过视觉传感器获取
环境信息，从而构建地图和选取路径。机器人构建地图的过程就是机器人根据感知到的
环境信息，对其活动场所建模的过程。

目前，基于视觉传感器构建的地图的形式主要有以下三种：几何特征地图、拓扑地
图和栅格地图。几何特征地图是从环境感知信息中提取相对抽象的几何特征，如直线、
弧线等来描述环境。地图描述比较紧凑，且存储的信息量较小，有利于位置信息的估计。
但是由于从原始数据中提取出不随环境变化和机器人运动而改变的稳定特征的难度比较
大，因此几何特征地图主要适用于结构化的作业环境。拓扑地图将环境用一张拓扑图来
描述，各个节点代表环境中的某一重要位置点，各节点间的弧表示各位置点间的连接关
系。该方法可以在不知道机器人准确的位置信息的情况下进行快速的路径规划，具有较
好的鲁棒性。但是拓扑地图的创建和维护难度较大，而且当环境中存在两个相似位置时
容易发生混淆。栅格地图则是用每个栅格被占据的概率值来表示环境信息。该种地图容
易创建且对环境的描述较为精细，但是随着环境规模的扩大或对栅格划分变细，整个地
图的更新难度将加大，难以满足实时性的要求。

随着机器人应用的环境从静态的结构化空间向复杂的非结构化空间拓展，基于传感

器的机器人路径规划也变得更加复杂。单一或者单个传感器已经无法提供机器人路径规划所需的环境信息。多传感器信息融合已经成为基于传感器的机器人路径规划所要解决的问题。多传感器系统的信息具有多样性和复杂性，因此信息融合的方法必须具有鲁棒性、精确性和快速性。目前，多传感器信息融合的常用方法有：卡尔曼滤波、粒子滤波、贝叶斯估计、聚类分析、神经网络及专家系统等。

8.2.4　路径规划方法的扩展与变化

随着机器人应用范围的扩大，机器人的应用环境也越来越复杂，当前的路径规划方法已经无法很好地解决某些规划问题。因此，机器人路径规划方法也在不断地扩展与变化，主要体现在以下几个方面：

1. 全局路径规划与局部路径规划的结合

全局规划一般是建立在已知环境信息的基础上，适应范围相对有限；局部规划一般适用于环境未知的情况，但是反应速度较慢，而且有时对规划系统的效率和品质的要求较高。所以，如果把两种规划结合起来，取长补短，这样就能达到更好的规划效果。

2. 基于反应式行为规划与基于慎思行为规划的结合

在能建立静态环境模型时，基于反应式行为的路径规划方法可取得不错的规划效果，但由于缺乏全局环境信息，所产生的动作行为序列可能不是全局最优的，因此不适用于复杂环境中的路径规划。而基于慎思行为的路径规划则利用已知的全局环境模型为机器人提供最优动作序列，从而达到某一特定目标点，因此该方法适用于解决复杂静态环境中的路径规划。但是慎思规划需要一定的时间来执行，对于环境中未预测到的变化情况反应较缓慢。为此，一些学者提出了将慎思行为与反应式行为相结合，这样既能实现在较短时间内选择并执行合理的动作，又能依据环境信息来调整机器人的行为。

3. 多传感器信息的集成融合

多传感器信息融合技术能有效地利用多传感器信息，克服单一传感器信息的不完备性和不确定性，能够更加准确、全面地认识和描述被测对象，从而做出正确的规划。多传感器信息融合技术是智能机器人的关键技术之一，国内外很多学者在智能机器人领域对信息融合技术的研究非常活跃。

4. 针对高维环境的机器人路径规划

从机器人路径规划的环境描述来看，目前针对二维平面环境的路径规划研究较多，而三维环境下的路径规划研究较少。随着机器人在复杂、恶劣的环境中应用的增多，加强三维环境中机器人路径规划的研究是机器人技术实际应用的需要。

8.3　机器人智能控制基础

8.3.1　智能机器人的体系结构

智能机器人的体系结构是定义一个智能机器人系统各部分之间相互关系和功能分配，

确定一个智能机器人或多个智能机器人系统的信息流通关系和逻辑上的计算结构。对于一个具体的机器人而言，可以说就是这个机器人信息处理和控制系统的总体结构，它不包括这个机器人的机械结构部分。

智能机器人的体系结构最为广泛遵循的原则是依据时间和功能来划分体系结构中的层次和模块。最具代表性的是美国航空航天局（NASA）和美国国家标准局（NBS）提出的体系结构。它的出发点是考虑一个航天机器人或者一个水下机器人，或者一个移动机器人上可能有作业手、通信、声纳等多个被控制的分系统，而这样的机器人可能由多个组成为一组相互协调工作。体系结构的设计要满足这样的发展要求，甚至可以和具有计算机集成制造系统（CIMS）的工厂的系统结构相兼容。它设计的另一个出发点是考虑到已经有的单元技术和正在研究的技术可用到这一系统中来，包括现代控制方面的技术和人工智能领域的技术等。

整个系统分为坐标变换与伺服控制、动力学计算、基本运动、单体任务、成组任务和总任务六层，所有模块共享一个全局存储器。

体系结构的这六层是依照信息处理的顺序来排列的：

第一层：坐标变换和伺服控制层。它把上层送来的载体要达到的几何坐标分解变换成各关节的坐标，并对执行器进行伺服控制。

第二层：动力学计算层。这一层工作于载体（单体）坐标系或绝对坐标系。它的作用是给出一个平滑的运动轨迹，并把轨迹上各点的几何坐标位置、速度、方向定时地向第一层发送。

第三层：基本运动层。这层工作在几何空间内，也可以工作在符号空间内。其结果是给出被控体运动的各关键点的坐标。由于上述三层是对一个分系统的控制，各分系统工作性质不同，各层工作也有相应不同。上述描述是以控制被控体运动而言的。

第四层：单体任务层。这一层是面对任务的，把整个单体任务分解成若干子任务串，分配给各个分系统，这一层又称为任务分解层或任务层。

第五层：成组任务层。它的任务是把任务分解成若干子任务串，分配给组内不同的机器人。

第六层：总任务层。它把总任务分解成由各组机器人完成的子任务，并分配给各机器人组。

8.3.2　智能控制要解决的问题

人工智能是研究如何用人工的方法和技术，即通过各种自动机器或智能机器来模仿、延伸和扩展人类的智能，实现某些"机器思维"或脑力劳动自动化。因此，可以说人工智能的研究对象是机器智能，或者说是智能机器。

在人工智能的研究中，主要探讨以下三方面的问题：

（1）机器感知——知识的获取　研究机器如何直接或间接获取知识，输入自然信息（文字、图像、声音、语言、物景），即机器感知的工程技术方法。如机器视觉、机器听觉、机器触觉以及其他机器感觉（力感觉、平衡感觉等）。其中，最重要的是机器视觉，因为人类从外界获得的信息有 80% 以上是依靠视觉输入的，其次是听觉。

（2）机器思维——知识的处理　研究在机器中如何表示知识，如何积累与存储知识，如何组织与管理知识，如何进行知识的推理和问题的求解，如机器记忆、联想、学习、推理和结题等机器思维的工程技术方法。

知识表达技术（如产生式规则、谓词逻辑、语义网络），即知识的形式化、模型化方法，用于建立相应的符号逻辑系统。

知识积累技术，如知识库、数据库的建立、检索与管理、扩充与删改的方法，其中涉及学习与联想的问题。

知识推理技术，包括启发推理和算法推理、归纳推理和演绎推理。涉及专家系统、定理证明、自动程序设计、学习机和联想机等问题。

（3）机器行为——知识的运用　研究如何运用机器所获取的知识，通过知识信息处理，做出反应，付诸行动，发挥知识的效应的问题，以及各种智能机器和智能系统的设计方法和工程实现技术，如基于知识库的人工智能专家系统、智能控制与智能管理系统、进行知识信息处理的智能机等。

8.3.3　智能控制的特点及应用

1. 智能控制的特点

1）智能控制系统一般具有以知识表示的非数学广义模型和以数学模型表示的混合控制过程，它适用于含有复杂性、不完全性、模糊性、不确定性和不存在已知算法的生产过程。它根据被控动态过程特征辨识，采用开闭环控制和定性与定量控制结合的多模态控制方式。

2）智能控制器具有分层信息处理和决策机构，它实际上是对人的神经结构或专家决策机构的一种模仿。在复杂的大系统中，通常采用任务分块、控制分散方式。智能控制的核心在高层控制，它对环境或过程进行组织、决策和规划，实现广义求解。要实现此任务需要采用符号信息处理、启发式程序设计、知识表示及自动推理和决策的相关技术。这些问题的求解和人脑思维接近。底层控制也属于智能控制系统不可或缺的一部分，一般采用常规控制方式。

3）智能控制器具有非线性。这是因为人的思维具有非线性，作为模仿人的思维进行决策的智能控制也具有非线性的特点。

4）智能控制器具有变结构的特点。在控制过程中，根据当前的偏差及偏差变化率的大小和方向，在调整参数得不到满足时，以跃变的方式改变控制器的结构，以改善系统的性能。

5）智能控制器具有总体自寻优的特点。由于智能控制器具有在线特征辨识、特征记忆和拟人特点，在整个控制过程中计算机在线获取信息和实时处理并给出控制决策，通过不断优化阐述和寻找控制器的最佳结构形式，获取整体最优控制性能。

6）智能控制是一门边缘交叉学科，它需要更多的相关学科配合，使控制系统得到更大的发展。

2. 智能控制系统的应用

智能控制系统有着广泛的研究领域，每个领域都有各自特有的感兴趣的研究课题。一般来说，目前智能控制系统主要有三个应用领域：

（1）智能机器人 随着机器人技术与传感器技术的迅猛发展以及实际生产对机器人性能要求的不断提高，越来越多的智能控制系统应用到机器人中，从而使机器人实现智能化。近年来，已经研制出一批具有一定感知能力和自主交互能力的机器人，如能与人类交互和展现一定表情的情感机器人，能在复杂环境中进行救援的救灾机器人。这些机器人能够设定自己的目标，规划并执行自己的动作，使自己不断适应环境的变化，代表着当前机器人研究的最高水平。

智能控制系统不仅在特种机器人（应用于特定环境中的特定任务的机器人）中广泛应用，在一般的工业应用中也有着广泛的需求。AGV（自动导航车）已经广泛应用于智能工厂，实现物品的运输。在AGV上装上手臂便形成了移动的智能机器人。类似这种智能机器人已经在自主系统和柔性加工系统中得到日益广泛的应用。例如，机器人生产厂商FANUC已经实现了机器人制造机器人，少数的人类员工只需要监控整个工厂的运行状况。

（2）智能过程控制 在许多连续生产线上，如化工、炼油、钢材加工、塑料等生产过程，其控制具有较大的难度，因为对过程控制提出了更高的要求，在这种连续运行的工业装置或生产线上，要维持一些物理量在一定的精度范围内变化，保证产品质量和生产率，就需要在过程控制中采用各种有效的控制方式。

（3）智能生活 随着智能传感器技术的不断发展，其在家居、交通等领域的应用越来越广泛。近年来，出现了大量智能家居和智能交通的产品，给人们的生活带来了很大的便利，也逐渐改变人们的生活方式。

8.4 机器人智能控制方法

本节将介绍几种常用的机器人智能控制理论与方法，包括模糊控制理论、神经网络控制理论、专家控制系统、学习控制系统和进化控制系统等。然后介绍基于模糊理论的机器人控制和基于神经网络的机器人控制。实际上，几种理论和方法往往组合在一起实现对某一个装置的控制，从而建立起混合或集成的智能控制系统。限于篇幅，本节将不讨论这种混合控制。

8.4.1 模糊控制理论

模糊理论是在美国柏克莱加州大学电气工程系 L. A. Zadeh 教授于1965年创立模糊集合理论的数学基础上发展起来的，主要包括模糊集合理论、模糊逻辑、模糊推理和模糊控制等方面的内容。

模糊逻辑技术经常与人工智能相联系，这是因为它是模仿人推理过程的计算机推理设计技术。相对而言，模糊逻辑在数学上并不算复杂，而它确实体现了目前所知的许多人工智能要素。当然模糊逻辑也不可能是包罗万象的技术，我们应该把模糊技术看成是现有技术和方法的集成技术。

模糊逻辑是一项在发展中的技术，至今它还没有称为完善的系统分析技术，一般而言，目前在理论上还无法像经典控制理论那样证明运用模糊逻辑的控制系统的稳定性。经典控制理论是把实际情况加以简化以便于建立数学模型，一旦建立数学模型以后，经典控制理论的深入研究就可对整个控制过程进行系统分析。尽管如此，这种分析对实际控制过程依然是近似的，甚至是粗糙的，近似的程度取决于建立数学模型过程的简化程度。模糊逻辑把更多的实际情况包括在控制环内来考虑，整个控制过程的模型是时变的，这种模型的描述不是用确切的经典数学语言，而是用具有模糊性的语言来描述的。

1. 模糊控制的数学基础

模糊控制的数学基础是模糊集合论。本小节仅仅针对在控制领域中的应用，介绍模糊集合论的最基本概念，包括它的定义与表示方法。

(1) 模糊集合的定义　集合是对具有共同特征的群体称谓。

设 U 表示被研究对象的全体，称为论域，又称为全域或全集。U 中的每个对象称为个体，用变量 u 表示。对于 U 中的一个子集 A，用它的特征函数表示为

$$X_A(u) = \begin{cases} 1, u \in A \\ 0, u \notin A \end{cases} \tag{8-1}$$

式中，$X_A(u)$ 称为集合 A 的特征函数，它的值域为 $\{0, 1\}$。

特征函数将论域 U 中的个体 u 清晰地划分为两个群体，即论域 U 中的每个个体被特征函数 X_A "非此即彼" 地划分为两个集合 A 和 $\overline{A}$，$\overline{A} = U - A$ 称为 A 的补集。这就是被 Contor 定义的普通集合。

现实生活中大量存在 "亦彼亦此" 的现象是 Contor 的普通集合论所不能解释的。普通集合论规定论域 U 中的任一元素要么属于，要么不属于某个集合，不允许含糊不清的说法。L. A. Zadeh 在 1965 年把普通集合中的元素对集合的隶属度只能取 0 和 1 这两个值，推广到可以取区间 [0, 1] 中的任意一个数值，即可以用隶属度定量地去描述论域 U 中的元素符合概念的程度，实现了对普通集合中绝对隶属关系的扩充，从而用隶属函数表示模糊集合，用模糊集合表示模糊概念。

模糊集合定义为：论域 U 中的模糊子集 A，是以隶属函数 μ_A 为表征的集合。即由映射

$$\mu_A : U \to [0, 1]$$

确定论域 U 的一个模糊子集 A。$\mu_A(u)$ 称为 u 对 A 的隶属度，它表示论域 U 中的元素 u 属于模糊子集 A 的程度。它在 [0, 1] 闭区间内可连续取值，隶属度也可简单记为 $A(u)$。

模糊子集 A 和隶属函数 μ_A 具有以下特征：

1) 论域 U 中的元素是分明的，即 U 本身是普通集合，只是 U 的子集是模糊集合，故称 A 为 U 的模糊子集，简称为模糊集。

2）$\mu_A(u)$ 的值越接近 1，表示 u 从属于 A 的程度越大；反之，$\mu_A(u)$ 的值越接近 0，则表示 u 从属于 A 的程度越小。显然，当 $\mu_A(u)$ 的值域为 $\{0,1\}$ 时，隶属函数 μ_A 已经变为普通集合的特征函数，模糊集合 A 也就变成了一个清晰集合。因此，可以这样来概括经典集合和模糊集合间的相互变换的关系，即模糊集合是清晰集合在概念上的推广，或者说清晰集合是模糊集合的一种特殊形式；而隶属函数则是特征函数的扩展，或者说，特征函数只是隶属函数的一个特例。

3）模糊集合完全由它的隶属函数来刻画。隶属函数是模糊数学的最基本概念，借助于它才能对模糊集合进行量化。正确地建立隶属函数，是使模糊集合能够恰当地表达模糊概念的关键，是利用精确的数学方法去分析处理模糊信息的基础。

（2）模糊集合的表示方法　表示 U 上的一个模糊集 A，原则上只要将 U 中的每个元素附以这个元素对模糊集 A 的隶属度，用一定的形式将其组合在一起即可。模糊集的表示方法有很多种，以下列出常用的几种。

1）Zadeh 表示法。设论域 U 为有限集 $u = \{u_1, u_2, \cdots, u_N\}$，$A$ 为 U 上的一个模糊集，即 $A \in F(U)$。论域中任一元素 u_i（$i = 1, 2, \cdots, N$）对模糊集 A 的隶属度为 $\mu_A(u_i)$（$i = 1, 2, \cdots, n$），Zadeh 表示法将 A 表示为

$$A = \mu_A(u_1)/u_1 + \mu_A(u_2)/u_2 + \cdots + \mu_A(u_n)/u_n$$

(8-2)

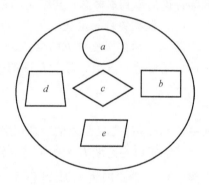

图 8-4　论域中的元素

注意：式中的 + 号并不是加号，而是表示列举；式中每项分式也不表示相除，其含义是分母表示元素名称，分子表示该元素的隶属度。当隶属度为 0 时，那一项可以省略。

2）序偶表示法。其是 Zadeh 表示法的一种简化，如图 8-4 所示。a、b、c、d、e 是五个小块，它们组成论域 U，"圆块"是 U 上的一个模糊集，记为 A，它的隶属函数为

$$\mu_A : u \to [0,1]$$
$$a \to 1$$
$$b \to 0.75$$
$$c \to 0.5$$
$$d \to 0.25$$

它的序偶表示法为

$$A = \{(a,1),(b,0.75),(c,0.5),(d,0.25),(e,0)\}$$

(8-3)

式中每一项为一个二维有序对，有序对中的第一项表示论域中的元素，第二项表示该元素对模糊集的隶属度，或者可以用矢量表示为

$$A = (\mu_A(a)\quad \mu_A(b)\quad \mu_A(c)\quad \mu_A(d)\quad \mu_A(e))$$
$$= (1\quad 0.75\quad 0.5\quad 0.25\quad 0)$$

(8-4)

3）积分表示法。其是 Zadeh 表示法在连续论域中的推广，即

$$A = \int_A \mu_A(x) \, / x$$

式中，$\int$（积分符号）并不表示求积分运算，而是表示连续论域 U 上的元素 u 与隶属度 μ_A (u) 一一对应的关系的总体集合。

4）函数表示法。根据模糊集合的定义，论域 U 上的模糊子集 A 完全可以由隶属函数 $\mu_A(u)$ 表示元素 u_i 对 A 的从属程度的大小。这和经典集合中的特征函数表示方法一样，可以用隶属函数曲线来表示一个模糊子集 A。

2. 模糊控制的基本原理

（1）人—机控制系统中的模糊概念　图 8-5 所示为典型的人—机控制系统，该系统的控制方法是建立在操作者的直觉和经验上的。首先操作者凭借眼睛、耳朵等感觉器官，从声、光、显示屏上获得参数的大小及其变化情况。例如，压力偏大、压力继续增加、温度较高、温度正在下降等，这些信息通过感觉器官进入操作者的大脑后，在脑中形成模糊性概念，然后操作者利用这些信息，根据操作经验，做出相应的控制决策，操作控制器对被控制量进行控制。

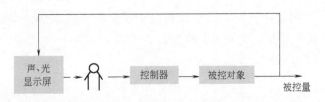

图 8-5　人—机控制系统

很明显，操作者在进行各种控制活动时，他脑中的大多数概念都是模糊性的，通过对控制动作的观察和与操作人员的交谈讨论，我们可以把操作人员的经验总结成若干条规则，即模糊控制规则；然后经过必要的数学处理，存放在计算机中，计算机可以根据输入的模糊决策信息，按照控制规则和推理法则做出模糊决策，完成控制动作。当按照已经确定的模糊决策去执行具体动作时，所执行的动作又必须是以精确的量表现出来。例如，当汽车要右转弯时，将转向盘向右转大一些，但旋转的角度又是客观存在的精确量，所以这一过程又是一个模糊量转化为精确量的过程。我们在对一个过程进行控制的过程中，不断地将测量到的过程输出的精确量转化为模糊量，按照控制规则和推理法则做出模糊决策，再将模糊决策对应的模糊量转化成精确量，去实现控制动作。

（2）模糊控制的基本原理　模糊控制的基本思想是利用计算机或其他装置模拟人对系统的控制过程，前文介绍了作为控制操作者，他的控制活动中，首先必须对系统的输出偏差及其变化率进行判断。例如，从人对汽车方向的控制过程来看，在人的脑子里，对偏差与偏差的变化往往用"右大""右小""零""左小""左大"等这些模糊概念来描述，操作者根据偏差或偏差的变化，对系统进行控制，控制策略大致如下：

若偏差为"右大"，偏差变化为"右大"，则车辆方向为"右大"；

若偏差为"右小"，偏差变化为"零"，则车辆方向为"右小"；

若偏差为"右小",偏差变化为"左小",则车辆方向为"零";

……

以上的控制策略称为控制规则。它是用自然语言来描述的,因此具有模糊性。为了利用这些模糊的控制规则,就必须将测量得到的精确值转化成用"正大""正小"等语言形式的模糊量。这个过程在模糊控制中称为输入的模糊化。精确的测量值经过输入的模糊化以后,变成模糊集。然后就可以利用以上提到的控制规则进行推理,这个步骤在模糊控制中称为模糊决策。经过模糊决策,我们得到控制作用的模糊集。为了将这个输出的模糊集作用于被控对象,必须将这些控制作用的模糊集按照一定的规则转化成精确值,这个过程在模糊控制中被称为逆模糊化。单变量的模糊控制原理如图 8-6 所示。

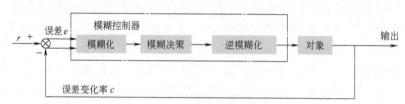

图 8-6 单变量的模糊控制原理

(3) 模糊控制器的设计方法 模糊逻辑控制器由四个基本部分组成,即模糊化、知识库、推理算法和逆模糊化,如图 8-7 所示。

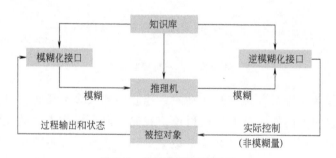

图 8-7 模糊逻辑控制系统

1) 模糊化。将检测输入变量值变换成相应的论域,将输入数据转换成合适的语言值,如 {PB,PM,PS,ZO,NS,NM,NB} = {"正大","正中","正小","零","负小","负中","负大"}。

2) 知识库。知识库包含应用领域的知识和控制目标,它由数据和模糊语言控制规则组成,如:

IF(温度高),AND(温度变化时间长),THEN(阀门开大);

若有 n 个模糊规则,可以写成:

R_1:IF E is A_1,AND EC is B_1,THEN U is C_1;

R_2:IF E is A_2,AND EC is B_2,THEN U is C_2;

…

R_n:IF E is A_n,AND EC is B_n,THEN U is C_n;

其中,E、EC 是控制对象的状态变量,U 是控制变量。

3）推理算法。推理是从一些模糊前提条件推导出某一结论，这种结论可能存在模糊和确定两种情况，目前模糊推理有十几种方法，大致分为直接法和间接法两大类。通常把隶属函数的隶属度值视为真值进行推理的方法是直接推理法。其中最常用的是 Mamdani 的 max-min 的合成方法，具体如下：

当把知识库中的 A_i、B_i 和 C_i 的空间分别看作 X、Y、Z 论域时，可以得到每条控制规则的关系

$$R_i = (A_i \times B_i) \times C_i \tag{8-5}$$

R_i 的隶属函数为

$$\mu_{R_i}(x,y,z) = \mu_{A_i}(x_i) \wedge \mu_{B_i}(y_i) \wedge \mu_{C_i}(z_i) \tag{8-6}$$

其中，$x \in X$，$y \in Y$，$z \in Z$。

全部控制规则所对应的模糊关系，用取并的方法得到，即

$$R = \bigcup_{i=1}^{n} R_i \tag{8-7}$$

R 的隶属函数为

$$\mu_R(x,y,z) = \bigvee_{i=1}^{n} [\mu_{R_i}(x,y,z)] \tag{8-8}$$

当输入变量 E、EC 分别取模糊集 A、B 时，根据模糊推理合成，可得输出的操作（控制量）变化 U 为

$$U = (A \times B) \cdot R$$

U 的隶属函数为

$$\mu_U(z) = \bigvee_{\substack{x \in X \\ y \in Y}} \mu_R(x,y,z) \wedge [\mu_A(x) \wedge \mu_B(y)] \tag{8-9}$$

4）逆模糊化。控制量可由输出 U_i 的隶属度函数加权平均判决法得到，即

$$u = \frac{\displaystyle\sum_{i=1}^{n} \mu(U_i) \cdot U_i}{\displaystyle\sum_{i=1}^{n} \mu(U_i)} \tag{8-10}$$

8.4.2　神经网络控制理论

人工神经网络（Artificial Neural Network）的研究是从 20 世纪 40 年代开始的，经历了对 M-P 神经网络模型、Hebb 学习规则、感知机模型和自适应线性元件的研究。到了 20 世纪 80 年代，随着神经科学、非线性科学和计算机科学等许多与神经网络研究相关的科学迅速发展，使得神经网络的研究得到了很大的发展。目前人工神经网络在系统辨别、模式识别、信号处理、图像处理、故障诊断以及智能控制等许多领域得到广泛的应用。

人工神经网络是由许多处理单元，又称为神经元，按照一定的拓扑结构相互连接而成的一种具有并行计算能力的网络系统，这种网络系统具有非线性大规模自适应的动力学特性，它是在现代神经科学研究成功的基础上提出来的，试图通过模拟人脑神经网络处理信息的方式，从另一个角度来获得具有人脑那样的信息处理能力。由于对人工神经网络的研究往往和人的神经

网络研究密不可分,因此,经常把人工神经网络简称为神经网络(Neural Network 或 NN),为了模拟人脑信息处理机理,人工神经网络应具有以下基本属性和特点。

(1)人工神经网络的基本属性

1)非线性。非线性关系是自然界的普遍特性,人脑的智慧正是建立在非线性的基础之上的,具有阈值的神经元所构成的网络具有较好的非线性表现能力。

2)非局域性。一个人工神经网络通常是由许多神经元相互连接而成的,其整体性能不仅取决于单个神经元的性能,而且可能更主要取决于多个神经元之间相互作用、相互连接,通过神经元的相互连接可以模拟人脑的非局域性。

3)非定常性。人工神经网络在某种程度上,可以具有人脑类似的自适应性、自组织、自学习能力,这些能力表现在人工神经网络上不仅做其处理的信息可以变化,而且在处理信息的同时,其网络本身也在不断地变化。

4)非凸性。人工神经网络作为一种动力学系统,它可能具有多个较稳定的平衡状态,这将会导致系统演变的多样性。

(2)人工神经网络的特点

1)人工神经网络系统以大规模模拟并行处理为主,而不以串行离散符号处理为基础。

2)人工神经网络系统具有较强的鲁棒性和容错性,能够进行联想、概括、类比和推广,任何局部的损伤不会影响整体结果。

3)人工神经网络系统具有较强的自学习能力,系统可以通过不断的学习,不断地补充和完善自己的知识,这是传统的 AI 专家系统所望尘莫及的。

4)人工神经网络系统是一个大规模自适应非线性动力学系统,具有集体运算的能力,这与线性系统具有本质上的不同。

人工神经网络的基本属性和特点是人工神经网络在控制领域中应用的基础。

(3)人工神经网络的基本属性和特点在控制系统中的作用

1)基于模型的各种控制结构,如内模控制、模型参考自适应控制、预测控制,人工神经网络在其中充当对象的模型。

2)用作控制器,即各种神经网络控制器。

3)在控制系统中起优化计算的作用。

控制系统的非线性问题是传统控制理论遇到的最大难题之一,人工神经网络逼近非线性函数的能力为自动控制理论发展提供了生机。用于逼近非线性函数的人工神经网络模型,以 BP 网络模型的应用最为广泛,近年来提出的径向基函数网络、正交函数网络、样条函数网络等模型也显示了良好的应用前景。

本节将介绍人工神经网络的基本原理、典型神经网络模型和神经网络控制系统的结构。

1. 人工神经网络的基本原理

神经元是以生物神经系统的神经细胞为基础的生物模型,在人们对生物神经系统进行研究以探讨人工智能的机制时,把神经元数学化,从而产生了神经元数学模型。

大量形式类似的神经元连接在一起组成了神经网络,神经网络是一个高度非线性的动力学系统,虽然每个神经元的结构和功能并不复杂,但是神经网络的动态行为则是十分复杂的。

从神经元的特性和功能可以知道，神经元是一个多输入单输出的信息处理单元，且它对信息的处理是非线性的。根据神经元的特性和功能，可以把神经元抽象为一个简单的数学模型，工程上用的人工神经元模型如图 8-8 所示。

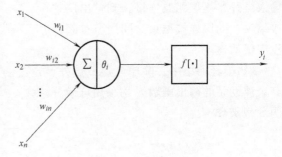

图 8-8　人工神经元模型

图 8-8 中，x_1、x_2、$\cdots$、x_n 是神经元的输入，它是来自前级 n 个神经元轴突信息；θ_i 是阈值；w_{i1}、w_{i2}、$\cdots$、w_{in} 分别是 i 神经元对 x_1、x_2、$\cdots$、x_n 的权系数，也即突触的传递率；y_i 是 i 神经元的输出；$f[\cdot]$ 是激发函数，它决定 i 神经元受到输入 x_1、x_2、$\cdots$、x_n 的共同刺激达到阈值时以何种方式输出。

图 8-8 所以人工神经元模型的数学模型表达式为

$$y_i = f\left[\sum_{j=1}^{n} w_{ij} x_j - \theta_i\right] \tag{8-11}$$

对于激发函数 $f[\cdot]$ 有多种形式，其中最常见的有阶跃型、线性型和 S 型三种形式，如图 8-9 所示。

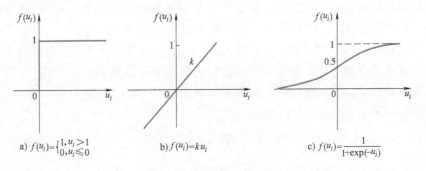

a) $f(u_i) = \begin{cases} 1, u_i > 1 \\ 0, u_i \leqslant 0 \end{cases}$　　b) $f(u_i) = k u_i$　　c) $f(u_i) = \dfrac{1}{1 + \exp(-u_i)}$

图 8-9　常见的激发函数

为了表达方便，可令
$$u_i = \sum_{j=1}^{n} w_{ij} x_j - \theta_i \tag{8-12}$$

则有
$$y_i = f[u_i] \tag{8-13}$$

2. 两种典型神经网络模型

（1）BP 模型　美国的 Rumelhart 等人于 1985 年提出了一种反向传播模型，简称 BP 模型，它突破了两层网络的限制，加入了隐含节点，给出了一种有效的学习算法，根据学习误差的大小，从后向前修正各层之间的连接权重，使网络学习误差达到最小，BP 网络如图 8-10 所示。

BP 网络实际上是多层感知机网络，它由输入层、若干隐藏层和输出层相互连接构成，连接的结构是：前后相邻层的任一两节点均相连，非相邻层的节点无任何连接，从输入层开始逐层相互连接，到输出层连接结束。同层连接结束。同层节点间也没有任何连接。

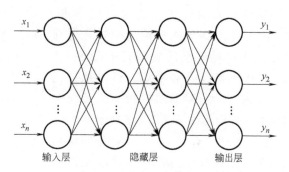

图 8-10 BP 网络

BP 神经网络中，除输入层节点外，其余神经元的输出函数 F 均采用可微分的 S 型函数

$$f(x) = \frac{1}{1+e^{-x}} \qquad (8\text{-}14)$$

BP 神经网络的工作过程通常包括两个阶段，一个是工作阶段，在这一阶段，网络各个节点的连接权值固定不变，网络的计算从输入层开始，逐层逐个节点地计算每个节点的输出，直到输出层中的各节点计算结束。另一个阶段是学习阶段，各个节点的输出保持不变，网络学习则是从输出层开始，反向逐层逐个节点地计算各连接权值的修改量，以修改各连接的权值，指导输入层位置。这两个阶段又称为正向传播和反向传播过程。在正向传播中，如果在输出层的网络输出与所期望的输出相差较大，则开始反向传播过程，根据网络输出与所期望输出的信号误差，对网络节点间的各连接权值进行修改，以此来减少网络输出信号与所期望输出的误差。

下面简单介绍网络的学习过程。假设有一个 m 层的阶层型网络，把第 k 层的第 i 个节点记为 u_i^k，它的输入是 i_i^k，输出是 O_i^k。输入输出之间的函数记为 $f(\cdot)$，即 $O_i^k = f(i_i^k)$，从 u_i^k 到 u_i^{k+1} 的连接权为 $w_{i,j}^{k,k+1}$。设 θ_i^k 为 u_i^k 的阈值，它的大小可以通过学习进行修改。网络的学习规则可以通过增设节点，转化为和连接权同样的学习方式。

对于输入模式 P，如果输出层 m 的第 j 个节点的实际输出为 O_j^m，期望输出为 y_j，则平方型误差函数定义为

$$E_p = \frac{1}{2} \sum_j (y_j - O_j^m)^2 \qquad (8\text{-}15)$$

为了减小误差 E_p，根据梯度下降法，$w_{i,j}^{k-1,k}$ 的修正量 $\Delta w_{i,j}^{k,k+1}$ 为

$$\Delta w_{i,j}^{k-1,k} = -\varepsilon \frac{\partial E_p}{\partial w_{i,j}^{k-1,k}} \qquad (8\text{-}16)$$

式中，ε 为修正系数（$\varepsilon > 0$），又称为学习率、学习系数。

将式（8-16）的偏导数展开有

$$\frac{\partial E_p}{\partial w_{i,j}^{k-1,k}} = \frac{\partial E_p}{\partial I_j^k} \cdot O_i^{k-1} \qquad (8\text{-}17)$$

当 $k = m$ 时，由 E_p 的定义有

$$\frac{\partial E_p}{\partial I_j^k} = -(y_i - O_j^m) \cdot f'(I_j^m) \qquad (8\text{-}18)$$

当 $k \neq m$ 时，有

$$\frac{\partial E_p}{\partial I_j^k} = f'(I_j^m) \cdot \sum \frac{\partial E_p}{\partial I_j^k} \cdot w_{i,j}^{k,k+1} \qquad (8\text{-}19)$$

由于网络共有 m 层，而第 m 层为输出层，该层只有输出节点，网络的第一层为输入层，该层只有输入节点，则 BP 学习算法的执行步骤如下：

1）选定网络各个节点之间的初始权值，通常是随机选定的。

2）重复执行下述过程，直到网络的实际输出与期望输出之间的差距满足一定的要求，或者其差距不再减少为止。

3）从 1 到 m 层计算网络各节点的输出，即完成正向传播计算过程。

4）从 m 到 2 层计算网络节点的误差偏移量，即完成反向传播计算过程。

5）根据计算出的网络各节点的误差偏移量，修改相应节点间的连接权值。

（2）Hopfield 模型　1984 年，Hopfield 提出了一种新型的网络模型，早在 1982 年 Hopfield 就提出了一种离散的随机模型，而离散的随机模型和连续时间的 Hopfield 模型在许多特性上有很大的关联性，在此只讨论连续时间的 Hopfield 模型。

如图 8-11 所示，在 Hopfield 网络中，用一组非线性动态方程来描述网络中的每一个运算放大器（即神经元）的输出，对第 i 个运算放大器输入的公式化描述为

$$\begin{cases} c_i\left(\dfrac{\mathrm{d}u_i}{\mathrm{d}t}\right) = \sum_j T_{ij}u_j - \dfrac{u_i}{\tau_i} + I_i \\ v_j = g_i(u) \end{cases} \tag{8-20}$$

式中，c_i 为运算放大器总的输入电容；T_{ij} 为第 j 个运算放大器的输出到第 i 个运算放大器的输入之间的连接权值；v_j 为第 j 个运算放大器的输出；τ_i 为 $g_i(\cdot)$ 确定的电阻值；$g_i(\cdot)$ 为第 i 个运算放大器的 S 型传递函数（假定运算放大器的响应时间可以忽略不计）；I_i 代表第 i 个运算放大器的外部输入。

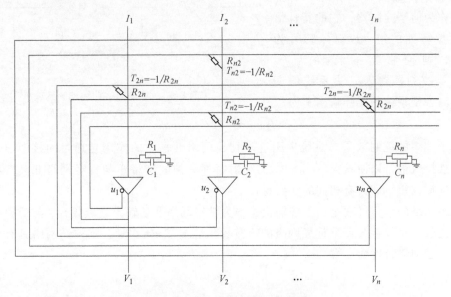

图 8-11　Hopfield 连续时间模型

为了使 T_{ij} 具有正值或者负值，采用翻转或非翻转的运算放大器，T_{ij} 的值为 $1/R_{ij}$，R_{ij} 为连接到第 i 个运算放大器的输入和第 j 个运算放大器的输出上的电阻。τ_i 的值由下式确定

$$\frac{1}{\tau_i} = \frac{1}{\rho_i} + \sum_j \frac{1}{R_{ij}}$$　(8-21)

式中，ρ_i 是运算放大器的输入电阻。

3. 神经网络控制系统的结构

神经网络在控制系统中的作用主要有：充当对象的模型、控制器、优化计算环节等。本节介绍几种常见的神经网络控制系统的结构。

（1）参数估计自适应控制系统　神经网络参数估计自适应控制系统利用神经网络的计算能力对控制器参数进行优化求解。如图 8-12 所示，神经网络参数估计器的输入为来自环境因素的传感器信息和系统的输出信息，参数估计器根据控制性能、控制率和环境约束建立目标函数，用类似于 Hopfield 网络等来实现目标函数的优化计算。神经网络的输出则为自适应控制器的参数。神经网络参数估计器设计应保证其输出矢量空间在拓扑结构上与控制器参数矢量空间相对应。

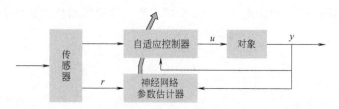

图 8-12　神经网络参数估计自适应控制系统

（2）前馈控制系统　神经网络前馈控制系统如图 8-13 所示，神经网络 I 作为前馈控制器，它的特性恰好为对象特性的逆。设对象特性为 $f[\cdot]$，则控制器的特性为 $f^{-1}[\cdot]$。当控制器输入 d 为系统的期望输出时，则系统的实际输出 y 为

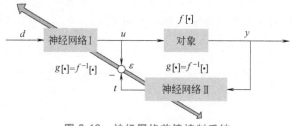

图 8-13　神经网络前馈控制系统

$$y = f[u] = f[f^{-1}(d)] = d$$　(8-22)

即实现了理想的控制效果。系统中引进了神经网络 II，它的作用是通过间接学习，改变网络的连接权值，以便获得 $f^{-1}[\cdot]$ 的映射特性。神经网络 I 与神经网络 II 具有相同的结构和连接权重，即具有相同的映射特性。

神经网络的学习过程是：系统输出 y 作为神经网络 II 的输入，其输出 t 与对象的控制量 u 相比较，用偏差 ε 调整神经网络的连接权重。显然 $\varepsilon = 0$ 时，则神经网络具有对象的逆特性。设网络特性为 $g[\cdot]$，则

$$y = f[u]$$　(8-23)

$$t = g(y) = g[f(u)]$$　(8-24)

当 $\varepsilon = 0$ 时，$t = u$，则

$$g[\cdot] = f^{-1}[\cdot]$$　(8-25)

神经网络 I 和 II 均可以采用 BP 网络实现。

8.4.3　专家控制系统

专家控制系统是一个应用专家系统技术的控制系统，是一个典型的和广泛应用的基于知识的控制系统。从本质上讲，它是一类包含着知识和推理的智能计算程序，它含有大量的某个领域专家水平的知识和经验，能够利用人类专家的知识和方法来解决该领域的问题。

专家控制系统是专家系统在控制领域的体现。在 20 世纪 80 年代，专家控制系统得到了广泛的关注和发展。在 1983 年，海斯罗思（Hayes Roth）指出，专家控制系统的全部行为能被自适应地支配。因此，该控制系统必须能够重复解释当前状况，预测未来行为，诊断出现问题的原因，制订校正措施，并监控措施的执行，确保成功。专家控制系统的研究发展，促进了人工智能科学的进步，反过来，人工智能科学的提高也促进了专家控制系统的发展。基于人类专家启发式知识的第一代专家控制系统只利用了浅层表达方式和推理方法。该方法逻辑推理过程短、效率高。但是只靠经验知识是不够的，当人类遇到新问题时，没有直接经验，谈不上运用基于经验的浅层启发式知识来解决问题，而只能利用掌握的深入表示事物的结构、行为和功能方面的基本模型等深层知识得出新的启发式知识。因此，采用浅层和深层知识，基于模型的专家系统成为新一代专家控制系统发展的方向。

专家控制系统是在专家系统的思想和方法上实现的，是将专家系统的理论与技术同控制方法与技术结合起来，在未知环境下，仿效专家的智能实现对系统的控制。根据专家系统技术在控制系统中应用的复杂程度，可以分为专家控制系统和专家式控制器。专家控制系统具有全面的专家系统结构、完善的知识处理功能和实时控制的可靠性能。专家式控制器多为工业专家控制器，是专家控制系统的简化形式，针对具体的控制对象或过程，着重于启发式控制知识的开发，具有实时算法和逻辑功能。由于专家式控制器的结构较为简单，又能满足工业过程控制的需求，应用日益广泛。虽然专家控制系统的结构可能因应用场合和控制要求的不同而不同，但是几乎所有的专家控制系统或控制器都包含了下述几部分：知识库（Knowledge base，KB）、推理机（Inference Engine，IE）、控制规则集（Control Rules Serial，CRS）和控制算法（Control Algorithm，CA）。

图 8-14 所示为一工业专家控制器的基本结构。该控制器通常由知识库、推理机、控制规则集和特征识别与信息处理单元等组成。知识库用于存放工业过程控制的领域知识，一般由经验数据库和学习与适应装置组成。经验数据库主要存储经验和事实集；学习与适应装置的功能是根据在线获取的信息，补充或修改知识库的内容，改进系统性能以提高问题求解能力。推理机用于记忆所采用的规则和控制策略，使整个系统协调地工作，推理机能够根据知识进行推理、搜索并导出结论。控制规则集是对被控对象的各种控制模式和经验的归纳与总结。特征识别与信息处理单元的作用是实现对信息的提取与加工，为控制决策和学习适应提供依据。它主要抽取动态过程的特征信息，并对系统的特征状态进行识别，从而对特性信息做必要的加工。从性能指标的观点来看，该控制器应当为控制目标提供与专家操作时一样或非常相似的性能指标。

专家控制器的模型可表示为

$$U = f(E, K, I) \tag{8-26}$$

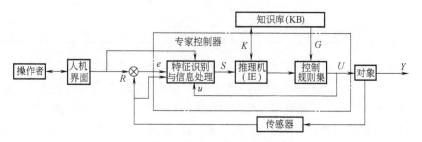

图 8-14　专家控制器的基本结构

式中，U 为专家控制器的输出集；$E=(R, e, Y, U)$ 为专家控制器的输入集；I 为推理机输出集；K 为经验知识集；f 为几个智能算子的复合运算，即

$$f=g \cdot h \cdot p \tag{8-27}$$

式中

$$g: E \rightarrow S$$
$$h: S \times K \rightarrow I$$
$$p: I \rightarrow U$$

S 为特征信息输出集；g、h、p 均为智能算子，其形式为

$$\text{IF } A \quad \text{THEN } B$$

其中，A 为前提或者条件，B 为结论。A 和 B 之间的关系可以是模糊关系、解析表达式、因果关系的经验规则等多种形式。B 还可以是一个子规则集。

在专家控制器的设计中，控制器是根据控制工程师和操作人员的启发式知识进行设计的。专家控制器通过对过程变量和控制变量的观测进行分析，根据已具有的知识给出实时的控制信号。专家控制器对被控过程或对象进行实时控制，必须在每个采样周期内都给出控制信号，所以对专家系统的运算速度要求很高。因此，专家控制器在设计上应遵循以下两条原则：

1）提高专家系统的运行速度。

2）确保在每个采样周期内都能提供控制信号。

8.4.4　学习控制系统

学习控制系统（learning control systems）是智能控制最早的研究领域之一。它是依靠自身的学习功能来认识控制对象和外界环境的特性，并相应地改变自身特性以改善控制性能的系统。这种系统具有一定的识别、判断、记忆和自行调整的能力。学习控制系统是一个能在其运行过程中逐步获得受控过程及环境的非预知信息，积累控制经验，并在一定的评价标准下进行估值、分类、决策和不断改善系统品质的自动控制系统。

在过去的二十几年里，学习控制系统的研究已经受到了研究学者的广泛关注，并获得了快速的发展。目前，已经有很多学习控制方案和方法被提出来，并成功应用于不同的工业场合，取得了不错的控制效果。比较常用的学习控制方法如下：

1）迭代学习控制。

2）基于模式识别的学习控制。

3）重复学习控制。

4）拟人自学习控制。

5）状态学习控制。

6）基于规则的学习控制，包括模糊学习控制。

7）连接增强式学习控制，包括激励强化学习控制。

　　搜索、识别、记忆和推理是学习控制系统的四个主要功能。在学习控制系统的研制初期，对搜索和识别的研究比较多，而对记忆和推理的研究比较薄弱。随着人工智能、人脑科学的发展，对记忆和推理的研究也逐渐得到发展。学习控制系统按照信息处理的实时性来划分，可以分为在线学习控制系统和离线学习控制系统两大类，分别如图8-15a、b所示。图中，R 表示参考输入；Y 表示输出响应；u 表示控制作用；S 表示转换开关。当开关接通时，该系统处于离线学习状态。在线学习控制系统需要高速和大容量的计算机来实现实时处理，主要应用于比较复杂的随机环境；而离线学习控制系统的应用则相对广泛。按照学习方式来划分，可以分为监督学习控制系统（也称受监视学习）和自主学习控制系统。受监督学习方式除一般的输入信号外，还需要从外界的监视者或监视装置获得训练信息，即用来对系统提出要求或者对系统性能做出评价的信息。如果发现不符合监视者或监视装置提出的要求，或受到不好的评价，系统就会自行修正参数、结构或控制作用。不断重复这种过程直至达到监视者的要求为止。自主学习方式是一种不需要外界监视者的学习方式。只要规定某种判别准则，系统本身就能通过统计估计、自我检测、自我评价和自我校正等方式不断自行调整，直至达到准则要求为止。这种学习方式实质上是一个不断进行随机尝试和不断总结经验的过程。因为没有足够的先验信息，这种学习过程往往需要较长的时间。

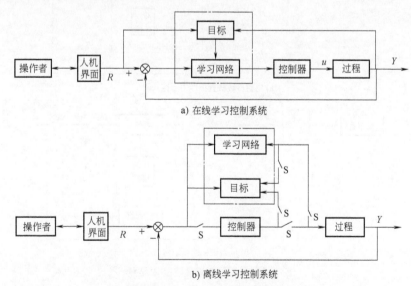

a) 在线学习控制系统

b) 离线学习控制系统

图 8-15　学习控制系统原理图

　　在实际的应用中，机器人的控制系统往往采用两种方法的结合（离线学习控制和在线学习控制的结合或者监督学习控制与自主学习控制的结合），取长补短，获得最佳的控制效果。

8.4.5 进化控制系统

进化控制是在进化计算理论与传统的反馈控制理论结合的基础上发展起来的一种新的控制方案。它可以很好地弥补现有智能控制方法的不足，使机器具有更加自主的学习能力。

进化控制源于生物的进化机制，在20世纪90年代末开始引起研究学者的关注。我国学者蔡自兴、周翔是第一批提出进化控制思想的学者。他们于1997年提出了机电系统的进化控制思想，并把这种思想应用于移动机器人的导航控制，取得了初步的研究成果。2001年，日本学者 Seiji Yasunobu 和 Hiroaki Yamasaki 把在线遗传算法的进化建模与预测模糊控制结合起来应用于单摆的起摆和稳定控制。2004年，泰国的 Somyot Kaiwanidvilai 提出了一种把开关控制与基于遗传算法的控制集成起来的混合控制结构。近年来，进化控制方法得到了越来越多学者的关注。机器人作为高度集中的机电一体化产品，成了进化控制方法实验的良好载体。

进化控制系统虽然经过了将近二十年的发展，但至目前为止尚未有通用的和公认的结构模式。根据进化控制理论的先驱者蔡自兴的研究体会，比较典型的进化控制系统结构有如下两种：

第一种称为直接进化控制结构，它是由遗传算法（GA）直接作用于控制器，构成基于GA的进化控制器。如图8-16a所示，进化控制器对受控对象进行控制，再通过反馈形成进化控制系统。

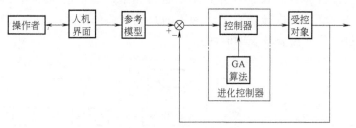

a) 由遗传算法直接作用于控制器

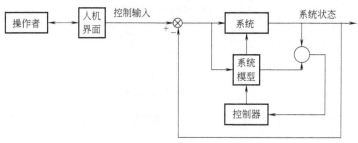

b) 间接进化控制结构

图 8-16　进化控制系统基本结构

第二种称为间接进化控制结构，它是由进化机制（进化学习）作用于系统模型，再综合系统状态输出与系统模型输出作用于进化学习控制器，然后，系统由一般闭环反馈控制原理构成进化控制系统，如图 8-16b 所示。与第一种结构相比，间接进化控制比直接进化控制复杂，但是其控制性能也优于直接进化控制。

8.5　机器人智能控制系统举例

8.5.1　机器人模糊控制系统

1. 机器人控制系统

本节采用法国西博特奇公司生产的 V-80 工业机器人（图 8-17）来介绍机器人控制系统。它有 6 个自由度的旋转运动，其中 3 个自由度是机器人手臂上的，另外 3 个自由度是机器人手腕上的，该机器人的连杆和关节参数列于表 8-1 中。

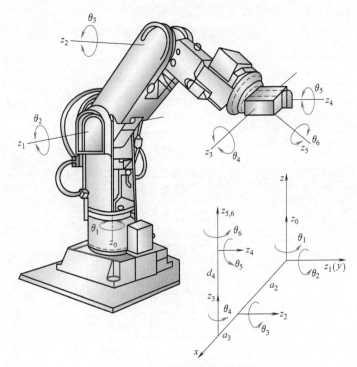

图 8-17　V-80 机器人及其坐标系

表 8-1　西博特奇 V-80 机器人连杆与关节阐述

连　杆	变　量	α	d	a	$\cos\alpha$	$\sin\alpha$
1	θ_1	$-90°$	0	0	0	-1
2	θ_2	$0°$	0	a_2	1	0
3	θ_3	$90°$	0	a_3	0	1
4	θ_4	$-90°$	d_4	0	0	-1
5	θ_5	$90°$	0	0	0	1
6	θ_6	$0°$	0	0	1	0

为了完成复杂的操作任务，传统的机器人控制系统是以计算机控制为特点的分级控制系统，它由计算机系统和机电系统两大部分组成。计算机系统处理各种信息、智能决策、规划轨迹、形成控制规律以及协调系统运动等；机电系统包括从关节执行器、机构到机器人末端执行器、各种传感器以及驱动电路和其他硬件系统。机器人机电系统不仅为机器人做各种能量传递及转换，而且要承担内部信息的采集和传递，所以说机器人系统是一个典型的机电一体化系统。

图 8-18 中，机器人控制系统由自上而下的四个级别组成。第一级为智能级，它有识别环境及决策规划能力，是当代智能机器人的主要特征。现在常用的工业机器人则利用离线编程器和示教盒代替智能级，以解决人机联系问题。第二级为组织级，其任务是将期望的子任务转化成运动轨迹或适当的操作，并随时监测机器人各部分运动及工作情况，处理意外事件。第三级为实时控制级，它根据机器人动力学特性及机器人当前运动情况，综合出适当的控制指令，驱动机器人机构快速、高效地完成指定的运动和操作。机器人动力学为此提供动力学特性分析的理论知识。第四级为执行级，其任务是接收上一级的控制指令，执行并完成机器人期望的运动，同时提供各关节轴的运动及力的反馈信息。

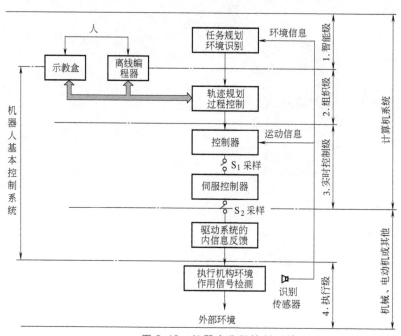

图 8-18　机器人分级控制系统

该机器人控制系统的信息获取是通过数字采样系统，图中的两级伺服是为了保证系统有足够高的采样频率，其中 S_2 比 S_1 的频率高很多。

2. 机器人的模糊控制

（1）计算力矩控制器　一个 n 个自由度的机器人封闭形式的动力学方程可以表示为

$$\boldsymbol{\tau} = \boldsymbol{M}(\theta)\ddot{\theta} + \boldsymbol{V}(\theta,\dot{\theta}) + \boldsymbol{G}(\theta) + \boldsymbol{F}(\theta,\dot{\theta}) \tag{8-28}$$

式中，$\boldsymbol{M}(\theta)$ 为 $n \times n$ 维对称正定惯性矩阵；$\boldsymbol{V}(\theta,\dot{\theta})$ 为 $n \times 1$ 维哥氏力和向心力矩矢量；

$G(\theta)$ 为 $n\times 1$ 维重力矢量；$F(\theta, \dot{\theta})$ 为 $n\times 1$ 维摩擦力矩矢量；θ、$\dot{\theta}$、$\ddot{\theta}$ 分别为 $n\times 1$ 维机器人关节位置、速度和加速度。为了简化运算，在此认为每个关节只由一个驱动器单独驱动，τ 是 $n\times 1$ 维的关节控制力矩矢量。

传统的基于模型计算力矩的控制方法是

$$\tau = \hat{M}(\theta)\ddot{\theta}^* + \hat{V}(\theta, \dot{\theta}) + \hat{G}(\theta) + \hat{F}(\theta, \dot{\theta}) \tag{8-29}$$

$$\ddot{\theta}^* = \ddot{\theta}_d + K_v\dot{e} + K_p e \tag{8-30}$$

式中，$e = \theta_d - \theta$；$\dot{e} = \dot{\theta}_d - \dot{\theta}$；$\hat{M}$、$\hat{V}$、$\hat{G}$、$\hat{F}$ 分别为 M、V、G、F 的估计值。

系统的闭环方程为

$$\hat{M}(\theta)(\ddot{\theta}_d + K_v\dot{e} + K_p e) + \hat{V}(\theta, \dot{\theta}) + \hat{G}(\theta) + \hat{F}(\theta, \dot{\theta}) = M(\theta)\ddot{\theta} + V(\theta, \dot{\theta}) + G(\theta) + F(\theta, \dot{\theta})$$
$$\tag{8-31}$$

当 $\hat{M} = M$，$\hat{V} = V$，$\hat{G} = G$，$\hat{F} = F$ 时，得到误差方程

$$\ddot{e} + K_v\dot{e} + K_p e = 0 \tag{8-32}$$

因为 K_v 和 K_p 为对角矩阵，系统已经被线性化，并且被完全解耦，使一个复杂的非线性多变量系统的设计问题被转化为 n 个独立的二阶线性系统的设计问题。但是实际上当机器人动力学系统的模型复杂，参数不完备和不精确时，存在着模型不确定性，解耦和线性化的工作将不能正确地完成。

如果 $\hat{M}^{-1}$ 存在，式（8-32）的误差方程变为

$$\ddot{e} + K_v\dot{e} + K_p e = \hat{M}^{-1}[\Delta M\ddot{\theta} + \Delta V + \Delta G + \Delta F] \tag{8-33}$$

式中，$\Delta M = M - \hat{M}$，$\Delta V = V - \hat{V}$，$\Delta G = G - \hat{G}$，$\Delta F = F - \hat{F}$，表示实际阐述与模型参数之间的偏差，造成伺服误差。为了解决这些问题，该机器人采用了具有模糊逻辑控制的补偿器来完成自学习控制策略，其系统的控制结构如图 8-19 所示。

（2）模糊逻辑控制补偿方法　在图 8-19 中，由于模糊控制补偿器和计算力矩控制器共同作用于 n 个自由度的机器人，因此有

$$\tau = \tau_i + u_{fi}(e, \Delta e), i = 1, 2, 3, \cdots, n \tag{8-34}$$

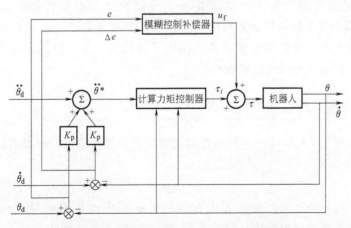

图 8-19　具有模糊控制补偿的机器人控制器

式中，τ 表示控制力矩；τ_i 表示计算力矩控制器输出；$u_{fi}(e, \Delta e)$ 表示模糊控制器输出。

具有 $2n$ 个输入（e_1，$\cdots$，e_n，$\dot{e}_1$，$\cdots$，$\dot{e}_n$）、n 个输出（u_1，$\cdots$，u_n）的模糊控制补偿器，其控制规则具有如下形式

$$\text{If } e_1 = A_{i1} \text{ and } \cdots \text{ and } e_n = A_{in}$$

$$\text{and } \dot{e}_1 = A_{i(n+1)} \quad \text{and } \cdots \text{ and } \dot{e}_n = A_{i(2n)}$$

$$\text{then } u_1 = B_{i1} \text{ and } \cdots \text{ and } u_n = B_{in}$$

式中，A_{ij} 表示第 i 条规则中的第 j 个前提变量所属的某个模糊子集；B_{ij} 表示第 i 条规则中的第 j 个结论（输出变量）所对应的常量。

如果模糊控制补偿器共有 r 条规则，那么对给定的前提输入变量（e_1，$\cdots$，e_n，$\dot{e}_1$，$\cdots$，$\dot{e}_n$），所推出的第 j 个结论的输出应为

$$u_j^* = \frac{\sum\limits_{i=1}^{r} h_i * B_{ij}}{\sum\limits_{i=1}^{r} h_i}, \quad j = 1, 2, \cdots, n \tag{8-35}$$

$$h_i = \mu_{A_{i1}}(e_1) \wedge \mu_{A_{i2}}(e_2) \wedge \cdots \wedge \mu_{A_{i(n+1)}}(\dot{e}_1) \wedge \cdots \wedge \mu_{A_{i(2n)}}(\dot{e}_n) \tag{8-36}$$

式中，h_i 表示第 i 条规则中前提条件成立的确信度（强度）；$\mu_{A_{ij}}(e_j)$ 表示前提变量 e_j 对应模糊子集 A_{ij} 的隶属度；"$\wedge$" 表示模糊取极小运算。

为了把实际输入值转换到划分的模糊集论域中，如 $[-6, 6]$ 之间，定义了 GIN (i)，$i=1$，2，$\cdots$，$2n$ 为输入数据（e_1，$\cdots$，e_n，$\dot{e}_1$，$\cdots$，$\dot{e}_n$）的量化因子；$GOU(i)$，$i=1$，2，$\cdots$，n 为激发结论（u_1^*，$\cdots$，u_n^*）的输出比例因子。该机器人的输入量化因子采用自适应调整法，以提高模糊控制器的动态性能，即

$$GIN(i+1) = \begin{cases} \dfrac{0.9L}{|e_i|}, & |GIN(i) \times e_i| > L \\ GIN(i), & |GIN(i) \times e_i| \leqslant L \end{cases} \tag{8-37}$$

式中，$[-L, L]$ 表示划分的模糊集论域范围。

对于 n 个自由度的机器人，则需要 n 个局部独立的模糊控制补偿器，其结构如图 8-20 所示。图中每个模糊控制器对应一个关节，并完成各自的控制任务，在设计模糊控制器时，只需要考虑知识库的建立和量化因子的调整。每个控制器可以独立设计、互相不影响，但它们具有相同的控制结构。

8.5.2　机器人神经网络控制系统

本小节介绍基于 Hopfield 神经网络机器人逆运动学控制系统。机器人的正运动学问题可以用下列方程表示

$$\boldsymbol{x} = f(\boldsymbol{q}) \tag{8-38}$$

式中，$\boldsymbol{x} = (x_1, x_2, \cdots, x_n)^{\mathrm{T}}$ 是机器人在直角坐标系中的状态向量；$\boldsymbol{q} = (q_1, q_2, \cdots, q_n)^{\mathrm{T}}$ 表示关节间夹角的状态向量；$f(\cdot)$ 是已知的连续非线性函数。

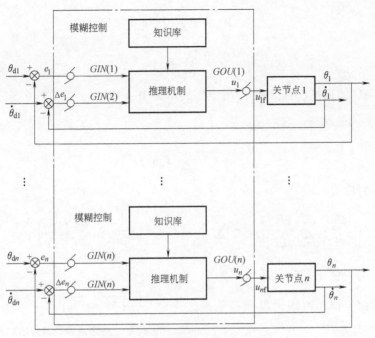

图 8-20 n 个关节独立的模糊控制器结构

机器人的逆运动学问题可以表示为

$$q = f^{-1}(x) \qquad (8\text{-}39)$$

要控制机器人的运动，使之达到状态向量 x，就必须解正运动学方程式（8-38），以求得 q。但是前文讨论过，求解方程式（8-39）有一定的困难，只能采用迭代法以求得方程的数值解。为了克服上述困难，可以对方程式（8-38）进行微分近似，即

$$\dot{x} = J(q)\dot{q} \qquad (8\text{-}40)$$

式中，$J(q) = \partial f / \partial q$ 是一个 $m \times n$ 的雅可比矩阵。

若 $\mathrm{rank} J(q) = m$，且有 $m = n$，则有

$$\dot{q} = J^{-1}\dot{x}$$

用具有 n 个神经元的 Hopfield 网络，可以比较圆满地解决逆运动学问题，并使得目标函数

$$E = -\frac{1}{2} \sum_{i=1}^{m} (\dot{x}_i^d - x_i)^2 \qquad (8\text{-}41)$$

取得最小值。其中 $\dot{x}_i^d$ 是直角坐标系中期望状态向量 x^d 的第 i 个分量的速度，而 $\dot{x}_i$ 是实际状态向量 x 的第 i 个分量的速度。由式（8-40）可得

$$\dot{x}_i = \sum_{j=1}^{n} J_{ij}\dot{q}_j$$

将上式代入目标函数 E，不难得到

$$E = -\frac{1}{2} \sum_{i=2}^{n} \sum_{j=2}^{n} W_{ij}\dot{q}_i\dot{q}_j - \sum_{j=1}^{n} I_j\dot{q}_j + 0.5 \sum_{i=1}^{n} (\dot{x}_i^d)^2 \qquad (8\text{-}42)$$

式中

$$W_{ij} = -\sum_{i=1}^{m} J_{ij}^{\mathrm{T}} J_{ij}$$

$$I_j = \sum_{i=1}^{m} J_{ij} x_i^d$$

Hopfield 网络的连接权值为 W_{ij}，用矩阵表示为 $W = -J^{-1}J$，第 j 个神经元的输入为 I_j，$\dot{q}_i$ 是第 i 个神经元的状态，它满足

$$\frac{\mathrm{d}\dot{q}_i}{\mathrm{d}t} = K_i\left(\sum_{j=1}^{n} T_{ij}\dot{q}_j + I_i\right) \tag{8-43}$$

式中，$K_i > 0$。对应有

$$\frac{\mathrm{d}E}{\mathrm{d}t} = \sum_{i=1}^{n} \frac{\partial E}{\partial \dot{q}_i}\frac{\mathrm{d}\dot{q}_i}{\mathrm{d}t} = -\sum_{i=1}^{n}\sum_{j=1}^{n}(T_{ij}\dot{q}_j + I_i)\frac{\mathrm{d}\dot{q}_i}{\mathrm{d}t} = \sum_{j=1}^{n}\left(\frac{\mathrm{d}\dot{q}_j}{\mathrm{d}t}\right)^2$$

当 $\dfrac{\mathrm{d}E}{\mathrm{d}t} \leq 0$ 时，使 Hopfield 网络求取目标函数的极小值。神经网络机器人控制系统框图如图 8-21 所示。

图 8-21 神经网络机器人控制系统框图

在控制过程中，每隔时间 T 就有一个采样输入量 x_d 和机器人的状态，从而确定网络的连接权值和输入向量，并使网络达到新的平衡状态。对神经网络的系统平衡状态进行积分，即可得到状态向量 q。机器人运动学控制问题的 Hopfield 网络实现方法，具有较好的动力学特性，其控制算法的实现时间与系统的自由度无关。

8.6 机器人学习

机器学习是人工智能发展的一个重要分支。自 1959 年第一个学习程序问世以来，"学习"就成了人工智能的一个重要标志。经典的学习机制就是通过推理、归纳和分析来产生新的知识。机器学习可以分为监督学习和非监督学习。目前，机器学习已经受到了机器人研究学者的广泛关注，并成功应用于机器人的研究中。本节将概略地介绍几种在机器人领域中广泛应用的机器学习。详细的理论请参考机器学习相关的参考书。

1. 归纳逻辑学习（Inductive Logic Learning）

归纳逻辑学习是监督学习机制的主要方式之一。该方法基于逻辑描述、一阶逻辑推理和先验知识发展起来。通过逻辑分析得到一组返回对错值的变量。逻辑分析程序能够对所观察的现象进行解释，但是这种逻辑分析程序不是唯一的。因此，要找到通用的且最简洁的逻辑分析程序是相当困难的。

2. 统计学习（Statistical Learning）

统计学习广泛应用于机器人学和机器视觉。它涵盖了几种方法，如贝叶斯学习、内核方法和神经网络。首先，统计学习法需要一系列采样的训练数据，然后再对这些数据

进行分类。加入训练环境的目的就是要减小分类的误差。

3. 强化学习（Reinforcement Learning）

强化学习是一种非监督学习机制。它原本是动物行为学的用语，即对动物训练某种动作时，给它饵料等报酬来强化其行动，直到不给报酬也能训练其动作的学习。在强化学习中，机器人或者智能体就是要通过学习最优的策略，执行相应的动作获得最大报酬来达到目标。这就要最大化报酬。

将强化学习应用于机器人的学习时，也会产生以下的一些问题：一个是不能保证渐进稳定性，即所谓假想的作业可能会误记为别的作业；另一个是学习速度慢。而且，大部分的强化学习方法都是假设行为空间是离散的。如果要把强化学习应用于联系的行为空间，就必须要把行为空间分类和离散化。

8.7 小结

本章主要介绍了什么是机器人的智能化以及如何实现机器人的智能化。大部分研究学者认为智能机器人需要具备运动机能、感知机能、思维机能以及人机通信机能。而实现机器人智能化的主要途径是运动规划和智能控制。

机器人的路径规划可以分为基于模型的路径规划与基于传感器的路径规划。两种路径规划方法各有优缺点。随着机器人应用范围的扩大，应用环境越来越复杂。多种路径规划方法的结合已经成为机器人路径规划未来发展的主要方向之一。

在介绍智能机器人的体系结构、智能控制要解决的问题和智能控制的特点及应用的基础上，本章介绍了几种常用的机器人智能控制方法，包括模糊控制理论、神经网络控制理论、专家控制系统、学习控制系统和进化控制系统。

机器学习是机器人实现思维机能的重要途径之一。本章概略地介绍了几种机器人领域中广泛应用的机器学习，包括归纳逻辑学习、统计学习与强化学习。

 习题

1. 什么是机器人的智能化？如何实现机器人的智能化？
2. 请阐述智能机器人的体系结构。
3. 机器人路径规划的方法有哪些？它们都有什么特点？
4. 智能控制有哪几种系统？它们都有什么特点？
5. 模糊控制的基本原理是什么？和传统控制系统相比，这种控制方式对机器人的哪些控制特性有提高？
6. 神经网络控制的基本原理是什么？和传统控制系统相比，这种控制方式对机器人的哪些控制特性有提高？

第 9 章
机器人示教与操作

9.1 概述

机器人的示教与操作是机器人运动和控制的结合点，是实现人与机器人通信的主要方法，也是研究和使用机器人系统最困难与关键的问题之一。

机器人的工作能力基本上是由其软件系统决定的。机器人的软件系统能实现什么样的示教和操作决定了机器人实用功能的灵活性和智能程度。如何教一台机器人完成某个任务，或者说一台机器人能够编程到什么程度，决定了该机器人能适应什么任务以及机器人的适应性。例如，如何让机器人执行复杂顺序的任务？如何让机器人快速地从一种操作方式转换到另一种操作方式？如何让普通的工人操作机器人？如何提高机器人的示教效率？所有这些问题，都是使用机器人所需要考虑的问题，而且与机器人的控制问题密切相关。

随着机器人应用的推广，机器人的示教和操作得到越来越多的关注。本章将介绍机器人示教的类别与特性、机器人编程语言的类别与特性、机器人遥操作，并结合典型案例介绍机器人的示教与操作。

9.2 机器人示教类别与基本特征

给机器人示教编程是有效使用机器人的前提。由于机器人的控制装置和作业要求多种多样，国内外尚未制订统一的机器人控制代码标准，所以编程语言也是多种多样的。目前，在工业生产中应用的机器人的主要编程示教方式有以下几种形式。

1. 顺序控制的编程示教

在顺序控制的机器中，所有的控制都是由机械的或电气的顺序控制器实现的。按照我们的定义，这里没有程序设计的要求。顺序控制的灵活性小，这是因为所有的工作过程都已编好，或由机械挡块，或由其他确定的方法所控制。大量的自动机都是在顺序控制下操作的。这种方法的主要优点是成本低，易于控制和操作。

2. 示教方式编程（手把手示教）

目前 90% 以上的机器人还是采用示教方式编程。示教方式是一项成熟的技术，易于被熟悉工作任务的人员所掌握，而且用简单的设备和控制装置即可进行。示教过程进行得很快，示教过后，马上即可应用。在对机器人进行示教时，机器人控制系统存入存储器的轨迹和各种操作。如果需要，过程还可以重复多次。在某些系统中，还可以用与示教时不同的速度再现。

如果能够从一个运输装置获得使机器人的操作与搬运装置同步的信号，就可以用示教的方法来解决机器人与搬运装置配合的问题。

示教方式编程也有一些缺点：①只能在人所能达到的速度下工作；②难与传感器的信息相配合；③不能用于某些危险的情况；④在操作大型机器人时，这种方法不实用；⑤难获得高速度和直线运动；⑥难与其他操作同步。

使用示教盒可以克服其中的部分缺点。

3. 示教盒示教

利用装在控制盒上的按钮可以驱动机器人按需要的顺序进行操作。在示教盒中，每一个关节都有一对按钮，分别控制该关节在两个方向上的运动。有时还提供附加的最大允许速度控制。虽然为了获得最高的运行效率，人们希望机器人能实现多关节合成运动，但在用示教盒示教的方式下，却难以同时移动多个关节。电视游戏机上的游戏杆虽可用来提供在几个方向上的关节速度，但它也有缺点。这种游戏杆通过移动控制盒中的编码器或电位器来控制各关节的速度和方向，但难以实现精确控制。

示教盒一般用于对大型机器人或危险作业条件下的机器人示教。但这种方法仍然难以获得高的控制精度，也难以与其他设备同步和与传感器信息相配合。

4. 脱机编程或预编程的示教

脱机编程和预编程的含义相同。它是指用机器人程序语言预先进行程序设计，而不是用示教的方法编程。脱机编程有以下几个方面的优点：

1）编程时可以不使用机器人，可腾出机器人去做其他工作。

2）可预先优化操作方案和运行周期。

3）以前完成的过程或子程序可结合到待编的程序中去。

4）可用传感器探测外部信息，从而使机器人做出相应的响应。这种响应使机器人可以工作在自适应的方式下。

5）控制功能中可以包含现有的计算机辅助设计（CAD）和计算机辅助制造（CAM）的信息。

6）可以预先运行程序来模拟实际运动，从而不会出现危险。利用图形仿真技术，可以在屏幕上模拟机器人运动来辅助编程。

7）对不同的工作目的，只需替换一部分待定的程序。

在非自适应系统中，没有外界环境的反馈，仅有的输入是各关节传感器的测量值，因此可以使用简单的程序设计手段。

5. 基于演示的机器人示教（Robot programming by demonstration）

基于演示的机器人示教就是通过人体的演示运动，基于传感器抽出演示运动的关键信息（如关键部位的位置、姿态等），将关键信息转换为机器人能够识别的信息，从而让机器人再现人体的演示运动。基于演示的机器人示教已经发展了三十多年，得到了机器人领域学者的广泛关注。如何让一台纯粹的预编程机器人变成一台基于用户的柔性机器人来完成一项任务，这是基于演示的机器人示教要实现的目标。一方面，我们希望机器人学习得更快；另一方面则希望机器人具有友好的人机交互，能够适应人类的日常生活。

早期的基于演示的机器人示教采用用户引导生成策略，只是简单地复制演示的动作。随着机器学习的发展，基于演示的机器人示教结合了很多学习方法（如人工神经网络、模糊逻辑和隐形马尔科夫模型等），这使演示示教能够适应新的状况。随着仿人机器人、仿生机器人的发展，基于演示的机器人示教也关注一些仿生学原理，如视觉运动模仿的原理和小孩模仿能力形成的机理。基于演示的机器人示教的难点在于如何让机器人的行为更加具有人类的柔性与灵活性，如何提高机器人行为的可预见性与可接受性。

9.3 机器人编程语言的类别和基本特性

9.3.1 机器人编程语言的类别

机器人编程语言是一种程序描述语言，它能十分简洁地描述工作环境和机器人的动作，能把复杂的操作内容通过尽可能简单的程序来实现。机器人编程语言也和一般的程序语言一样，应当具有结构简明、概念统一、容易扩展等特点。从实际应用的角度来看，很多情况下都是操作者实时地操作机器人工作，为此，机器人编程语言还应当简单易学，并且有良好的对话性。高水平的机器人编程语言还能够做出并应用目标物体和环境的几何模型。在工作进行过程中，几何模型又是不断变化的，因此性能优越的机器人语言会极大地减少编程的困难。

从描述操作命令的角度来看，机器人编程语言的水平可以分为：

（1）动作级 动作级语言以机器人末端执行器的动作为中心来描述各种操作，要在程序中说明每个动作。这是一种最基本的描述方式。

（2）对象级 对象级语言允许较粗略地描述操作对象的动作、操作对象之间的关系等。使用这种语言时，必须明确地描述操作对象之间的关系和机器人与操作对象之间的关系，它特别适用于组装作业。

（3）任务级 只要直接指定操作内容即可，为此，机器人必须一边思考一边工作。这是一种水平很高的机器人程序语言。

现在还有人在开发一种系统，它能按各种原则给出最初的环境状态和最终的工作状态，然后让机器人自动进行推理、计算，最后自动生成机器人的动作。这种系统现在仍处于基础研究阶段，还没有形成机器人语言。本章主要介绍动作级和对象级语言。

到现在为止，已经有多种机器人语言问世，其中有的是研究室里的实验语言，有的是实用的机器人语言。前者中比较有名的有美国斯坦福大学开发的 AL 语言、IBM 公司开发的 AUTOPASS 语言、英国爱丁堡大学开发的 RAPT 语言等；后者中比较有名的有由 AL 语言演变而来的 VAL 语言、日本九州大学开发的 IML 语言、IBM 公司开发的 AML 语言等，详见表 9-1。

表 9-1　国外常用的机器人语言举例

序号	语言名称	国家	研究单位	简要说明
1	AL	美	Stanford Artificial Intelligence Laboratory	机器人动作及对象物描述，是今日机器人语言研究的源流
2	AUTOPASS	美	IBM Watson Research Laboratory	组装机器人用语言
3	LAMA -S	美	MIT	高级机器人语言
4	VAL	美	Unimation 公司	用于 PUMA 机器人（采用 MC6800 和 DECLSI-11 两级微型机）
5	RIAL	美	AUTOMATIC 公司	用视觉传感器检查零件时用的机器人语言
6	WAVE	美	Stanford Artificial Intelligence Laboratory	操作器控制符号语言，在 T 型水泵装配曲柄摇杆等工作中使用
7	DIAL	美	Charles Stark Draper Laboratory	具有 RCC 顺应性手腕控制的特殊指令
8	RPL	美	Stanford Research Institute International	可与 Unimation 机器人操作程序结合，预先定义子程序库
9	REACH	美	Bendix Corporation	适于两臂协调动作，和 VAL 一样是使用范围广的语言
10	MCL	美	Mc Donnell Douglas Corporation	编程机器人 NC 机床传感器、摄像机及其控制的计算机综合制造用语言
11	INDA	美、英	SRI International and Philips	相当于 RTL/2 编程语言的子集，具有使用方便的处理系统
12	RAPT	英	University of Edinurgh	类似 NC 语言 APT（用 DEC20、LSI11/2 微型机）
13	LM	法	Artificial Intell Intelligence Group of IMAG	类似 PASCAL，数据类似 AL。用于装配机器人（用 LS11/3 微型机）
14	ROBEX	德	Machine Tool Laboratory TH Archen	具有与高级 NC 语言 EXAPT 相似结构的脱机编程语言
15	SIGLA	意	Olivetti	SIGMA 机器人语言
16	MAL	意	Milan Polytechnic	两臂机器人装配语言，其特征是方便、易于编程
17	SERF	日	三协精机	SKILAM 装配机器人（用 Z-80 微型机）
18	PLAW	日	小松制作所	RW 系列弧焊机器人
19	IML	日	九州大学	动作级机器人语言

9.3.2　机器人语言的基本特性

机器人语言一直以三种方式发展着：

1）产生一种全新的语言。

2）对老版本语言（指计算机通用语言）进行修改和增加一些句法或规则。

3）在原计算机编程语言中增加新的子程序。

因此，机器人语言与计算机编程语言有着密切的关系，它也应有一般程序计算语言所应具有的特性。

1. 清晰性、简易性和一致性

这个概念在点位引导级特别简单。基本运动级作为点位引导级与结构化级的混合体，它可能有大量的指令，但控制指令很少，因此缺乏一致性。结构化级和任务生成级在开发过程中，自始至终考虑了程序设计语言的特性。结构化程序设计技术和数据结构，减轻了对特定指令的要求，坐标变换使得表达运动更一般化。而子句的运用大大提高了基本运动语句的通用性。

2. 程序结构的清晰性

结构化程序设计技术的引入，如 while-do-if-then-else 这种类似自然语言的语句代替简单的 if 和 goto 语句，使程序结构清晰明了，但需要更多的时间和精力来掌握。

3. 应用的自然性

正是由于这一特性的要求，使得机器人语言逐渐增加各种功能，由低级向高级发展。

4. 易扩展性

从技术不断发展的观点来说，各种机器人语言都能满足各自机器人的需要，又能在扩展后满足未来新应用领域以及传感设备改进的需要。

5. 调试和外部支持工具

它能快速有效地对程序进行修改，已商品化的较低级别的语言有非常丰富的调试手段，结构化级在设计过程中始终考虑到离线编辑，因此也需要少量的自动调试。

6. 效率

语言的效率取决于编程的容易性，即编程效率和语言适应新硬件环境的能力（即可移植性）。随着计算机技术的不断发展，处理速度越来越快，已能满足一般机器人控制的需要，各种复杂的控制算法实用化已指日可待。

9.4 动作级语言和对象级语言

9.4.1 AL 语言及其特征

AL 语言是一种高级程序设计系统，描述诸如装配一类的任务。它有类似 ALCOL 的源语言，有将程序转换为机器码的编译程序和由控制操作机械手和其他设备的实时系统。编译程序是由斯坦福大学人工智能实验室用高级语言编写的，在小型计算机上实时运行。近年来该程序已能够在微型计算机上运行。

AL 语言对其他语言有很大的影响，在一般机器人语言中起主导作用。该语言是斯坦福大学 1974 年开发的。

许多子程序和条件监测语句增加了该语言的力传感和柔顺控制能力。当一个进程需要等待另一个进程完成时，可使用适当的信号语句和等待语句。这些语句和其他的一些语句使得对两个或两个以上的机器人臂进行坐标控制成为可能。利用手和手臂运动控制命令可控制位移、速度、力和力矩。使用 AFFIX 命令可以把两个或两个以上的物体当作一个物体来处理，这些命令使多个物体作为一个物体出现。

1. 变量的表达及特征

AL 变量的基本类型有：标量（SCALAR）、矢量（VECTOR）、旋转（ROT）、坐标系（FRAME）和变换（TRANS）。

（1）标量　标量与计算机语言中的实数一样，是浮点数，它可以进行加、减、乘、除和指数五种运算，也可以进行三角函数和自然对数的变换。AL 中的标量可以表示时间（TIME）、距离（DISTANCE）、角度（ANGLE）、力（FORCE）或者它们的组合，并可以处理这些变量的量纲，即秒（sec）、英寸（inch）、度（deg）、盎司（ounce）等。在 AL 中有几个事先定义过的标量：

PI：3.14159，TRUE = 1，FALSE = 0。

（2）矢量　矢量由一个三元实数（x, y, z）构成，它表示对应于某坐标系的平移和位置之类的量。与标量一样它们可以是有量纲的。利用 VECTOR 函数，可以由三个标量表达式来构造矢量。

在 AL 中有几个事先定义过的矢量：

xhat<-VECTOR (1, 0, 0)；

yhat<-VECTOR (0, 1, 0)；

zhat<-VECTOR (0, 0, 1)；

nilvect<-VECTOR (0, 0, 0)；

矢量可以进行加、减、点积、叉积及与标量相乘、相除等运算。

（3）旋转　旋转表示绕一个轴旋转，用以表示姿态。旋转用函数 ROT 来构造，ROT 函数有两个参数，一个代表旋转轴，用矢量表示；另一个是旋转角度。旋转规则按右手法则进行。此外，x 函数 AXIS (x) 表示求取 x 的旋转轴，而 $|x|$ 则表示求取 x 的旋转角。

AL 中有一个称为 nilrot 事先说明过的旋转，定义为 ROT (that, 0 * deg)。

（4）坐标系　坐标系可通过调用函数 FRAME 来构成，该函数有两个参数：一个表示姿态的旋转；另一个表示位置的距离矢量。AL 中定义 STATION 代表工作空间的基准坐标系。

图 9-1 所示为机器人插螺栓作业示意图。可以建立起图中的基坐标系（base 坐标系）、立柱坐标系（beam 坐标系）和斜槽坐标系（feeder 坐标系），程序如下：

FRAME base beam feeder（坐标系变量说明）；

base<-FRAME (nilrot, VECTOR (20, 0, 15)) * inches)；

⎰坐标系 base 的原点位于世界坐标系原点（20, 0, 15）in 处，z 轴平行于世界坐标系的 z 轴⎱。

beam<-FRAME (ROT (z, 90 * deg), VECTOR (20, 15, 0)) * inches)；

⎰坐标系 beam 的原点位于世界坐标系原点（20, 15, 0）in 处，并绕世界坐标系 z 轴旋转 90°⎱。

feeder<-FRAME（nilrot，VECTOR（25，20，0））＊inches）；

｛坐标系 feeder 的原点位于世界坐标系原点（20，20，0）in 处，且 z 轴平行于世界坐标系的 z 轴｝。

对于在某一坐标系中描述的矢量，可以用矢量 WRT 坐标系的形式来表示（WRT：With Respect TO），如 xhat WRT beam，表示在世界坐标系中构造一个与坐标系 beam 中的 xhat 具有相同方向的矢量。

（5）变换　TRANS 型变量用来进行坐标系间的变换。与 FRAME 一样，TRANS 包括两部分：一个旋转和一个向量。执行时，先与相对于作业空间的基坐标系旋转部分相乘，然后再加上向量部分。当算术运算符"<-"作用于两个坐标系时，是指把第一个坐标系的原点移到第二个坐标系的原点，再经过旋转使其轴一致。

因此可以看出，描述第一个坐标系相对于基坐标系的过程，可通过对基坐标系右乘一个 TRANS 来实现。如图 9-1 所示，可以建立起各坐标系之间的关系：

T6<-base ＊ TRANS（ROT（x，180 ＊ deg），VECTOR（15，0，0）＊inches）；

｛建立坐标系 T6，其 z 轴绕 base 坐标系的 x 轴旋转 180°，原点距 base 坐标系原点（15，0，0）in 处｝。

E<-T6 ＊ TRANS（nilrot，VECTOR（0，0，5）＊inches）；

｛建立坐标系 E，其 z 轴平行于 T_g 坐标系的 z 轴，原点距 T_g 坐标系原点（0，0，5）in 处｝。

Bolt-tip<-feeder ＊ TRANS（nilrot，VECTOR（0，0，1）＊inches）；

Beam-bore<-beam ＊ TRANS（nilrot，VECTOR（0，2，3）＊inches）；

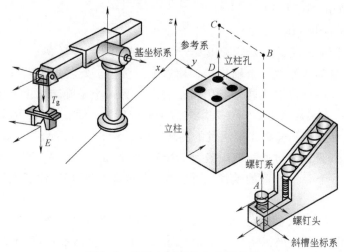

图 9-1　机器人插螺栓作业示意图

2. 主要语句及其功能

MOVE 语句用来表示机器人由初始位置和姿态到目标位置和姿态的运动。在 AL 中，定义了 barm 为蓝色机械手，yarm 为黄色机械手。为了保证两台机械手在不使用时能处于平衡状态，AL 语言定义了相应的停放位置 bpark 和 ypark。

假定机械手在任意位置，可把它运动到停放位置，所用的语句是：

MOVE barm TO bpark；

如果要求在 4s 内把机械手移动到停放位置，所用指令是：

MOVE barm TO bpark WITH DURATION = 4 * seconds；

符号 "@" 可用在语句中，表示当前位置，如：

MOVE barm TO @ −2 * zhat * inches；

该指令表示机械手从当前位置向下移动 2in。由此可以看出，基本的 MOVE 语句具有如下形式：

MOVE<机械手> TO <目的地><修饰子句>；

例如：

MOVE barm TO <destination> VIA f1 f2 f3；表示机械手经过中间点 f1、f2、f3 移动到目标坐标系<destination>。

MOVE barm TO block WITH APPROACH = 3 * zhat * inches；表示把机械手移动到在 z 轴方向上离 block 3 in 的地方；如果 DEPARTURE 代替 APPROACH，则表示离开 block。关于接近/退避点可以用设定坐标系的一个矢量来表示，如：

WITH APPROACH = <表达式>；

WITH DEPARTURE = <表达式>；

3. AL 程序设计举例

用 AL 语言编制图 9-1 机器人把螺栓插入其中一个孔里的作业。这个作业需要把机器人移至料斗上方 *A* 点，抓取螺栓，经过 *B* 点、*C* 点再把它移至导板孔上方 *D* 点（见图 9-1），并把螺栓插其中一个孔里。

编制这个程序采取的步骤是：

1）定义机座、导板、料斗、导板孔、螺栓柄等的位置和姿态。

2）把装配作业划分为一系列动作，如移动机器人、抓取物体和完成插入等。

3）加入传感器以发现异常情况和监视装配作业的过程。

4）重复步骤 1）~3），调试改进程序。

按照上面的步骤，编制的程序如下：

BEGIN insertion

｛设置变量｝

bolt- diameter<- 0. 5 * inches；

bolt- height<- 1 * inches；

tries <- 0；

grasped <- false；

｛定义机座坐标系｝

beam <- FRAME(ROT(Z,90 * deg),VECTOR(20,15,0) * inches)；

feeder <- FRAME(nilrot,VECTOR(25,20,0) * inches)；

｛定义特征坐标系｝

bolt- grasp <- feeder * TRANS(nilrot,nilvect)；

bolt- tip <- bolt-grasp * TRANS(nilrot,VECTOR(0,0,0. 5) * inches)；

beam- bore <-beam * TRANS(nilrot,VECTOR(0,0,1) * inches)；

{定义经过的点坐标系}

A <- feeder * TRANS(nilrot, VECTOR(0, 0, 5) * inches);

B <- feeder * TRANS(nilrot, VECTOR(0, 0, 8) * inches);

C <- beam-bore * TRANS(nilrot, VECTOR(0, 0, 5) * inches);

D <- beam-bore * TRANS(nilrot, bolt-height * Z);

{张开手爪}

OPEN bhand TO bolt-diameter + 1 * inches;

{使手准确定位于螺栓上方}

MOVE barm TO bolt-grasp VIA A;

WITH APPROACH = -Z WRT feeder;

{试着抓取螺栓}

DO

CLOSE bhand TO 0.9 * bolt-diameter;

IF bhand < bolt-diameter THEN BEGIN;

{抓取螺栓失败,再试一次}

OPEN bhand TO bolt-diameter + 1 * inches;

MOVE barm TO @ -1 * Z * inches;

END ELSE grasped <- TRUE;

tries <- tries + 1;

UNTIL grasped OP (tries > 3);

{如果尝试3次未能抓取螺栓,则取消这一动作}

IF NOT grasped THEN ABORT; {抓取螺栓失败}

{将手臂运动到B位置}

MOVE barm TO B VIA A;

WITH DEPARTURE = Z WRT feeder;

{将手臂运动到D位置}

MOVE barm TO D VIA C;

WITH APPROACH = -Z WRT beam-bore;

{检验是否有孔}

MOVE barm TO @ -0.1 * Z * inches ON FORCE(Z) > 10 * ounce;

DO ABORT; {无孔}

{进行柔顺性插入}

MOVE barm TO beam-bore DIRECTLY;

WITH FORCE(z) = -10 * ounce;

WITH FORCE(x) = 0 * ounce;

WITH FORCE(y) = 0 * ounce;

WITH DURATION = 5 * seconds;

END insertion;

9.4.2 LUNA 语言及其特征

LUNA 语言是日本 SONY 公司开发用于控制 SRX 系列 SCARA 平面关节型机器人的一种特有的语言。LUNA 语言具有与 BASIC 相似的语法，它是在 BASIC 语言基础上开发出来的，且增加了能描述 SRX 系列机器人特有的功能语句。该语言简单易学，是一种着眼于末端操作器动作的动作级语言。

1. 语言概要

LUNA 语言使用的数据类型有标量（整数或实数）、由 4 个标量组成的矢量，它用直角坐标系（O-XYZ）来描述机器人和目标物体的位姿，使人易于理解，而且坐标系与机器人的结构无关。LUNA 语言的命令以指令形式给出，由解释程序来解释。指令又可以分为由系统提供的基本指令和由使用者用基本指令定义的用户指令，详见表 9-2。

表 9-2　LUNA 语言指令表

分　类	指令形式	含　义
扫描机器人动作的命令	DO…	机器人执行单行 DO 命令
	In (ON/OFF)	输入开/关 I1~I16
	Ln (ON/OFF)	输出开/关 L1~L16
	P$n(m)$	运动到达点 P$n(m)$ n:0~9 m:0~255
	VEL(n)	设置运动速度（n:1%~100%）
	DLY(t)	等待 ts（t:0.01~327.67）
	OVT(t)	设置超限时间（t:0.1~25.5s）
	FOS(n)	加速执行移动指令之后的指令
	ACC(n)	设置加速时间（n:1~10）
	LINE	线性插补
	CIRCLE	圆弧插补
	SHIFT	在 4 条轴上提供同步的关联动作
程序控制用命令	GO	程序无条件转移到指定的语句号
	STOP	暂停
	CALL	调用子程序
	RET	子程序返回
	IF…THEN	条件转移
	FOR…TO	循环指令
	STEP	循环步长
	NEXT	循环终止
	END	程序结束
点数据命令	P$n(m)$	设置点数据
	OFFSET	移动坐标轴
	RESET	清除 OFFSET
	LIMIT	设置点数的极限误差
	PSHIFT	位移点序号
	RIGHT	设置右手坐标系
	LEFT	设置左手坐标系

2. 往返操作的描述

在机器人的操作中，很多基本动作都是有规律的往返动作。例如图 9-2 所示，机器人末端执行器由 A 点移动到 B 点和 C 点，我们用 LUNA 语言来编制程序为：

10 DO PA PB PC；

GO 10；

可见，用 LUNA 语言可以极为简便地编制动作程序。

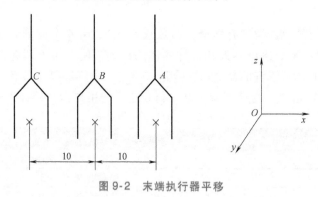

图 9-2　末端执行器平移

9.4.3　AUTOPASS 语言及其特征

靠对象物状态的变化给出大概的描述，将机器人的工作程序化语言称为对象级语言。AUTOPASS、LUMA、RAPT 等都属于这一级语言。AUTOPASS 是 IBM 公司属下的一个研究所提出来的机器人语言，它像给人的组装说明书一样，是针对所描述机器人操作的语言。程序把工作的全部规划分解成放置部件、插入部件等宏功能状态变化指令来描述。AUTOPASS 的编译，是用称作环境模型的数据库，边模拟工作执行时环境的变化边决定详细动作，做出对机器人的工作指令和数据。AUTOPASS 的指令分为如下四组：

1）状态变更语句：PLACE、INSERT、EXTRACT、LIFT、LOWER、SLIDE、PUSH、ORIENT、TURN、GRASP、RELEASE、MOVE。

2）工具语句：OPERATE、CLUMP、LOAP、UNLOAD、FETCH、REPLACE、SWITCH、LOCK、UNLOCK。

3）紧固语句：ATTACH、DRIVE-IN、RIVET、FASTEN、UNFASTEN。

4）其他语句：VERIFY、OPEN-STATE-OF、CLOSED-STATE-OF、NAME、END。

例如，对于 PLACE 的描述语法为

PLACE<object><preposition phrase><object>

<grasping phrase><final condition phrase>

<constraint phrase><then hold>

其中，<object>是对象名；<preposition phrase>表示 ON 或 IN 那样的对象物间的关系；<grasping phrase>提供对象物的位置和姿态、抓取方式等；<constraint phrase>是末端操作器的位置、方向、力、时间、速度、加速度等约束条件的描述选择；<then hold>指令机器

人保持现有位置。下面是 AUTOPASS 程序示例，从中可以看出，这种程序的描述很易懂。但是该语言在技术上仍有很多问题没有解决。

1）OPERATE nutfeeder WITH car-ret-tab-nut AT fixture. nest

2）PLACE bracket IN fixture SUCH THAT bracket. Bottom

3）PLACE interlock ON bracket RUCH THAT

Interlock. hole IS ALIGNED WITH bracket. Top

4）DRIVE IN car-ret-intlk-stud INTO car-ret-tab-nut

AT interlock. hole

SUCH THAT TORQUE is EQ 12. 0 IN-LBS USING-air-driver

ATTACHING bracket AND interlock

5）NAME bracket interlock car-ret-intlk-stud car-ret-tab- nut

ASSEMBLY support-bracket

9.4.4　RAPT 语言及其特征

RAPT 语言是英国爱丁堡大学开发的实验用机器人语言，它的语法基础来源于著名的数控语言 APT。

RAPT 语言可以详细地描述对象物的状态和各对象物之间的关系，能指定一些动作来实现各种结合关系，还能自动计算出机器人手臂为了实现这些操作的动作参数。由此可见，RAPT 语言是一种典型的对象级语言。

RAPT 语言中，对象物可以用一些特定的面来描述，这些特定的面是由平面、直线、点等基本元素定义的。如果物体上有孔或突起物，那么在描述对象物时要明确说明，此外还要说明各个组成面之间的关系（平行、相交）及两个对象物之间的关系。如果能给出基准坐标系、对象物坐标系、各组成面坐标系的定义及各坐标系之间的变换公式，则 PART 语言能够自动计算出使对象物结合起来所必需的动作参数，这是 RAPT 语言的一大特征。

为了简便起见，我们讨论的物体只限于平面、圆孔和圆柱，操作内容只限于把两个物体装配起来。假设要组装的部件都是由数控机床加工出来的，具有某种通用性。

部件可以由下面这种程序块来描述：

BODY/<部件名>；

<定义部件的说明>

TERBODY；

其中，部件名采用数控机床的 APT 语言中使用的符号；说明部分可以用 APT 语言来说明，也可以用平面、轴、孔、点、线、圆等部件的特征来说明。

平面的描述有下面两种：

FACE/<线>,<方向>；

FACE/HORIZONTAL <z 轴的坐标值>,<方向>；

其中，第一种形式用于描述与 z 轴平行的平面，<线>是由两个<点>定义的，也可以用一个

<点>和与某个<线>平行或垂直的关系来定义,而<点>则用(x,y,z)坐标值给出;<方向>是指平面的法线方向,法线方向总是指向物体外部。描述法线方向的符号有 XLARGE、XSMALL、YSMALL。例如,XLARGE 表示在含有<线>并与 xy 平面垂直的平面中,取其法线矢量在 x 轴上的分量与 x 轴正方向一致的平面。那么给定一个<线>和一个法线矢量,就可以确定一个平面。第二种形式用来描述与 z 轴垂直的平面与 z 轴相交点的坐标值,其法线矢量的方向用 ZLARGE 或 ZSMALL 来表示。

　　轴和孔也有类似的描述:

SHAFT 或 HOLE/<圆>,<方向>;

SHAFT 或 HOLE/AXIS<线>,RADIUS<数>,<方向>;

前者用一个圆和轴线方向给定,<圆>的定义方法为:

CIRCLE/CENTER<点>,RADIUS<数>;

其中,<点>为圆心坐标,RADIUS<数>表示半径值。例如:

C1 = CIRCLE/CENTER,P5,RADIUS,R;

式中,C1 表示一个圆,其圆心在 P5 处,半径为 R。

HOLE/<圆>,<方向>;

表示一个轴线与 z 轴平行的圆孔,圆孔的大小与位置由<圆>指定,其外向方向由<方向>指定(ZLARGE 或 ZSMALL)。

　　与 z 轴垂直的孔则用下述语句表示:

HOLE/AXIS<线>,RADIUS<数>,<方向>;

孔的轴线由<线>指定,半径由<数>指定,外向方向由<方向>指定(XLARGE、XSMALL、YLARGE 或 YSMALL)。

　　由上面一些基本元素可以定义部件,并给它起个名字。部件一旦被定义,它就和基本元素一样,可以独立地或与其他元素结合再定义新的部件。被定义的部件,只要改变其数值,便可以描述同类型的尺寸不同的部件。因此这种定义方法具有通用性,在软件中称为可扩展性。

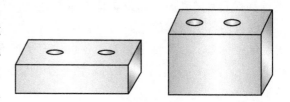

图 9-3　尺寸不同的两个同类部件

　　例如,一个具有两个孔的立方体(见图 9-3)可以用下面的程序来定义:

BLOCK = MARCO/BXYZR;

BODY/B;

P1 = POINT/0,0,0;定义 6 个点

P2 = POINT/X,0,0;

P3 = POINT/0,Y,0;

P4 = POINT/0,0,Z;

P5 = POINT/X/4,Y/2,0;

P6 = POINT/X-X/4,Y/2,0;

C1 = CIRCLE/CENTER,P5,RADIUS,R;定义两个圆

C2 = CIRCLE/CENTER,P6,RADIUS,R;

L1 = LINE/P1,P2;定义四条直线

L2 = LINE/P1,P3;

L3 = LINE/P3,PARALEL,L1;

L4 = LINE/P2,PARALEL,L2;

BACK1 = FACE/L2,XSMALL;定义背面

BOT1 = FACE/HORIZONTAL,0,ZSMALL;定义底面

TOP1 = FACE/HORIZONTAL,Z,ZLARGE;定义顶面

RSIDE1 = FACE/L1,YSMALL;定义右面

LSIDE1 = FACE/L3,YLARGE;定义顶面

HOLE1 = HOLE/C1,ZLARGE;定义左孔

HOLE2 = HOLE/C2,ZLARGE;定义右孔

TERBOD

RERMAC

程序中 BLOCK 代表部件类型，它有 5 个参数。其中 B 为部件代号，X、Y、Z 分别为空间坐标值，R 为孔半径。这里取立方体的一个顶点 P1 为坐标原点，两孔半径相同。因此，X、Y、Z 也表示立方体的 3 个边长。只要代入适当的参数，这个程序就可以当作一个指令被调用。例如图 9-3 所示的两个立方体可用下面语句来描述：

CALL/BLOCK,B = B1,X = 6,Y = 7,Z = 2,R = 0.5

CALL/BLOCK,B = B2,X = 6,Y = 7,Z = 6,R = 0.5

显然，这种定义部件的方法简单、通用，它使语言具有良好的可扩充性。

9.5 机器人遥操作

随着机器人研究的深入和机器人应用领域的扩展，许多恶劣和危险环境下的作业，如空间探测、深海搜索、核电站救灾抢险等，都需要机器人来完成。由于恶劣与危险环境下的作业一般都比较复杂，当前的机器人还没有达到高度自主的程度，很难完成这些复杂的任务。为了能够远离作业现场并对机器人进行控制操作，出现了机器人遥操作系统。机器人遥操作系统是在人的参与和控制下使机器人在人类难以涉足的环境中完成复杂工作的控制系统。它作为人类对未知领域探索的延伸工具，实现机器人在不同空间上的协调工作，帮助人类完成难以通过直接控制实现的复杂操作。机器人遥操作系统的研究在 20 世纪 50 年代就已经开始了，目前，在空间机器人、水下机器人和医疗机器人上有着广泛的应用。欧美一些先进国家利用空间机器人代替宇航员完成空间任务已经得到实际应用，遥操作控制特别是地面遥操作是空间机器人的主要控制方式。可实现遥操作的医疗机器人达·芬奇也已经应用于实际的医疗手术中。本节将介绍机器人遥操作存在的问题、人机交互接口技术和控制方式。

1. 机器人遥操作存在的问题

机器人遥操作的核心问题是如何保证遥操作的平稳性和提高遥操作的透明性。通过机器人的局部自主能力以及虚拟现实的人机接口技术可以提高机器人遥操作的平稳性与透明性，但仍然存在以下一些问题：

（1）时延问题　时延问题是遥操作系统的核心问题，既影响系统的稳定性又影响系统的透明性。在单向控制的遥操作系统中，时延影响控制指令、图像、视频等传感器信息的传输，从而影响作业性能。在双向遥操作中，超过0.1s的时延就可能导致系统的不稳定。

（2）互斥问题　主从遥操作的操作安全性和操作性能之间的互斥问题是遥操作系统需要解决的问题之一。在遥操作主端，离线的任务规划能够保证良好的操作性能，但是却无法实时处理远端环境变化而导致的突发情况；而操作者利用手动控制能够较好地实时处理远端的突发情况，但是人类的自身状况的限制又决定了人类很难保证良好的手动操作性能。因此，如何保证操作的安全性又能获得良好的操作性能是遥操作需要解决的问题。

（3）局部自主能力问题　提高远端机器人的局部自主能力是更好地实现机器人遥操作的途径之一。目前的机器人遥操作系统主要采用的方式是机器人的局部自主加上操作者的高级决策能力。

2. 机器人遥操作人机交互接口技术

（1）手控器　手控器是实现机器人遥操作的主要设备之一，它能够把操作者的操作、控制意图准确地传递给机器人，同时能够把机器人的受力状态真实地反馈给操作者。手控器包括空间鼠标、数据手套、3D控制器等。基于手控器的机器人遥操作能实现灵巧的动作，完成复杂的操作，而且具有较高的效率。这是机器人自主操作所无法比拟的。

（2）虚拟现实系统　虚拟现实技术是一种创建和体验虚拟世界的计算机系统，操作者作为主角存在于环境中，并能以客观世界的实际动作或者以人类熟悉的方式来操作虚拟系统，从而以自然直观的交互方式来实现高效的人机协作。通过虚拟现实技术建立交互控制界面，可以作为先进的仿真工具，将虚拟环境与预测技术相结合进行预测显示；可以建立临场感交互界面，实现增强现实显示。但是，虚拟现实技术需要精确的环境模型，在环境状态未知的情况下无法使用。

（3）力反馈系统　力反馈技术经常与手控器或者计算机显示相结合来实现机器人的遥操作。力反馈系统在具有力接触的工作环境中具有重要的作用。大时延下的力反馈与视觉反馈有所不同，时延后的力反馈不能直接施加到操作者的控制手上，因为这相当于给控制附加了一个干扰分量。有实验表明，双边力反馈方式在完成"接触-抓取"工作时表现良好。

（4）3D预测图形仿真系统　3D预测图形仿真系统主要是利用计算机图像处理方法来估计系统的未来状态。目前主要有两种类型的图形仿真预测器，一种是基于系统当前状态和时间延迟来估计系统的未来状态，如泰勒序列外插方法；另一种是给系统当前状态和时间延迟输入一个模型来估计未来时刻的控制信号。在满足一定条件下，预测显示器的作用非常明显。因此，3D 预测图形仿真系统是目前解决大延时遥操作的主要方法。

3．机器人遥操作控制方式

机器人遥操作的控制方式主要有以下三种：

（1）直接控制（Direct control） 即由操作者通过主从控制界面（如 VR 设备等）对机器人直接发送动作指令以完成某项任务，机器人的运动和路径规划完全由操作者控制。在直接控制方式中，机器人没有智能和自主性。直接控制的优点是充分利用人的感知、判断和决策能力，增强系统的适应能力，具有较强的故障诊断和回复能力；其缺点是过多地依赖操作者，忽略了机器本身的智能和自主性，任务执行的效率比较低。

（2）监督控制（Supervisory control） 这种控制方式是受人类监督下属方式的启发，人类操作者只发布指令并获得机器人反馈回来的信息，具体任务由机器人来自主执行。其基本思想是将人类操作者置于控制结构的闭环之外，主要依靠遥机器人的自主能力来完成任务。在监督控制方式下，远端的机器人能够自主工作，操作者监控机器人的运动并可以在任何时候干预机器人的运动。目前，自主控制闭环主要在远端机器人实现，操作端只获取远端机器人的状态与模型信息。该控制方式的优点是能够将时延排除在底层控制回路之外，从而在局部获得更高的稳定性能和控制精度。但是受限于机器人的智能及自主性能程度不高，目前还很难完全依赖于机器人自主完成比较复杂的任务。因此，该控制方式的缺点也很明显，就是在遇到故障、差错等意外情况时，机器人很难依靠自身进行故障诊断与恢复。克服该缺点的主要途径就是提高机器人的智能与自主性。

（3）共享控制（Shared control） 即让操作者和遥机器人在操作过程中责任共享，操作者和机器人的自主控制都能控制机器人的运动，既能保证机器人有一定的自主性，又能允许操作者直接控制机器人，发挥其判断和决策能力。该控制方式基于局部传感器的反馈回路实现对机器人的控制。共享控制结合了直接控制与监督控制的优点，实现了上述两种控制方式的互补。

尽管机器人遥操作技术已经发展了几十年，其仍然是机器人领域研究的热点。机器人遥操作不仅可以使用机器人的先进技术，而且可以利用操作者的技能和能力。遥操作机器人系统中的机器人和操作者就类似于驾驶系统中的自动车和驾驶员的关系。随着导航系统等电子产品在汽车中的使用，汽车对于驾驶员来说变得更加安全和有用，但是这些汽车还不能完全脱离驾驶员实现自动驾驶。类似地，遥操作系统作为机器人的辅助系统正在提高人们的生活质量，特别是在搜寻和救援领域中，遥操作机器人发挥着巨大的作用。最近，随着遥操作手术机器人的推广与商业化，这种机器人正在影响着数以万计的病患的生活。将来，几种控制方式的交叉应用将会使遥操作机器人的控制更加平稳与透明。

9.6 典型示教与操作案例

1．KUKA 焊接机器人系统简介

如图 9-4 所示，KUKA 工业机器人和焊接电源所组成的机器人自动化焊接系统，能够

自由、灵活地实现各种复杂三维加工轨迹，从而将工作人员从恶劣的工作环境中解放出来，从事更高附加值的工作。

2. 示教再现过程

焊接时，焊接机器人按照事先编辑好的程序运动，这个程序一般是由操作人员按照焊缝形状示教机器人并记录运动轨迹而形成的。

（1）示教前准备

1）打开控制柜上的电源开关在"ON"状态。

2）将运动模式调到"T1"手动慢速运行模式。

3）在目录结构中用［光标上/下键］标记新建程序所在的文件夹，关闭的文件夹可用［回车键］将其打开。

图9-4　KUKA焊接机器人系统

4）用右光标切换进入文件列表。

5）按下软键"新建"，选择模板窗口将其打开，标记所希望的模板，并按下软键"OK"，输入程序名称，并按下软键"OK"。

（2）示教

1）按住［安全键］，接通伺服电源，机器人进入可动作状态。

2）按［程序向前执行键］，将机器人移动到"HOME"位置。

3）编辑机器人要走的轨迹。以焊接如图9-5A、B边为例。

① 机器人的调点。按下［程序向前执行键］和［轴操作键］，将机器人移动到作业位置，选择运动方式（点对点PTP、直线LIN、圆弧CIRC），如图9-6所示，设置好相应参数，按"参数确定"键确定参数。

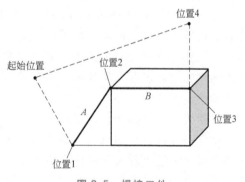

图9-5　焊接工件

② 弧焊的增设。

焊接开始：按"工艺"，选择"气体保护焊开"，选择运动方式（点对点PTP、直线LIN、圆弧CIRC），设置好相应参数，按"参数确定"键确定。

图9-6　KUKA机器人运动指令

在焊接过程中，焊缝有不同的几种形式（LIN与CIRC），为了不使焊接中断，这时必须使用"气体保护焊开关"。

焊接结束：按"工艺"，选择"气体保护焊关"，选择运动方式（点对点 PTP、直线 LIN、圆弧 CIRC），设置好相应参数，按"参数确定"键确定。

（3）再现前准备

1）确认所设定的程序中的轨迹操作。

① 按下"编辑"键，选择"程序复位"。

② 按住［安全键］，接通伺服电源机器人进入可动作状态。

③ 按下［程序向前执行键］运行程序，确认所设定的轨迹。

2）单击。

3）将运动模式调到"AUT"自动运行模式。

（4）再现　按下［程序向前执行键］运行程序，实现焊接操作。

（5）程序

1）INT

2）PTP HOME Vel = 100% DEFAULT

3）PTP Pl Vel = 30% PDATl ARC_ ON PS S Sean1 Tool［1］：tooll Base［0］

4）LIN P2 CONT CPDAT1 ARC PS W1 Tool［1］：tooll Base［0］

5）LIN P3 CPDAT2 ARC_ OFF PS W2 E Seam1 Tool［1］：tooll Base［0］

6）PTP P4 Vel = 30% PDAT2 Tool［1］：tooll Base［0］

7）PTP HOME Vel = l00% DEFAULT

9.7　小结

本章主要介绍了机器人的示教类别与基本特征、机器人编程语言的类别与基本特性、机器人遥操作，最后通过典型案例介绍机器人的示教与操作。

机器人示教根据方式的不同可以分为顺序控制的编程示教、手把手示教、示教盒示教、预编程示教和基于演示的机器人示教。每种示教方式有各自的特点。机器人在实际应用中可以采用单种方式示教，也可以采用多种示教方式的结合。

机器人编程语言按照水平来划分可以分为动作级语言、对象级语言和任务级语言。本章介绍了机器人编程语言的类别与基本特性，并详细介绍了几种常用的机器人编程语言。随着机器人技术与应用的不断扩展，已经有更多的机器人编程语言从实验室研究转化到工业应用中。但是这些机器人编程语言主要还是由欧美日等发达国家来制定的。

机器人遥操作是机器人应用的关键技术之一。本章介绍了机器人遥操作存在的问题、遥操作人机交互接口技术以及控制方式。随着机器人在太空、深水、核电站等恶劣环境中的应用，机器人遥操作将成为机器人在这些恶劣环境中应用的主要控制方式。

习题

1. 机器人示教有哪几种类型？它们各有何优缺点？

2. 常用机器人编程语言有哪些？它们各有何特点？

3. 机器人编程语言的基本特性是什么？

4. 请简要回答 AL 语言、AUTOPASS 语言和 RAPT 语言有哪些类似之处？

5. 机器人遥操作有哪些特点？请简述其应用前景。

第 10 章
工业机器人系统集成与典型应用

10.1 工业机器人工作站的构成及设计原则

10.1.1 机器人工作站的构成

如图 10-1 所示，机器人工作站是指使用一台或多台机器人，配以相应的周边设备，用于完成某一特定工序作业的独立生产系统，也可称为机器人工作单元。它主要由机器人及其控制系统、辅助设备以及其他周边设备所构成。在这种构成中，机器人及其控制系统应尽量选用标准装置，对于个别特殊的场合需设计专用机器人。而末端执行器等辅助设备以及其他周边设备则随应用场合和工件特点的不同存在着较大差异，因此，这里只阐述一般工作站的构成和设计原则。

图 10-1　机器人工作站

10.1.2 机器人工作站的一般设计原则

工作站的设计是一项较为灵活多变、关联因素甚多的技术工作，若将共同因素抽象出来，可得出一般的设计原则。

- 设计前必须充分分析作业对象，拟订最合理的作业工艺。
- 必须满足作业的功能要求和环境条件。
- 必须满足生产节拍要求。
- 整体及各组成部分必须全部满足安全规范及标准。
- 各设备及控制系统应具有故障显示及报警装置。
- 便于维护修理。
- 操作系统便于联网控制。
- 工作站便于组线。
- 操作系统应简单明了，便于操作和人工干预。
- 经济实惠，快速投产。

这十项设计原则体现着工作站用户的多方面需要，简单地说就是千方百计地满足用户的要求。下面对前四项原则展开讨论。

1. 作业顺序和工艺要求

对作业对象（工件）及其技术要求进行认真细致的分析，是整个设计的关键环节，它直接影响工作站的总体布局、机器人型号的选择、末端执行器和变位机等的结构以及其周边机器型号的选择等方面。在设计工作中，这一内容所投入的精力和时间占总设计时间的15%～50%。工件越复杂，作业难度越大，投入精力的比例就越大；分析得越透彻，工作站的设计依据就越充分，将来工作站的性能就可能越好，调试时间和修改变动量就可能越少。一般来说，工件的分析包含以下几个方面。

1）工件的形状决定了机器人末端执行器和夹具体的结构及工件的定位基准。在成批生产中，对工件形状的一致性应有严格的要求。在那些定位困难的情况下，还需与用户商讨，适当改变工件形状的可能性，使更改后的工件既能满足产品要求，又为定位提供方便。

2）工件的尺寸及精度对机器人工作站的使用性能有很大的影响。特别是精度，决定了工件形状的一致性。设计人员应对与工作站相关的关键尺寸和精度提出明确的要求。一般情况下，与人工作业相比，工作站对工件尺寸及精度的要求更为苛刻。尺寸及精度的具体数值要根据机器人工作精度、辅助设备的综合精度以及本站产品的最终精度来确定。需要特别注意的是，如果在前期工序中对工件尺寸控制不准、精度偏低，就会造成工件在机器人工作站中的定位困难，甚至造成引入机器人工作站决策的彻底失败。因此，引入机器人工作站之前，必须对工件的全部加工工序予以研究，必要时需改变部分原始工序，增加专用设备，使各工序相互适合，使工件具有稳定的精度。此外，工件的尺寸还直接影响周边机器的外形尺寸以及工作站的总体布局形式。

3）当工件安装在夹具体上或是放在某个搁置台上时，工件的质量和夹紧时的受力情况就成为夹具体、传动系统以及支架等零部件的强度和刚度设计计算的主要依据，也是选择电动机或气液系统压力的主要因素之一。当工件需机器人抓取和搬运时，工件质量又成为选定机器人型号最直接的技术参数。如果工件质量过大，已经无法从现行产品中选择标准机器人，那就要设计并制造专用机器人。这种情形在冶金、建筑等行业中尤为普遍。

4）工件的材料和强度对工作站中夹具体的结构设计、选择动力形式、末端执行器的结构以及其他辅助设备的选择都有直接的影响。设计时要以工件的受力和变形，产品质量符合最终要求为原则确定其他因素，必要时还应进行关键内容的试验，通过试验数据确定关键参数。

5）工作环境也是机器人工作站设计中需要引起注意的一个方面。对于焊接工作站，要注意焊渣飞溅的防护，特别是机械传动零件和电子元件及导线的防护。在某些场合，还要设置焊枪清理装置，保证起弧质量。对于喷涂或粉尘较大的工作站，要注意有毒物的防护，包括对操作者健康的损害和对设备的化学腐蚀等。对于高温作业的工作站，要注意温度对计算机控制系统、导线、机械零部件和元器件的影响。在一些特殊场合，如强电磁干扰的工作环境或电网波动等问题，会成为工作站设计中的一个重点研究对象。

6）作业要求是用户对设计人员提出的技术期望，它是可行性研究和系统设计的主要依据。具体内容有年产量、工作制度、生产方式、工作站占用空间、操作方式和自动化程度等。其中年产量、工作制度和生产方式是规划工作站的主要因素。当 1 个工作站不能满足产量要求时，则应考虑设置 2 个甚至 3 个相同的工作站，或设置 1 个人工处理站，与机器人工作站协调作业。而操作方式和自动化程度又与 1 个工作站中机器人的数量、夹具的自动化水平、投入成本、操作者的劳动强度以及其他辅助设备有直接的关系。要充分研究作业要求，使工作站既符合工厂现状，又能生产出高质量的产品，即处理好投资与效益的关系。需要说明的是，对于那些形状复杂、作业难度较大的工件，如果一味地追求更高的自动化程度，就必然会大大地增加设计难度、投入资金以及工作站的复杂程度。有时，增加必要的人工生产，会使工作站的使用性能更加稳定，更加实用。要充分分析工厂的实际情况，多次商讨对于作业的要求，最终形成行之有效的系统方案。

2．工作站的功能要求和环境条件

机器人工作站的生产作业是由机器人连同它的末端执行器、夹具和变位机以及其他周边设备等具体完成的，其中起主导作用的是机器人，所以在选择机器人时必须首先满足这一设计原则，满足作业的功能要求，具体到选择机器人时可从三方面加以保证：有足够的持重能力，有足够大的工作空间和有足够多的自由度，环境条件可由机器人产品样本的推荐使用领域加以确定，下面分别加以讨论。

1）确定机器人的持重能力。机器人手腕所能抓取的质量是机器人的一个重要性能指标，习惯上称为机器人的可搬质量。一般说来，同一系列的机器人，其可搬质量越大，它的外形尺寸、手腕工作空间、自身质量以及所消耗的功率也就越大。在设计中，需要初步设计出机器人的末端执行器，比较精确地计算它的质量，然后确定机器人的可搬质量。在某些场合，末端执行器比较复杂，结构庞大，如一些装配工作站和搬运工作站中的末端执行器。同此，对于它的设计方案和结构形式应当反复研究，确定出较为合理可

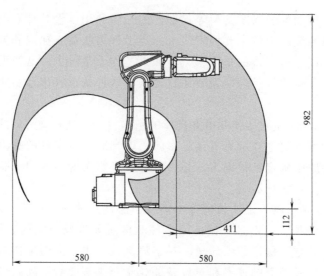

图 10-2　工业机器人作业空间示意图

行的结构，减小其质量。

2）确定机器人的工作空间。作业空间是机器人运动时手臂末端或手腕中心所能到达的所有点的集合，也称为工作区域。由于末端执行器的形状和尺寸是多种多样的，为真实反映机器人的特征参数，故作业范围是指不安装末端执行器时的工作区域。作业范围的大小不仅与机器人各连杆的尺寸有关，而且与机器人的总体结构形式有关，如图 10-2 所示。

工作空间的形状和大小是十分重要的，机器人在执行某作业时可能会因存在手部不能到达的盲区而不能完成任务。

3）确定机器人的自由度。机器人在持重和工作空间上满足对机器人工作站或生产线的功能要求之后，还要分析它是否可以在作业范围内满足作业的姿态要求。例如，为了焊接复杂工件，一般需要 6 个自由度。如果焊体简单，又使用变位机，在很多情况下 5 个自由关节的机器人即可满足要求。

总之，在选择机器人时，为了满足功能要求，必须从持重、工作空间、自由度等方面来分析，只有它们同时被满足或者增加辅助装置后，即能满足功能要求的条件，所选用的机器人才是可用的。

机器人的选用也常受机器人市场供应因素的影响，所以，还需考虑市场价格。只有那些可用而且价格低廉、性能可靠，且有较好的售后服务，才是最应该优先选用的机器人。机器人在各种生产领域里得到了广泛应用，如装配、焊接、喷涂和搬运、码垛等，这必然会有各自不同的环境条件。为此，机器人制造厂家根据不同的应用环境和作业特点，不断地研究、开发和生产出了各种类型的机器人供用户选用。各生产厂家都对自己的产品定出了最合适的应用领域，他们不光考虑其功能要求，还考虑了其他应用中的问题，如强度、刚度、轨迹精度、粉尘及温度、湿度等特殊要求。在设计工作站选用机器人时，首先参考生产厂家提供的产品说明。

3. 工作站对生产节拍的要求

生产节拍是指完成一个工件规定的处理作业内容所要求的时间，也就是用户规定的年产量对机器人工作站工作效率的要求。生产周期是机器人工作站完成一个工件规定的作业内容所需要的时间，也就是工作站完成一个工件规定的处理作业内容所需要花费的时间。在总体设计阶段，首先要根据计划年产量计算出生产节拍，然后对具体工件进行分析。计算各个处理动作的时间，确定出完成一个工件处理作业的生产周期。将生产周期与生产节拍进行比较，当生产周期小于生产节拍时，说明这个工作站可以完成预定的生产；当生产周期大于生产节拍时，说明这个工作站不具备完成预定生产任务的能力。这时就需要重新研究这个工作站的总体构思，或增加辅助装置，最大限度地发挥机器人的效率，使某些辅助工作时间与机器人的工作时间尽可能重合，缩短总的生产周期；或增加机器人数量，使多台机器人同时工作，缩短零件的处理周期；或改革处理作业的工艺过程，修改工艺参数。如果这些措施仍不能满足生产周期小于生产节拍的要求，就要增设相同的机器人工作站，以满足生产节拍。

4. 安全规范及标准

由于机器人工作站的主体设备机器人是一种特殊的机电一体化装置，与其他设备的运行特性不同，机器人在工作时是以高速运动的形式掠过比其基座大很多的空间，其手臂的运动形式和起动难以预料，有时会随作业类型和环境条件而改变。同时，在其关节驱动器通电的情况下，维修及编程人员有时需要进入其限定空间。另外，由于机器人的工作空间内常与其周边设备工作区重合，从而极易产生碰撞、夹挤或由于手爪松脱而使工件飞出等危险，特别是在工作站内机器人多于一台协同工作的情况下，产生危险的可能性更高。所以在工作站的设计过程中，必须充分分析可能的危险情况，估计可能的事故风险。

根据国家标准《工业机器人安全规范》，在做安全防护设计时，应遵循以下两条原则：

1）自动操作期间安全防护空间内无人。

2）当安全防护空间内有人进行示教、程序验证等工作时，应消除危险或至少降低危险。

为了保证上述原则的实施，在工作站设计时，通常应该做到：设计足够大的安全防护空间，在该空间的周围设置可靠的安全围栏，在机器人工作时，所有人员不能进入围栏；应设有安全连锁门，当该门开启时，工作站中的所有设备不能起动工作。

工作站必须设置各种传感器，包括光屏、电磁场、压敏装置、超声和红外装置以及摄像装置等，当人员无故进入防护区时，立即使工作站中的各种运动设备停止工作。当人员必须在设备运动条件下进入防护区工作时，机器人及其周边设备必须在降速条件下起动运转。工作者附近的地方应设急停开关，围栏外应有监护人员，并随时可操纵急停开关。

用于有害介质或有害光环境下的工作站，应设置遮光板、罩或其他专用安全防护装置。机器人的所有周边设备，必须分别符合各自的安全规范。使用带碰撞传感器的焊枪把持器设定作业原点、设定软极限等。

对于生产运行的安全措施，人机结合部的对策最为重要。在工业机器人应用工程中，以安全第一为原则，结合实际情况，应考虑实施两种以上的方法作为人机结合部的安全对策。

10.2　工业机器人生产线的构成及设计原则

10.2.1　机器人生产线的构成

如图 10-3 所示，机器人生产线是工厂生产自动化程度进一步提高的必然产物，它由两个或两个以上的机器人工作站、物流系统和必要的非机器人工作站组成，完成一系列以机器人作业为主的连续生产自动化系统。根据自动化程度的要求，作业量、工厂的生产规模和生产线的大小有着较大的差异。以机械制造业为例，有的是对某个零件若干个工序的作业，属于小型生产线；有的是针对某个部件，从各个零件的加工作业到完成部件的组装，作业工序较多，有时还要由几个子生产线构成，属于中型生产线；更有以整机装配为

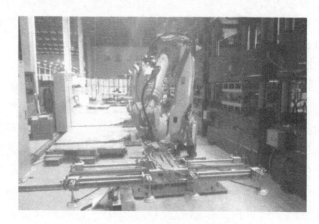

图 10-3　工业机器人冲压生产线

主的生产线，派生着若干条部件装配、零件加工的子生产线，体积庞大，甚至实现产品生产的无人操作，属于大型生产线。

机器人生产线是自动化生产线的一种，其特点就在于该生产线中主要使用了机器人工作站。有关工作站的知识和设计原则，前面已经做了分析，这里将从生产线的角度阐述它的构成和较有特点的设计原则。

10.2.2　机器人生产线的设计原则

对于机器人生产线设计来说，除了满足机器人工作站的设计原则外，还应遵循以下十项原则：

- 各工作站必须具有相同或相近的生产周期。
- 工作站间应有缓冲存储区。
- 物流系统必须顺畅，避免交叉或回流。
- 生产线要具有混流生产的能力。
- 生产线要留有再改造的余地。
- 夹具体要有一致的精度要求。
- 各工作站的控制系统必须兼容。
- 生产线布局合理，占地面积力求最小。

- 安全监控系统合理可靠。
- 对于最关键的工作站或生产设备应有必要的替代储备。

这里对前五项原则进行讨论。

1. 各工作站的生产周期

机器人生产线是一个完整的产品生产体系。在总体设计中，要根据工厂的年产量及预期的投资目标，计算出一条生产线的生产节拍，然后参照各工作站的初步设计、工作内容和运动关系，分别确定出各自的生产周期，使得各工作站的生产周期均小于或等于生产线的生产节拍。

对于那些生产周期与生产节拍非常接近的工作站要给予足够的重视，它往往是生产环节中的咽喉，也是故障多发地段，要有一些处理手段，使生产线正常运行。这里介绍几种处理原则。

1) 分散作业内容原则。对作业内容多、耗时长的环节，要尽可能合理地把它分割成几个部分，改变原来的工艺顺序，分别由若干个工作站分担作业，但要保证分割后的工序能够达到产品的原技术要求。例如，在大多数机器人焊接生产线中，焊接过程是主要的作业内容，耗时约占整个工件作业时间的一半以上，不可能在一个工作站中全部完成。这就要认真地分析焊缝，把它们合理地分成合乎生产周期要求的若干组，设立若干个机器人焊接工作站，分组时要研究焊缝的先后顺序对焊件变形状态的影响，焊枪与工件的干涉以及预焊与满焊的处理，选择最佳方案。

2) 重叠设立工作站原则。如果作业工序是一个不可分的环节，而且耗时多，远不能满足生产节拍，那么就要通过重叠设立两个或更多的相同工作站，即重叠工作站，每个工作站仅承担一半或更小的生产任务，工件交替进入不同的重叠站，出站后再次合流进入下一个作业工序。

3) 拼合工序原则。在生产线中也会存在作业内容少、生产周期短的环节。在这种情况下，需要反复分析产品的全部作业工序内容，尽可能地将某些工序合并起来，充实一个工作站的作业内容，减少设备投入，减小生产线的占地面积，相对地提高生产线的效率。

4) 应急储备原则。对于特别重要的生产线或生产线中作业难度大、易出现故障、影响生产的工作站，要有应急处理措施，或配置应急处理装置，或是留出应急处理空间。当出现问题后，由备用设备或人工操作加以取代，并做到设备的抢修和试运转与人工处理作业不发生干涉。这种要求常见于具有严格生产管理的大规模汽车总装生产线，各重点设备均有应急备件、应急部件或应急设备。有些生产负荷大的工厂也设置了一台备用自动焊机作为应急设备，以保证生产线的连续生产。

2. 工作站间缓冲存储区（库）

在人工转运的物流状态下，尽量使各工作站的周期接近或相等，但是总会存在站与站的周期相差较大的情形，这就必然造成各站的工作负荷不平衡和工件的堆积现象。因此要在周期差距较大的工作站（或作业内容复杂的关键工作站）间设立缓冲存储区，把生产速度较快的工作站所完成的工件暂存起来，通过定期地停止该站生产或增加较慢工作站生产班时的方式，处理堆积现象。

在含有机器人的柔性加工生产线中，被加工工件需要几次装夹，多次加工成形。机械加工机床分担着不同的加工工序，同一台机床也可能承担几道工序。分批量完成一道工序后，或更换工序，或转入下一台机床，这就必须设立缓冲区，以便交替存取工件。这种缓冲区大的可以是一个庞大的立体仓库，小的则有十几个或更少的存储单元，在生产线中，存储仓库往往占有相当的面积和设备比例。

3. 物流系统

物流系统是机器人生产线的大动脉，它的传输性、合理性和可靠性是维持生产线畅通无阻的基本条件。对于机械传动的刚性物流线，各工作站的工件必须同步移动，而且要求站距相等，这种物流系统在调试结束后，一般不易造成交叉和回流。但是对于人工装卸工件，或人工干预较多的非刚性物流线来说，人的搬运在物流系统中占了较大的比重。它不要求工件必须同步移动和工作站站距必须相等，但在各工作站的排布时，要把物流线作为一个重要内容加以研究。工作站的排布要以物流系统顺畅为原则，否则将会给操作和生产带来永久的麻烦。因此，要协调总体占地面积与物流顺畅间的矛盾，使生产线操作便利，省时省力，传送安全。

在大规模生产中，物流系统往往还与厂区、车间及楼层的土木建筑设计有着直接的关系，从地下、地面到空中，形成多层立体空间，使整个车间或厂区，甚至包括产品出厂装运都连接起来。因此，物流系统往往是一项繁杂的系统工程。如自动化程度高的汽车制造厂就常采用这种庞大的物流系统。

4. 生产线

机器人生产线是一项投资大、使用周期长、效益长久的实际工程。决策时要根据自身的发展计划和产品的前景预测做认真的研究，要使投入的生产线最大限度地满足品种和产品改型的要求。这就必然提出一个问题，即生产线具有混流生产的能力。所谓混流生产就是在同一条生产线上，能够完成同类工件多型号多品种的生产作业，或只需做简单的设备备件变换和调整，就能迅速适应新型号工件的生产。这是机器人生产线设计的两项重要原则，也是难度较大和技术水平要求较高的一部分内容。它是衡量机器人生产线水平的一项重要指标，混流能力越强，则生产线的价值、使用效率及寿命就越高。

混流生产的基本要求是工件夹具共用或可更换，末端执行器通用或可更换，工件品种识别准确无误，机器人控制程序分门别类和物流系统满足最大工件传送等内容。

1) 工件夹具共用或可更换。不同型号的工件，它的形状及具体尺寸不尽相同。设计时通过作图找出其共同点和特殊性。在同一套夹具上，或使夹持点落在工件的共同点处，或利用某些工件的特殊性分别夹紧，总之要求一个夹具尽量满足更多的工件品种。在一个夹具体不能满足所有的工件品种要求时，就要将工件分组，将能够共用夹具板的分成一组，这时就要通过更换夹具板部件实现换型。如果不易在同一块夹具板上实现共用定位，那么针对设计外形尺寸和安装尺寸相同、具体结构不同的夹具板，通过更换夹具板实现混流。显然这种方式效率低、更换时间长、操作量大，适用于不频繁更换工件品种的场合，它还要求电气配线和气源通路换接要简便可靠。

2) 末端执行器通用或可更换。末端执行器同样也需要适应品种的变化，或者通用或者可更换。在设计时，优先选择通用，其次再考虑可更换。目前出现了末端执行器自动快速更换装置，因而大大简化了设计难度。

　　3）工件品种的识别。在混流生产中，首先要解决的是工件品种的识别，准确判断现行生产产品的型号，通过控制系统完成各工作站的夹具、末端执行器以及程序的变换，使整条生产线符合新品种的要求，否则将会出现设备或人身安全的重大事故。这项工作往往也是生产线调试的重点和难点。品种识别有人工和自动两大类。人工识别较为简便，它的设置由人工操作，识别可由目测或传感器完成。自动识别多用于大型和高自动化程度的生产线上，它要求设计者对生产的各个品种进行详细分析，找出差异点，制订识别方案，并保证生产线在运行时，识别的结果与上位管理机下达的指令一致，做到准确无误。

　　4）生产线的再改造。工厂生产的产品应当随着市场需求的变化而变化，高新技术的进步和市场竞争也会促使企业引入新技术、改造旧工艺。而生产线又是投资相对较大的工程，因此要用发展的眼光对待生产线的总体设计和具体部件设计，为生产线留出再改造的余地。主要应从以下几个方面加以考虑：预留工作站，整体更换某个部件；预测增设新装设备的空间；预留控制线点数和气路通道数；控制软件留出子程序接口等。

　　上面讲述了机器人生产线和工作站的一般设计原则。在工程实际中，要根据具体情况灵活掌握和综合使用这些原则。随着科学技术的不断发展，一定会不断充实设计理论，提高生产线的设计水平。

10.3　工业机器人的典型应用

10.3.1　工业机器人在冲压生产线中的应用

　　汽车制造业是国民经济的支柱产业，随着市场竞争的加剧，汽车品种不断更新换代，而车身覆盖件正是其更新的主体，直接影响汽车整体质量与成本，是汽车车身制造的关键环节。而车身覆盖件相比一般冲压件，其材料薄，形状复杂，结构尺寸大，尺寸精度高，并且要求板件具有良好的表面质量，足够的刚性，良好的工艺性等。因此在冲压过程中，对工艺的编制、板料的搬运、冲模设计等都具有较高的要求，而冲压自动化生产线正是提高劳动生产率、改善劳动条件和完善冲压工艺的有效措施和主要方法。

　　在冲压自动化生产线中，一个最主要的部分就是其工件的自动搬运系统，包括工件的上料、冲压机之间工件的传送、工件码垛三个部分，而完成此三项任务的主要工具就是冲压线上下料机器人，如图10-4所示。

图 10-4　冲压机器人工作站

冲压机器人与一般工业机器人相比，其本体结构类似，差别在于冲压机器人要根据不同的工艺要求采用不同的末端操作器，并且具有较强的负载能力、较大的柔性以及较高的运行速度。另外，针对冲压线设备的不同摆放位置，冲压机器人还应具备较大的工作空间以及一定的避障能力。在控制系统方面，冲压机器人的工作要同时考虑前后机器人的动作及压机设备的动作节拍，除本机使用的基本控制系统外，还应设置整条冲压生产线控制系统，以便协调压机与机器人的工作节拍以及生产过程的节拍控制。

10.3.2　喷涂机器人的应用

几乎所有的机电产品在其制造过程中，都涉及表面涂装作业。对于传统机械行业（如机床、轻工机械、纺织机械、农业机械、起重机械、工程机械、矿山机械、冶金机械等），以及电机电器行业（如电动机、变压器、配电盘、电控柜等）、仪器仪表行业、家电行业、交通运输行业等，用户对其产品的外观质量都有很高的要求，而表面涂装技术是达到这一要求的重要环节。而对于某些机电产品如家电、轻工、汽车、摩托车等来讲，产品的外观质量甚至影响该产品在市场上的竞争力，因此对表面涂装技术提出了更高要求。

传统的表面喷涂技术都是以手工方式进行产品表面的喷涂作业的，在此过程中产生的大量苯、醛类、胺类等造成环境污染的有害物质及气体，影响到操作工人的身体健康及劳动情绪，因此喷涂质量受工人的技术水平、情绪等因素影响较大，造成喷涂工序的返喷率较高，制约了生产能力。自动喷涂机的出现则克服了这一缺点。但是由于喷涂机只能完成一些简单的往复直线运动，而被喷涂工件表面的多样性及复杂性使得喷涂机的使用受到一定的限制。随着机器人技术在工业生产领域的不断扩展，机器人也被用来进行涂装作业，进而产生了一个新的机器人品种——喷涂机器人。

喷涂机器人最显著的特点就是不受喷涂车间有害气体环境的影响，可以重复进行相同的操作动作而不厌其烦，因此喷涂质量比较稳定；其次机器人的操作动作是由程序控制的，对于同样的零件控制程序是固定不变的，因此可以得到均匀的表面涂层；第三，机器人的操作动作控制程序是可以重新编制的，不同的程序针对不同的工件，所以可以适应多种喷涂对象在同一条喷涂线上进行喷涂。有鉴于此，喷涂机器人在涂装领域越来越受到重视。

由于喷涂车间内的漆雾是易燃易爆的，如果机器人的某个部件产生火花或温度过高，就会引燃喷涂车间内的易燃物质，引起喷涂车间内的大火，甚至引起爆炸。所以，防爆系统的设计是设计电动喷涂机器人重要的一部分。其次，由于喷涂在工件表面的油漆是黏性流体介质，需要干燥后才能固化，在喷涂过程中，机器人不得接触已喷涂的工件表面，否则将破坏表面喷涂质量，因此喷枪输漆管路等都不得在机器人手臂外部悬挂，而是从手臂中穿过，这在一定程度上影响机器人的关节角转动范围。第三，喷涂机器人需配置油漆流量控制系统与换色系统，以适应不同色彩的需要。

与其他用途的工业机器人相比，喷涂机器人在使用环境和动作要求上有如下的特点：

1）工作环境包含易爆的喷涂剂蒸汽。

2）沿轨迹高速运动，途经各点均为作业点，属于轨迹控制。

3）多数机器人和被喷涂件都搭载在传送带上，边移动边喷涂，所以它要具备一些特殊性能。

图 10-5 所示为喷涂机器人工作站。

图 10-5　喷涂机器人工作站

10.3.3　码垛搬运机器人的应用

图 10-6 所示为码垛机器人工作站，所谓码垛就是按照集成单元化的思想，将一件件的物料按照一定的模式堆码成垛，以便使单元化的物垛实现物料的存储、搬运、装卸运输等物流活动。

码垛有人工码垛和自动码垛之分。20 世纪 80 年代之前，码垛工作都是由人工堆垛，人工码垛主要应用在物料轻便、尺寸和形状变化大、吞吐量小的场合。当码垛吞吐量在 10 件/min 以上时，人们采用一些自动码垛方案来提高码垛效率。自动码垛不仅可以加快物流速度，保护工人的健康和安全，而且可以获得整齐一致的物垛，减少物料的损伤，提高叉车的搬运效率，增强处理的柔性。

图 10-6　码垛机器人工作站

传统的自动码垛方式主要是为了在吞吐量恒定的情况下，从人机工程学的角度考虑，为了减轻工人在长时间地进行人工码垛作业时的弯腰疲劳和重复劳动疲劳，增加一些符合人机工程学方面的设施，如托盘操纵机、剪式升降台、工业操作机械手等。

随着现代化的进程，人们对包装速度的要求越来越高。传统的简单的自动码垛方式已不能满足要求，在线式码垛机逐渐成为码垛系统的主要角色。在线式码垛机在工作时，通过排层输送机成排，之后通过一定的装置将成层物料叠放在托盘上或其他层料上。根据进料位置的高低，可将在线式码垛机分为高位式和低位式两种。

在线式码垛机以其高速处理能力而著称，随着技术的进步，在线式码垛机的吞吐量不断提高，其向高速化方向发展。通过增加编层和编垛模块，可以实现对更多种产品的同时处理。

作为物流自动化领域的一门新兴技术，近年来，码垛技术获得了飞速的发展。不管是人工码垛，还是传统的自动码垛技术和在线式码垛机均无法满足现代化企业多品种少批量的产品码垛要求，即缺乏处理多种产品的能力；另外，随着大型物资批发配送中心的出现，需要为成千上万的用户按订单配送产品，这就要求码垛机具有混合码垛的能力，所有这些都为机器人码垛机的发展提供了机会。继20世纪70年代末日本将机器人技术用于码垛工艺以来，机器人码垛机的研究开发获得了迅速的发展，柔性、处理速度以及抓取重量不断提高，价格不断下降。近年来，机器人码垛技术发展甚为迅猛，这种发展趋势是和当今制造领域出现的多品种少批量的发展趋势相适应的，机器人码垛机以其柔性的工作能力和小的占地面积，能够同时处理多种物料和码垛多个料垛，越来越受到广大用户的青睐，并迅速占据码垛市场。

机器人码垛机富有柔性，被广泛用于码垛作业中，机器人技术在码垛领域中的应用，主要表现在以下几个方面：

1）适应性强。机器人码垛搬运时只要更换不同抓手就能够处理不同种类的产品。

2）智能程度高。码垛搬运机器人可以根据设定的信息对到来的货物进行识别，然后将货物送往不同的托盘上。

3）操作范围大。码垛搬运机器人本身占地面积很小，工作空间大，并且可同时处理多条生产线上的产品。

4）适应各种工作环境。机器人码垛搬运可以代替人工码垛搬运，避免粉尘、有毒等工作环境对人体的危害。

10.3.4　焊接机器人的应用

焊接机器人是提高工作效率、焊接质量以及改善工人工作环境的重要工具，所以它在现代焊接行业发挥着越来越重要的作用，应用也越来越广泛。焊接机器人包括弧焊机器人和点焊机器人。

1. 弧焊机器人

图10-7所示为弧焊机器人工作站。弧焊机器人的应用广泛，除汽车行业之外，在通用机械、金属结构等许多行业中都有应用。弧焊机器人应是包括各种焊接附属装置在内的焊接系统，而不只是一台以规划的速度和姿态携带焊枪移动的单机。在弧焊作业中，要求焊枪跟踪工件的焊道运动，并不断填充金属形成焊缝。因此，运动过程中速度的稳定性和轨迹

图10-7　弧焊机器人工作站

精度是两项重要的指标。一般情况下，焊接速度取 5~50mm/s，轨迹精度为 ±(0.2~0.5)mm。由于焊枪的姿态对焊缝质量有一定的影响，因此希望在跟踪焊道的同时，焊枪姿态的可调范围尽量大。作业时为了得到优质焊缝，往往需要在动作的示教以及焊接条件（电流、电压、速度）的设定上花费大量的时间。因此，除了上述性能方面的要求外，如何使机器人便于操作也是一个重要课题。

从机构形式看，既有直角坐标型的弧焊机器人，也有关节型的弧焊机器人。对于小型、简单的焊接作业，机器人有 4~5 轴即可；对于复杂工件的焊接作业，采用 6 轴机器人对调整焊枪的姿态比较方便；对于特大型工件的焊接作业，为加大工作空间，有时把关节型机器人悬挂起来，或者安装在运载小车上使用。

2. 点焊机器人

如图 10-8 所示为点焊机器人工作站。汽车工业是点焊机器人一个典型的应用领域。一般装配每台汽车车体需要完成 3000~4000 个焊点，而其中的 60% 是由机器人完成的。在有些大批量汽车生产线上，机器人台数甚至高达 150 台。引入机器人会取得下述效益：①改善多品种混流生产的柔性；②提高焊接质量；③提高生产率；④将工人从恶劣的作业环境中解放出来。今天，机器人已经成为汽车生产行业的支柱装备。

最初，点焊机器人只用于增强焊接作业（往已拼接好的工件上增加焊点），后来为了保证拼接精度，又让机器人完成定位焊作业。这样就要求点焊机器人具有更全面的作

图 10-8　点焊机器人工作站

业性能，包括：①安装面积小，工作空间大；②节距的多点定位（如每 0.3~0.4s 移动 30~50mm 节距后定位）；③定位精度高（±0.25mm），以确保焊接质量；④持重大（600~1500N），以便携带内装变压器的焊钳；⑤示教简单，节省工时；⑥安全可靠性好。

10.3.5　抛光打磨机器人的应用

抛光打磨机器人针对轮毂打磨、洁具行业水龙头等抛光打磨工艺，实现抛光打磨工艺的自动化，降低打磨工艺带来的粉尘污染对工人身体健康的危害，协助企业降低人力成本，提高并稳定抛磨质量。图 10-9 所示为水龙头打磨机器人工作站。

图 10-10 所示为针对洁具行业所做的一套抛光打磨机器人工作站示意图，该工作站包括 FANCUM-20iA 机器人一台、恒力控制器一套、打磨系统（砂带机、夹具、打磨工具、磨头、转台）一套以及自动上下料滑台一套。机器人主控制电柜主要负责完成系统设备的动作协调控制：①实现整个系统的启停、计数统计、故障提示等功能；②实现不同产品的换产功能，无须工人操作机器人示教盒；③实现砂带机根据砂带磨损程度自动调速、反馈压力自动调整等功能。恒力控制器（ACF）对打磨过程中的力进行控制，保证打磨

效果。基于人工打磨工艺的参考，并在重点研究了人工打磨与机器人打磨的差异的基础上，水龙头等洁具打磨抛光工艺采用带力反馈机构的砂带机设备，配合机器人进行产品的打磨作业。采用不同带宽砂带机：窄带机（砂带宽度60mm）和宽带机（砂带宽度90mm），共同完成该产品的打磨。其中，窄带机上完成80%的产品表面打磨，剩余20%表面的打磨在宽带机上完成。对于其他类型产品，可能需要用其他宽度的砂带（目前60mm及90mm为最常用的）。目前使用的砂带机轮宽有

图 10-9　水龙头打磨机器人工作站

15mm和90mm两种类型，并可以根据实际需要更换其他宽度的打磨轮，打磨轮部件可很方便地更换。上下料滑台的主要作用是用来对工件进行自动上下料。

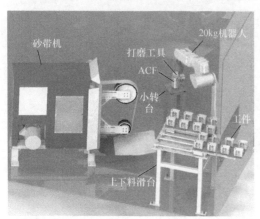

图 10-10　抛光打磨机器人工作站示意图

10.3.6　雕刻机器人的应用

近年来，人们对工艺品的需求量与日俱增，而年轻的工艺品制作人员越来越少，而且某些特殊的制作技巧，别人很难继承。为此，一套能实现工艺品加工自动化，同时又能学习工艺品加工艺术家的加工技巧的雕刻机器人系统相当必要。

雕刻机器人对工艺品的加工可分成三个步骤：①直接记录艺术家的加工数据，或者测量工艺品的模型数据；②根据所获得的数据生成和修改模型，把模型数据转变成加工数据；③按照所获得的加工数据加工工艺品。

图10-11所示为雕刻机器人工作站。

10.3.7　装配机器人的应用

近年来，用机器人来装配取得了极大的进展，根据十几个主要机器人使用国家的统

计数据，用于装配作业的机器人在机器人种类中占34.5%，并且用于装配的机器人仍然以最快的速度增长。装配机器人广泛应用于电子业、机械制造业、汽车工业等。

汽车装配生产线采用的是典型的流水作业生产方式，它的自动化程度要求较高。从汽车的壳体到一台整车下线的生产节拍一般是 150～300s，装配生产线需连续不停顿地运转。目前世界上汽车装配线的输送形式各种各样，总体上有两种输送机构，即地面板式机械输送和空中悬挂机械输送单独或混合组成。如图 10-12 所示，其为装配机器人在一汽大众佛山配装车间的应用。

机器人自动装配过程规划涉及产品设计、安装工艺、专用机器设备、机器人及人工的最佳匹配、通用工装夹具、运输系统的协调工作等。装配工作站的各部分之间是相互影响的，因此机器人是作为

图 10-11　雕刻机器人工作站

整体布局的一部分来安排的。在规划中需考虑传感器信号作为实时控制与检测的作用，还需考虑异常情况的处理及快速恢复时的自动再规划。

装配程序用通用机器人语言来编程，零部件表达用 CAD 数据加上在线检测数据来显示，对设备、传感器、部件的位置误差应加以补偿，在工作站中机器人与其他设备、工件间应有防碰撞检测，由多个传感器来监视操作过程，整个装配程序应经离线仿真以避免错误。

图 10-12　装配机器人工作站

10.4　小结

本章主要介绍了工业机器人工作站和生产线的构成及设计原则，以常见的典型案例

为对象具体介绍了工业机器人的应用。

习题

1. 举出应用工业机器人带来的好处。

2. 应用工业机器人时必须考虑哪些因素?

3. 查阅资料,以一类应用领域的机器人为例,详细介绍它们目前的应用现状、技术要点和难点,以及未来发展的方向。

参考文献

[1] 谢存禧, 张铁. 机器人技术及其应用 [M]. 北京: 机械工业出版社, 2005.

[2] 张宪民, 杨丽新, 黄沿江. 工业机器人应用基础 [M]. 北京: 机械工业出版社, 2015.

[3] 蔡自兴. 机器人学 [M]. 2 版. 北京: 清华大学出版社, 2009.

[4] 王天然. 机器人 [M]. 北京: 化学工业出版社, 2002.

[5] 张福学. 机器人技术及其应用 [M]. 北京: 电子工业出版社, 2000.

[6] Saeed B. Niku. 机器人学导论——分析、控制及应用 [M]. 孙富春, 朱纪洪, 刘国栋, 等译. 北京: 电子工业出版社, 2004.

[7] B Siciliano, O Khatib. Handbook of Robotics [M]. Berlin: Springer, 2008.

[8] 赵杰. 我国工业机器人发展现状与面临的挑战 [J]. 航空制造技术, 2012 (12): 26-29.

[9] 蔡自兴, 郭璠. 中国工业机器人发展的若干问题 [J]. 机器人技术与应用, 2013 (3): 9-12.

[10] 计时鸣, 黄希欢. 工业机器人技术的发展与应用综述 [J]. 机电工程, 2015, 32 (1): 1-13.

[11] Brain Navi. 机器人集锦 [M]. 金晶立, 译. 北京: 科学出版社, 2003.

[12] 吴广玉, 姜复兴. 机器人工程导论 [M]. 哈尔滨: 哈尔滨工业大学出版社, 1988.

[13] 张伯鹏, 等. 机器人工程基础 [M]. 北京: 机械工业出版社, 1989.

[14] 刘进长, 等. 机器人世界 [M]. 郑州: 河南科学技术出版社, 2000.

[15] 熊有伦, 丁汉, 刘恩沧. 机器人学 [M]. 北京: 机械工业出版社, 1993.

[16] 高德林, 王康华. 机器人学导论 [M]. 上海: 上海交通大学出版社, 1988.

[17] 白井良明. 机器人工程 [M]. 王棣棠, 译. 北京: 科学出版社, 2001.

[18] 郭洪红. 工业机器人技术 [M]. 2 版. 西安: 西安电子科技大学出版社, 2012.

[19] 宋伟刚. 机器人学——运动学、动力学与控制 [M]. 北京: 科学出版社, 2007.

[20] 李团结. 机器人技术 [M]. 北京: 电子工业出版社, 2009.

[21] 陈小玲. 几种四自由度并联机器人的运动特性研究 [D]. 秦皇岛: 燕山大学, 2006.

[22] 韩建海. 工业机器人 [M]. 3 版. 武汉: 华中科技大学出版社, 2015.

[23] 姜铭, 孙钊, 秦康生, 等. 混联机器人的分析与研究 [J]. 制造业自动化, 2009, 31 (1): 61-65.

[24] 李明. 机器人 [M]. 上海: 上海科学技术出版社, 2012.

[25] 柳洪义, 宋伟刚. 机器人技术基础 [M]. 北京: 冶金工业出版社, 2002.

[26] C S 李, R C 冈萨雷斯. 机器人学——控制、传感技术、智能 [M]. 杨静宇, 李德昌, 李根深, 等译. 北京: 中国科学技术出版社, 1989.

[27] 龚振邦, 汪勤悫, 陈振华, 等. 机器人机械设计 [M]. 北京: 电子工业出版社, 1995.

[28] 徐缤昌, 阙至宏. 机器人控制工程 [M]. 西安: 西北工业大学出版社, 1991.

[29] 申铁龙. 机器人鲁棒控制基础 [M]. 北京: 清华大学出版社, 2000.

[30] 陈恳. 机器人技术与应用 [M]. 北京: 清华大学出版社, 2006.

[31] 刘文波, 陈白宁, 段智敏. 工业机器人 [M]. 沈阳: 东北大学出版社, 2007.

[32] 罗志增, 蒋静坪. 机器人感觉与多信息融合 [M]. 北京: 机械工业出版社, 2002.

[33] 张伯鹏, 张昆, 徐家球. 机器人工程基础 [M]. 北京: 机械工业出版社, 1989.

[34] 张福学. 机器人学智能机器人传感技术 [M]. 北京: 电子工业出版社, 1996.

[35] 渡边茂. 产业机器人技术 [M]. 唐蓉城, 许婉英, 译. 北京: 机械工业出版社, 1987.

[36] 渡边茂. 产业机器人的应用 [M]. 卜炎, 张宝兴, 刘守谦, 译. 北京: 机械工业出版社, 1986.

［37］ 十三郎，江尻正员．机器人工程学及其应用［M］．王琪民，朱近康，译．北京：国防工业出版社，1989.

［38］ 孟繁华．机器人应用技术［M］．哈尔滨：哈尔滨工业大学出版社，1989.

［39］ 徐元昌，等．工业机器人［M］．北京：中国轻工业出版社，1999.

［40］ 严学高，孟正大．机器人原理［M］．南京：东南大学出版社，1992.

［41］ 杨兴瑶．电动机调速的原理及系统［M］．2 版．北京：中国电力出版社，1995.

［42］ 何发昌，邵远．多功能机器人的原理及应用［M］．北京：高等教育出版社，1996.

［43］ 张建民．工业机器人［M］．北京：北京理工大学出版社，1988.

［44］ 史美功，俞学谦．工业机器人［M］．上海：上海科学技术出版社，1987.

［45］ 中英昌．机器人［M］．郑春瑞，译．北京：科学技术文献出版社，1983.

［46］ 蒋新松．机器人学导论［M］．沈阳：辽宁科学技术出版社，1993.

［47］ 尔尼 L，贺尔贝蒂 C，贺尔．机器人学入门［M］．刘又午，等译．天津：天津大学出版社，1987.

［48］ 陆祥生，杨秀莲．机械手——理论及应用［M］．北京：中国铁道出版社，1985.

［49］ 陈坚．交流电机数学模型及调速系统［M］．北京：国防工业出版社，1989.

［50］ 许大中．交流电机调速理论［M］．杭州：浙江大学出版社，1991.

［51］ 见仁尚志，永守重信．直流伺服电动机［M］．陈忠，许上明，程树康，译．上海：上海科学技术出版社，1986.

［52］ 马香峰，等．工业机器人的操作机设计［M］．北京：冶金工业出版社，1996.

［53］ 郭巧．现代机器人学——仿生系统的运动感知与控制［M］．北京：北京理工大学出版社，1999.

［54］ 胡佑德，曾乐生，马东升．伺服系统原理与设计［M］．北京：北京理工大学出版社，1993.

［55］ 徐强，童海潜．脉宽调速系统［M］．上海：上海科学技术出版社，1984.

［56］ 王建华，俞孟祺，李众．智能控制基础［M］．北京：科学出版社，1998.

［57］ 王俊普．智能控制［M］．合肥：中国科学技术大学出版社，1996.

［58］ 董鹏飞．基于位置的工业机器人视觉伺服控制系统研究［D］．广州：华南理工大学，2015.

［59］ 唐会华．面向数控雕刻的光栅图像处理及加工路径优化方法研究［D］．广州：华南理工大学，2014.

［60］ 戴金波．基于视觉信息的图像特征提取算法研究［D］．长春：吉林大学，2013.

［61］ 高杨．机器人手眼系统定位方法研究与实现［D］．济南：山东科技大学，2009.

［62］ 吕凤军．数字图像处理编程入门［M］．北京：清华大学出版社，1999.

［63］ 唐良瑞，马全明．图像处理实用技术［M］．北京：化学工业出版社，2002.

［64］ 钟玉琢，乔秉新，李树青．机器人视觉技术［M］．北京：国防工业出版社，1994.

［65］ 高文，陈熙霖．计算机视觉——算法与系统原理［M］．北京：清华大学出版社，1999.

［66］ 吴立德．计算机视觉［M］．上海：复旦大学出版社，1993.

［67］ 周远清，张再兴，许万雍，等．智能机器人系统［M］．北京：清华大学出版社，1989.

［68］ 冯冬青，谢宋和．模糊智能控制［M］．北京：化学工业出版社，1998.

［69］ 王耀南．智能控制系统——模糊逻辑．专家系统．神经网络控制［M］．长沙：湖南大学出版社，1996.

［70］ 颜永年，张晓萍，冯常学．机械电子工程［M］．北京：化学工业出版社，1998.

［71］ 万遇良．机电一体化系统的设计与分析［M］．北京：中国电力出版社，1998.

［72］ 许大中，贺益康．电机控制［M］．杭州：浙江大学出版社，1999.

［73］ 许建国．电机与控制［M］．武汉：武汉测绘科技大学出版社，1998.

［74］ 黄凤英．DSP 原理及应用［M］．南京：东南大学出版社，1997.

［75］ 彭启宗，李玉柏．DSP 技术［M］．成都：电子科技大学出版社，1997.

［76］ 郭宇光．机器人发展的历史、现状、趋势［M］．哈尔滨：哈尔滨工业大学出版社，1989.

［77］ 刘宏，刘平，姜力．空间机器人及其遥操作［M］．哈尔滨：哈尔滨工业大学出版社，2012.

［78］ 谢存禧，等．空间机构设计［M］．上海：上海科学技术出版社，1996.

［79］ 三浦宏文．机电一体化实用手册［M］．赵文珍，王益全，刘本伟，等译．北京：科学出版社，2001.

［80］ 大熊繁．机器人控制［M］．卢伯英，译．北京：科学出版社，2002.

［81］ 理查德·摩雷．机器人操作的数学导论［M］．徐卫良，钱瑞明，译．北京：机械工业出版社，1998.

［82］ 王庭树．机器人运动学及动力学［M］．西安：西安电子科技大学出版社，1990.

［83］ 张铁，谢存禧．机器人学［M］．广州：华南理工大学出版社，2001.

［84］ 殷际英，何广平．关节型机器人［M］．北京：化学工业出版社，2003.

［85］ 杜祥瑛．工业机器人及其应用［M］．北京：机械工业出版社，1986.

［86］ 余达太．工业机器人应用工程［M］．北京：冶金工业出版社，1999.

［87］ 林尚扬．焊接机器人及其应用［M］．北京：机械工业出版社，2000.

［88］ 兰虎．工业机器人技术及应用［M］．北京：机械工业出版社，2014.

［89］ 张培艳．工业机器人操作与应用实践教程［M］．上海：上海交通大学出版社，2009.

［90］ 张永贵．喷漆机器人若干关键技术研究［O］．西安：西安理工大学，2008.

［91］ 屈云涛．冲压机器人本体设计及机器人自主设计开发研究［D］．秦皇岛：燕山大学，2012.

［92］ 陈黎明．码垛机器人控制系统设计［D］．上海：上海交通大学，2010.

［93］ 谢存禧，温继圆，郑时雄，等．机器人自动装配线的规划设计［J］．华南理工大学学报，1994，22（4）：1-7.

［94］ 涂帼芳，谢存禧，汤祥州，等．机器人 SMA 轴承夹持器研究与设计［J］．华南理工大学学报，1994，22（4）：8-16.

［95］ 郑时雄，邓晓星，陈世雄，等．吊扇电机自动装配线的零件馈送［J］．华南理工大学学报，1994，22（4）：17-21.

［96］ 姚国兴，赵干，吴捷，等．机器人装配自动化集散控制系统［J］．华南理工大学学报，1994，22（4）：22-29.